BASTEI
LÜBBE

Über den Autor:

Steven Rose ist Professor für Biologie und seit 1969 Direktor der »Brain and Behaviour Research Group« an der Open University. Sein Forschungsgebiet ist die Zell- und Molekularbiologie des Lernens und des Gedächtnisses. Seine jüngsten Publikationen sind »The Making of Memory« (1992), mit der er 1993 den Rhône Poulenc Science Book Prize erhielt, sowie »Lifelines« (1997).

Steven Rose (Hrsg.)

Gehirn, Gedächtnis und Bewußtsein

Eine Reise zum Mittelpunkt des Menschseins

Aus dem Englischen von
Sebastian Vogel

BASTEI
LÜBBE

BASTEI LÜBBE TASCHENBUCH
Band 60480

1. Auflage: Juli 2000

Vollständige Taschenbuchausgabe

Bastei Lübbe Taschenbücher ist ein Imprint der Verlagsgruppe Lübbe

Deutsche Erstveröffentlichung
Titel der englischen Originalausgabe:
FROM BRAINS TO CONSCIOUSNESS

Titelillustration: Bavaria
Umschlaggestaltung: Gisela Kullowatz
Satz: Textverarbeitung Garbe, Köln
Druck und Verarbeitung: Elsnerdruck, Berlin
Printed in Germany
ISBN 3-404-60480-6

INHALTSVERZEICHNIS

VORWORT

Zu meiner Freude und Überraschung forderte man mich auf, 1996 für die biologische Sektion der British Association for the Advancement of Science als Präsident tätig zu werden. Wie ich auf Nachfragen erfuhr, hat ein solcher Präsident, der nur ein Jahr im Amt bleibt, lediglich eine einzige Aufgabe: Er muß gemeinsam mit seinem Komitee ein Programm für die Teilnahme der Sektion an der Jahrestagung der Gesellschaft ausarbeiten. Als Belohnung für diese Tätigkeit darf er während der einwöchigen Tagung (die man heute in »Festival« umbenannt hat) eine Plakette mit der Aufschrift »Präsident« am Revers tragen, ganz ähnlich wie in manchen Schulen, wo man Anstecker mit dem Schriftzug »Präfekt« zugeteilt bekam. (Mir widerfuhr das übrigens nie, denn ich war als Jugendlicher alles andere als tugendsam.) Ansonsten ist der Präsident mehr oder weniger eine Marionette der eigentlichen Tagungsorganisatoren, der Sektionsschriftführer – in der Biologie war das Gary Cleland. Als Gary mich in einem Fax bat, den Präsidenten zu spielen, fügte er gleich ein kurzgefaßtes Programm über das Gehirn hinzu, das ich nach seiner Auffassung organisieren sollte. Ich ging an die Arbeit und tat, was er gesagt hatte: Das Ergebnis war ein zweitägiges Symposium mit dem Titel »Geist, Gehirn und Bewußtsein«, das vor dichtgedrängtem Publikum im September 1996 in Birmingham stattfand.

Beim Zusammenstellen der Tagungsbeiträge fiel mir auf, daß es trotz des gewaltigen Interesses an den Erkenntnissen der Neurowissenschaft mit ihren philosophischen und gesellschaftlichen Implikationen bis heute keine leicht zugängliche Sammlung der vielen Stimmen und Trends in unserem Fachgebiet gibt; fast unabsichtlich war es uns gelungen, in Birmingham eine erstaunliche Reihe der bedeutendsten Vertreter dieser Disziplin zu versammeln. Deshalb hätte ich es sehr bedauert, wenn ich die dort anwesenden, bedeutenden Neurowissenschaftler und Philosophen nicht hätte davon überzeugen können, daß sie ihre Vorträge auch in Form von Buchkapiteln niederschreiben sollten. Normalerweise reagieren Tagungsteilnehmer auf ein solches Ansinnen mit einem vernehmlichen Stöhnen. »Nicht schon wieder ein Kapitel schreiben – das war nicht ausgemacht, als ich zugesagt habe, auf Ihrer popeligen Tagung einen Vortrag zu halten!« Zu meiner Freude reagierten die meisten Referenten auf unserem Symposium *nicht* so. Sie nahmen es als sportliche Herausforderung, verständlich und fast ohne das übliche hilfreiche Zubehör wie Farbdias und Videofilme über ihr Arbeitsgebiet zu schreiben, und das sogar innerhalb eines recht engen Zeitrahmens. Ich bin ihnen allen höchst dankbar, sowohl, weil sie sich der Mühe des Schreibens unterzogen, als auch, weil sie meine manchmal massiven redaktionellen Eingriffe in ihre Texte hingenommen haben.

Das Ergebnis ist das vorliegende Buch. Vier Referenten – Anders Bjorklund, Daniel Dennett, Richard Frakowiak und Semir Zeki – konnten keine Kapitel beisteuern, in allen Fällen aus ehrenwerten und völlig verständlichen Gründen. Ein schönes Kapitel – das von Mary Midgley – konnten wir aber hinzufügen, obwohl es nicht aus einem Beitrag zu der eigentlichen Tagung hervorgegangen ist. Das Spektrum des Buches spiegelt also nicht nur die Themen des Symposiums wider, sondern – was viel bedeutsamer ist – es wirft auch eine ganze Reihe höchst wichtiger und manchmal umstrittener Fragen auf, die für die derzeitigen Auffassungen über das Gehirn und seine Funktionen eine Rolle spielen. Deshalb werden mehrere Themen – zum Beispiel Ursachen und Bedeutung der Schizophrenie oder die Kontroverse um Gehirn und Computer – in Form einer Debatte zwischen zwei engagierten Vertretern der jeweiligen Denkrichtungen abgehandelt.

Die British Association for the Advancement of Science leidet unter chronischer Mittelknappheit. Unser Symposium und damit auch die Veröffentlichung des Buches war nur möglich mit großzügiger finanzieller Unterstützung durch die Biochemical Society, die Brain Research Association, Glaxo-Wellcome, Penguin Books und den Wellcome Trust, und ihnen allen bin ich zutiefst dankbar. Mein Dank gilt auch der unermüdlichen Dianne Stillwell von der Biochemical Society; ohne ihre klugen Ratschläge und ihr Organisationstalent wären unsere Bemühungen spurlos im Sande verlaufen. Ebenso danke ich John Newbury, der vor Ort als Organisator der Tagung tätig war, Gary Cleland sowie Brian Gamble und seinen Mitarbeitern bei der British Association, die das alles erst möglich machten.

1

GEHIRN, GEIST UND DIE WELT

Steven Rose

Schon seit geraumer Zeit haben wir die Hälfte dessen hinter uns, was man in den USA als Jahrzehnt des Gehirns bezeichnet hat. Zugegeben: Hier in Europa gehen die Uhren etwas anders; unser Jahrzehnt des Gehirns begann erst 1994, und zumindest was die Rhetorik und Finanzierung in der Europäischen Union angeht, scheint es dazu bestimmt zu sein, schon 1998 schmählich im Sande zu verlaufen. Aber das macht nichts: Die dramatischen Fortschritte der Neurowissenschaften – das heißt der gemeinsamen Bemühungen von Gehirn- und Verhaltensforschung – werden dadurch in Umfang und Geschwindigkeit nicht aufgehalten, ja sie sind offenbar überhaupt unaufhaltsam. Die Jahrestagung der American Society for Neuroscience ist jedesmal eine Großveranstaltung mit etwa 25 000 Teilnehmern – davon viele aus Europa – und kann mit Fug und Recht als eine der größten Fachkonferenzen dieser Art auf der Welt gelten. Die Zahl der Fachzeitschriften, die in irgendeiner Form die Wörter »Neuro-«, »Zerebro-« oder »Behavior-« im Titel tragen, geht in die Hunderte, und sie veröffentlichen jedes Jahr Hunderttausende von Forschungsberichten. Das Themenspektrum reicht dabei von der Klonierung eines der vielen Gehirnproteine über Computermodelle »lernfähiger« neuronaler Netze bis hin zu Versuchen, auf Bildern des Gehirns das Bewußtsein selbst sichtbar zu machen. Durch die gewaltigen Fortschritte, die unser biologisches Wissen in den letzten fünfzig Jahren gemacht hat, wurden das Gehirn und seine vieldeutigen Beziehungen zum Geist das letzte Neuland der Naturwissenschaft. Fragen, die fast während der gesamten Menschheitsgeschichte die Domäne von Philosophie und Religion waren, sind heute Gegenstand alltäglicher Laborversuche.

Außerdem sind die neuen Kenntnisse, wie so vieles in der modernen Biologie, keineswegs rein betrachtender Natur. Sie tragen ein Gebot zum Handeln in sich. Wenn man die Geheimnisse der Gehirnfunktion lüftet, eröffnet sich die Aussicht auf die Behandlung von Hirnfunktionsstörungen, von dem anscheinend unaufhaltsamen geistigen Verfall bei der Huntington- oder Alzheimer-Krankheit bis zur existentiellen Verzweiflung bei der Schizophrenie. Und falls diese Krankheiten sich künftig molekularbiologisch erklären lassen, warum sollte das gleiche dann nicht auch für das noch größere Feld von Problemen gelten, bei denen offenbar zwischen dem Geist eines Individuums und der Gesellschaft, in die es eingebunden ist, ein unguter Zusammenhang bestehen? Schlecht in der Schule, erfolglos in der Liebe, gestreßt bei der Arbeit, gewalttätig zu Hause oder auf der Straße … die Neurowissenschaften wollen all diese Probleme erklären, und die aufkommende Neurotechnologie will sie behandeln. Gegen jedes Leiden ist ein Kraut gewachsen. Wenn dieses nicht in Form von Soma bereitsteht, jenem Universalmedikament, das in Aldous Huxleys Vision von der »schönen neuen Welt« aus den dreißiger Jahren das Leben erträglich machte, dann wäre vielleicht ein maßgeschneidertes Molekül denkbar, am Computer entworfen und gentechnisch hergestellt. Es würde bei jeder Krankheit helfen, die in dem ständig erweiterten und immer differenzierteren Handbuch der Psychiater aufgeführt ist, dem berühmten »Diagnostic and Statistical Manual of Mental Disorders« (DSM), einem im Auftrag der American Psyciatric Association erarbeiteten Klassifikationsschema psychischer Störungen, dessen vierte Auflage mit der Bezeichnung DSM-IV 1994 erschien. Und da psychiatrische Beschwerden nach den Voraussagen der Weltgesundheitsorganisation zu Beginn des nächsten Jahrtausends rund um den Erdball die schlimmste Geißel der Menschheit sein werden, ist es auch kein Wunder, daß Pharma- und Biotechnologieindustrie sehr viel Geld in die Entwicklung von Medikamenten investiert haben, die das Gehirn und seine Funktionen beeinflussen.

Als Neurowissenschaftler, der einen großen Teil der Revolution in den Neurowissenschaften während seines Berufslebens im Labor miterlebt hat (Anfang der sechziger Jahre gab es nicht einmal das Wort »Neurowissenschaften«; damals waren wir schlicht Neurochemiker, Neurophysiologen oder Verhaltensforscher), betrachte ich diese dramatischen Entwicklungen mit einer gewissen Schadenfreude. Daß die neuen Kenntnisse, die meine Kollegen und ich in unseren Labors mit Hilfe der modernen Methoden erarbeiten, solche Aussichten eröffnen, fasziniert und begeistert mich, doch wenn ich ehrlich bin, habe ich manchmal auch Angst, nicht mehr mithalten zu können – geistig, experimentell oder auch was die Finanzen angeht: Damit die Forschungsarbeiten über die zellulären und molekularen Mechanismen des Gedächtnisses in einem derart von Konkurrenz geprägten Umfeld weiterlaufen und Gewicht haben, muß man ständig neue Geldmittel auftreiben. Gleichzeitig erscheinen mir aber manche Behauptungen, wir könnten mit den Möglichkeiten unserer Wissenschaft den Geist und das Verhalten der Menschen nicht nur verstehen, sondern auch manipulieren, im besten Fall arrogant und im schlimmsten höchst gefährlich.

Entsprechende Propheten hat es natürlich immer gegeben. Schon in den siebziger Jahren schrieb José Delgado – er war einer der ersten, die verschiedene Gehirnbereiche und ihre Bedeutung für die Steuerung und den Ausdruck von Gefühlen untersuchten – über die Aussichten, eine von ihm so genannte

»psychozivilisierte Gesellschaft« zu schaffen, indem man bestimmte Bereiche einzelner Gehirne operativ entfernt oder mit implantierten Elektroden stimuliert, um die Gedanken und Emotionen jedes Menschen so zu steuern, daß sie sich nahtlos in die umgebende Gesellschaft einfügen. Keine Querköpfe mehr; man würde uns alle Ecken und Kanten abschleifen, damit wir bequem in unsere Nischen passen. Und noch bevor Delgado eine solche Psychozivilisation aus der Sicht des Elektrophysiologen in Aussicht stellte, hatte J. B. Skinner vorgeschlagen, das gleiche Ziel durch eine geeignete Verhaltenstherapie und entsprechende Konditionierungsmethoden zu erreichen. Natürlich waren beide Behauptungen voreilig, aber welche Aussichten bestehen heute, da die Neurowissenschaften in ihren besten Jahren sind, daß die Nachfolger erreichen könnten, was die Pioniere nur versprochen haben?

In diesem Kapitel möchte ich – teilweise auch, indem ich eine Einführung in die nachfolgenden Beiträge gebe – zusammenfassend darstellen, was mir an der neuen Neurotechnologie und den von ihr eröffneten Aussichten besonders auffällt, und dann zu ihren möglichen Auswirkungen zurückkehren. Wie John Parnavelas und Trevor Robbins in den beiden nächsten Kapiteln deutlich machen, ist das Gehirn vermutlich die komplexeste Struktur im Universum. Jedes menschliche Gehirn enthält etwa hundert Milliarden Nervenzellen (Neuronen) – also mehr als zehnmal so viele, wie es Menschen auf der Erde gibt –, und verknüpft sind sie durch mehr als zehntausendmal so viele Verbindungsstellen oder Synapsen. Vollzöge sich die Entwicklung dieses unglaublichen Organs – die im wesentlichen während der neun Monate von der Befruchtung bis zur Geburt stattfindet – mit gleichmäßiger Geschwindigkeit (was natürlich nicht der Fall ist), müßten sich während der gesamten Schwangerschaft in jeder Sekunde etwa 4000 Nervenzellen bilden. Und wem das schon dramatisch genug erscheint, der sollte bedenken, daß im Laufe der ersten Lebensjahre in jeder Sekunde unter jedem Quadratzentimeter der Gehirnoberfläche ungefähr 30 000 Synapsen entstehen!

Dieses gewaltige Gebilde entwickelt sich auf beeindruckend geordnete Weise, und dabei wird das Gehirn so verkabelt, daß es seine vielfältigen Funktionen während der Ontogenese erfüllen kann, das heißt während einer Entwicklung, die das Produkt eines ständigen, raffinierten Wechselspiels zwischen Genen und Umwelt darstellt. Da das Gehirn viele Routineaufgaben – beispielsweise die Analyse von Bildern, die auf die Netzhaut fallen und zu den Sehzentren des Gehirns weitergeleitet werden – möglichst fehlerfrei erfüllen soll, während es gleichzeitig in der Lage sein muß, seine Leistungen aufgrund von Erfahrungen abzuwandeln, stellt man sich diese Entstehung der Zellen und ihrer Verbindungen am besten als Dialog zwischen Spezifität und Plastizität vor. Auf der einen Seite stehen die relativ wenig veränderlichen Verbindungen, mit denen wir Sinneseindrücke entschlüsseln, motorische Bewegungen ausführen und sogar vielfältige Funktionen außerhalb der normalen bewußten Steuerung erfüllen, beispielsweise das aufrechte Stehen, das Atmen, das Schlafen oder Wachsein. Auf der anderen Seite versetzen uns subtile Veränderungen der Zellverbindungen, die im Gehirn das Lernen und das Gedächtnis repräsentieren, aber auch in die Lage, unser Denken und Handeln aufgrund unserer Erfahrungen zu ändern.

Aber das alles ist nur Neuroanatomie. Die vorwiegend elektrische Sprache des Nervensystems ist die Domäne der Neurophysiologie. Ein Neuron empfängt und überträgt Nachrichten oder Informationen in Form wechselnder elektrischer Signale, die von einem Strom positiv und negativ geladener Ionen – Natrium, Kalium, Calcium, Chlorid – durch seine Zellmembran hindurch transportiert werden. Wenn sie an den Synapsen der Zelle ankommen, lösen sie dort die Freisetzung chemischer Neurotransmitter aus, die den Zwischenraum zur Oberfläche der Nachbarzelle überwinden und, indem sie auf deren Zellmembran Proteine (Rezeptoren) binden, dort wiederum einen Ionenstrom auslösen, so daß sich ein Signal in das nächste Neuron fortpflanzt. Diese elektrischen Signale kann man nachweisen – sowohl auf einer breiteren Ebene, indem man Elektroden auf der Kopfhaut anbringt und mit ihnen die Gesamtaktivität vieler Millionen Zellen aufzeichnet, als auch in einzelnen Zellen, durch deren Membran man einen mikroskopisch dünnen, elektrisch leitenden Draht einführt. Die Komplexität, die auf der Ebene der Zellen deutlich wird, spiegelt sich auch auf der biochemischen Ebene wider und verstärkt sich hier weiter. Die Vielfalt der verschiedenen Proteine, die in den unterschiedlichen Gehirnzellen exprimiert werden (insgesamt vielleicht 30 000), ist größer als in jedem anderen Organ des Körpers und stellt einen erheblichen Anteil all jener Proteine (insgesamt etwa 100 000) dar, die in der DNA des menschlichen Genoms codiert sind. Jede Nervenzelle befindet sich in einer ständig wechselnden chemischen Umgebung aus Neurotransmittern, Neuromodulatoren, Hormonen und Wachstumsfaktoren, die ihre Aktivität lenken.

Man kann das Gehirn und seine Tätigkeit also auf vielen verschiedenen Ebenen untersuchen, von dem, was aus dem Gesamtsystem herauskommt, bis hin zu den molekularen Eigenschaften isolierter Rezeptorproteine, und deshalb fließen in der Neurowissenschaft viele Technologien zusammen. Ich sage zusammenfließen, aber in Wahrheit erarbeiten die Wissenschaftler in vielen ihrer Teilgebiete – ganz im Gegensatz zu der Einheitlichkeit, auf die das Wort Neurowissenschaft schließen läßt – ihre Ergebnisse weiterhin relativ unbeeinflußt von denen, die in den Nachbardisziplinen arbeiten, oder sie sind sich derselben nicht einmal bewußt. Es ist, als stünde uns eine riesige Sammlung topographischer Karten mit einem Maßstab von fünf Zentimetern je Kilometer zur Verfügung, ohne daß wir indes die Möglichkeit hätten, sie zusammenzufügen und so eine Ansicht des ganzen Landes aus der Satellitenperspektive zu gewinnen. Wir verfügen über riesige Datenmengen und eine Vielzahl begrenzter Theorien auf verschiedenen Ebenen, beispielsweise über die Frage, wie die Nervenzellen Informationen weitergeben oder welche Gehirnbereiche für die Verschlüsselung der Sprache zuständig sind, aber immer noch fehlt uns die große, einheitliche Vorstellung davon, was es eigentlich heißt, ein Gehirn zu sein, und wie es funktioniert.

Das liegt zumindest teilweise daran, daß wir trotz aller Möglichkeiten der modernen Wissenschaft auch heute weitgehend in begrifflichen Ansätzen gefangen sind, die sich im Laufe der Geschichte herausgebildet haben. Ich habe es bereits an anderer Stelle dargelegt: Vielleicht weil das Fach Biologie sich später entwickelt hat als einfachere und leichter durchschaubare technische Wissenschaften wie Chemie und Physik, aber auch aus einer gewissen Ehrfurcht haben die Biologen ständig versucht, Lebensvorgänge anhand von Analogien mit den technisch fortschrittlichsten Maschinen ihrer jeweiligen Zeit zu verstehen. Deshalb ist die Geschichte der Neurowissenschaft eine Geschichte der Analogien, der Gehirne als Wachstäfelchen, als hydraulische Systeme aus Röhren und Ventilen, als Telegraphen- und Telefonnetz, bis hin zu der heutigen, höchst verführerischen Metapher von Gehirn als Computer.

In meinen Augen ist diese Analogie zwar einleuchtend, aber letztlich falsch – nicht aus metaphysischen Gründen, nicht weil ich an einen immateriellen Geist oder eine Seele glaube, sondern weil ich eine ganz bestimmte Vorstellung von den Evolutionsvorgängen habe: Sie haben die Entwicklung eines Gehirns bewerkstelligt, dessen starke emotionale und kognitive Fähigkeiten für große Säugetiere wie uns ein Mittel zum Überleben darstellen. Gehirn und Geist, so meine Argumentation, beschäftigen sich mit Bedeutungen, die ihnen durch ihre »fest verdrahtete« Ontogenese ebenso aufgezwungen werden wie durch die historische Entwicklung des einzelnen sowie der Gesellschaft und Kultur, der er angehört. Computer dagegen befassen sich nicht mit Bedeutungen, sondern mit toter »Information«. Das war letztlich der Grund, warum *Deep Blue* Garri Kasparow im Schach, einem rein kognitiven Spiel, besiegen konnte, während der Tag, an dem man es für interessant halten könnte, ein emotional geprägtes Spiel wie Poker mit dem Computer zu spielen, noch in weiter Ferne liegt. Damit stelle ich keinen Augenblick lang die Tatsache in Frage, daß der Computer zu einem unentbehrlichen Hilfsmittel der modernen Neurowissenschaft geworden ist, und zwar nicht nur, weil wir mit ihm unsere Instrumente programmieren oder unsere Daten speichern und auswerten können, sondern auch weil er uns hilft, Modelle von den Vorgängen im Gehirn zu konstruieren. Modelle sind eine Verständnishilfe – vielleicht vor allem dann, wenn ihre Voraussagen durch Experimente widerlegt werden! In einer gewissen Weise haben die erweiterten biologischen Kenntnisse über das Gehirn sogar die Entwicklung der Computer gefördert. Die Rechner der ersten Generationen und auch die heutigen PCs arbeiten sehr schnell einen Rechenschritt nach dem anderen hintereinander ab. Ihre Rechenleistung ist deshalb letztlich durch das Nadelöhr der Linearität begrenzt. Ein Gehirn dagegen verarbeitet viele Inputs und Outputs parallel und gleichzeitig, und die neuere Art des Rechnens im Stil der »neuronalen Netze« wurde in den achtziger und neunziger Jahren auf der Grundlage dieser massiven Parallelverarbeitung entwickelt – auch wenn das, was die Computerfreaks als »neuronale Netze« bezeichnen, nur sehr entfernt etwas mit echten Neuronen und dem Netzwerk von Verbindungen, zu dem sie gehören, zu tun hat.

Aber solchen schlichten Auffassungen über die Beziehungen zwischen Computer und Gehirn stehen auf beiden Seiten der Diskussion auch extremere Standpunkte gegenüber. Wir haben das Glück, daß das vorliegende Buch Kapitel von zwei besonders wortgewaltigen Vertretern dieser entgegengesetzten Positionen enthält. Der Mathematiker Roger Penrose legt in

Kapitel 9 dar, warum dem Computer nach seiner Ansicht die Fähigkeit des Begreifens fehlen muß (und im weiteren Verlauf erläutert er seine eigenen Spekulationen darüber, wie das Bewußtsein aus den Quanteneigenschaften bestimmter Zellbausteine erwachsen könnte – der Mikrotubuli, die man in den Neuronen ebenso findet wie in allen anderen lebenden Zellen). Ganz anders Igor Aleksander (Kapitel 10): Er erklärt, warum er überzeugt ist, daß »MAGNUS«, sein eigener Computer, durchaus im Begriff steht, ein Bewußtsein zu erlangen.

Aber letztlich lautet die Analyse: Wenn wir das Gehirn verstehen wollen, müssen wir das Gehirn untersuchen und nicht die technischen Metaphern dafür, seien sie auch noch so verführerisch. Daß die Erforschung der Arbeitsweise des Gehirns mit Hilfe von Analogien und Metaphern so große Fortschritte machen konnte, liegt natürlich daran, daß das Thema äußerst schwierig ist. Bis vor relativ kurzer Zeit waren die Methoden, die der Neurowissenschaft zur Verfügung standen, unglaublich beschränkt. Man konnte Versuchstiere untersuchen, und unsere grundlegenden Erkenntnisse über Biochemie, Physiologie und Funktionsweise der Neuronen stammen zu einem großen Teil aus solchen »Tiermodellen«. Unter dem Mikroskop sind die Neuronen im menschlichen Gehirn nicht von denen der meisten anderen Wirbeltiere zu unterscheiden. Die elektrischen Vorgänge bei der Nervenleitung wurden von den dreißiger bis zu den fünfziger Jahren des 20. Jahrhunderts bis in die feinsten Einzelheiten aufgeklärt, indem man sie an den riesigen Nervenzellen der Tintenfische untersuchte. Welche Mechanismen und Moleküle an der Signalübertragung in den Nerven mitwirken, wurde besonders erfolgreich an Dünnschnitten von Gehirngewebe erforscht, die man aus Ratten gewonnen hatte. Die komplizierten Vorgänge bei der Verarbeitung visueller Reize ließen sich nur dadurch aufklären, daß man Katzen mit Mikroelektroden untersuchte und zudem das vielschichtige Verhalten von Affen beobachtete. Wie sich dabei herausstellte, lassen sich solche Befunde innerhalb weitgefaßter Grenzen auch unmittelbar auf die Arbeitsweise des menschlichen Gehirns übertragen. Das gilt auch heute noch, trotz aller lautstarken Argumente der Tierschützerlobby. Es gibt keine andere Möglichkeit, die biochemischen, zellulären und physiologischen Mechanismen komplizierter Verhaltensaspekte wie zum Beispiel des Gedächtnisses – mein eigenes Arbeitsgebiet – aufzuklären, als den Tierversuch. In meinem Fall handelt es sich dabei um Küken. Im Kapitel 5 beschreibt der Neurophysiologe Tim Bliss seine bahnbrechenden Analysen der physiologischen Eigenschaften dünner Gewebeschnitte aus dem Hippokampus, einer Region des Rattengehirns, und er legt dar, wie diese Arbeiten zu grundlegenden neuen Erkenntnissen über die Mechanismen der Synapsenplastizität führten, die der Bildung von Gedächtnisinhalten zugrunde liegen.

Dagegen hat sich die Auseinandersetzung mit dem menschlichen Gehirn selbst als wesentlich schwieriger erwiesen. An toten Gehirnen herrschte seit der Renaissance, als das Tabu des Sezierens menschlicher Körper fiel, kein Mangel. Generationen von Neuroanatomen untersuchten die komplexen Windungen von Gehirnen, zuerst mit Hilfe des Skalpells, später mit Licht- und Elektronenmikroskopen. Unfähig, die Funktionen der betrachteten Teile richtig zu deuten, gaben sie ihnen phantasievolle lateinische und griechische Namen, die wir noch heute für ihre angebliche Form verwenden, obwohl sie wissenschaftlich ebenso sinnvoll sind wie die Bezeichnungen für die astrologischen Sternzeichen. *Pons*, *Amygdala*, *Corpus mamillare* und *Hippokampus* mögen – in der gleichen Reihenfolge – einer Brücke, einer Mandel, einer Brust oder einem Seepferdchen ähneln, aber als Hinweis auf ihre Funktion sind solche Bezeichnungen wohl kaum besonders aufschlußreich. Ende des neunzehnten Jahrhunderts begann der in London arbeitende deutsche Chemiker Thudicum, das Gehirn biochemisch zu untersuchen: Er kochte es, behandelte es mit Säure und extrahierte seine verschiedenen, längst abgetöteten organisch-chemischen Bestandteile. Es waren gewissenhafte, langwierige und notwendige Arbeiten – aber von der Klärung der Funktion waren sie immer noch weit entfernt. In den zwanziger Jahren brachte Hans Berger, ein Schweizer Amateurwissenschaftler, Aufzeichnungselektroden auf der Kopfhaut einer freiwilligen Versuchsperson an und beschrieb das Auftauchen charakteristischer, komplizierter rhythmischer Wellen elektrischer Aktivität, die durch das Gehirn pulsierten. Glauben schenkte man ihm erst, als »richtige« Neurophysiologen bestätigten, daß im menschlichen Gehirn tatsächlich pausenlos elektrische Ströme fließen und daß man ihre Muster mit Elektroden, die man am Schädel anbringt, aufzeichnen kann. Die Folge war große Aufregung; das Elektroenzephalogramm, so glaubte man, sei der Schlüssel zum Verstehen des Gehirns. Aber so war es nicht. Sicher, die Muster und Rhythmen – Alpha, Theta und so weiter – waren vorhanden, aber was sie bedeuteten, wußte niemand.

Welche anderen Methoden standen zur Verfügung? Um den Stoffwechsel des menschlichen Gehirns zu erfassen, machten sich die Biochemiker an die Analyse des Urins, in der Hoffnung, man werde bei Menschen, die an geistigen Störungen litten, anormale chemische Verbindungen finden. Tatsächlich entdeckte man alle möglichen seltsamen Substanzen, aber sie erwiesen sich vorwiegend als Abbauprodukte der ebenso seltsamen Ernährung, die Psychiatriepatienten im Krankenhaus erhielten, oder der Medikamente, die man ihnen verschrieben hatte. Einen weiteren Weg zu neuen Erkenntnissen eröffnete eine Art empirische Psychopharmakologie. Wenn sich herausstellte, daß ein Medikament die Symptome der Schizophrenie wirksam linderte, konnte man die Ansicht vertreten, die »Ursache« der Störung habe in irgendeiner Form mit den biochemischen Vorgängen zu tun, die der Wirkstoff beeinflußte – und tatsächlich ist die biochemisch-psychiatrische Fachliteratur voll von solchen Behauptungen. Dabei gibt es nur ein Problem: Die Tatsache, daß ein Präparat »wirkt«, ist nicht unbedingt eine Erklärung für die Entstehung oder den Mechanismus der behandelten Störung. Ich möchte ein Beispiel nennen: Aspirin® kann Zahnschmerzen lindern, aber das erklärt nicht, woher die Schmerzen kommen oder was man letztlich unternehmen muß, um sie zu beseitigen. Zahnschmerzen entstehen nicht durch eine zu geringe Aspirinkonzentration im Gehirn; auch wenn man nach Ansicht mancher biochemisch orientierten Psychiater aus der Tatsache, daß Fluctin Depressionen lindert, den Schluß ziehen kann, im Gehirn depressiver Menschen sei der Mechanismus der Wiederaufnahme von Serotonin gestört!

Eine letzte Vorgehensweise bestand darin, daß man die Auswirkungen von Gehirnschäden auf das Verhalten untersuchte. Durch Schlaganfälle oder Verletzungen (und manchmal auch, das muß man zugeben, durch sogenannte iatrogene Schäden, also Folgen fehlerhafter medizinischer Eingriffe), können bestimmte Bereiche des Gehirns zerstört werden, während andere unversehrt bleiben. Schon in den siebziger Jahren des neunzehnten Jahrhunderts beschäftigte sich Paul Broca in Paris mit einem Patienten, der die Sprachfähigkeit fast völlig verloren hatte; wie sich bei der Obduktion herausstellte, war auf der linken Seite seiner Hirnrinde ein umschriebener Bereich geschädigt, der später als Broca-Zentrum bezeichnet wurde; er gilt als Teil des Systems, mit dem das Gehirn Worte erkennt und benutzt. Im zwanzigsten Jahrhundert entdeckte man viele weitere derartige Gehirnzentren; ihre Schädigung führt beispielsweise dazu, daß die Betroffenen Verben im Gegensatz zu Substantiven oder auch die Bezeichnung für Werkzeuge wie »Spaten« im Gegensatz zu denen für Tiere nicht verwenden oder erkennen können. Ganz ähnlich verhält es sich auch mit der Sehrinde an der Rückseite des Gehirns (unter dem Hinterhaupt): Sie besteht, wie man nachweisen konnte, aus mindestens 50 verschiedenen Bereichen, die für die Analyse von Farben, Bewegungen, Formen und so weiter zuständig sind. Ist einer davon geschädigt, bleiben die anderen vielfach funktionsfähig, so daß beispielsweise ein ansonsten blinder Mensch unter Umständen noch Bewegungen erkennt, sofern die dafür verantwortliche Gehirnregion verschont geblieben ist. Wie sich herausstellt, ist das Gehirn, was seine Funktionen angeht, aus Modulen aufgebaut, ganz ähnlich wie in seiner Anatomie. Die klügste und aufschlußreichste Erweiterung derartiger Analysen natürlicher Unfälle stammt von Larry Squire und seinen Kollegen: Sie entwickelten ein Benennungssystem für die Gedächtnisinhalte des Menschen und ihre Entsprechungen im Gehirn, ein Verfahren, das er im Kapitel 4 genauer erörtert.

Aber solche Untersuchungen, so fachgerecht sie auch ausgeführt werden, leiden stets an einem Schwachpunkt, der sich nicht ausräumen läßt und den Richard Gregory mit einem berühmten Vergleich deutlich machte. Wenn man aus einem Radio den Transistor ausbaut und das Radio daraufhin statt einer Symphonie nur noch einen Heulton von sich gibt, kann man daraus nicht schließen, daß der Transistor die Funktion eines Heulunterdrückers erfüllt. Die Untersuchung von Gehirnschäden – sei ihre Ursache nun eine Gehirnverletzung, ein Medikament, das im Gehirn bestimmte Leitungsbahnen lahmlegt, oder eine genetisch bedingte Anomalie in der Entwicklung des Gehirns – liefert Aufschlüsse über die Funktion des Systems, das ohne die fragliche Gehirnregion, Leitungsbahn oder biochemische Reaktion noch verbleibt, aber nicht über das Puzzlesteinchen, das entfernt wurde. Außerdem ist sowohl das Gehirn als auch das Verhalten bei allen Lebewesen so organisiert, daß es dem Überleben dient, und deshalb wird das restliche System, anders als ein Radio ohne Transistor, immer versuchen, sich selbst zu reparieren oder andere Wege, Leitungsbahnen und Strategien zu finden, um den Verlust auszugleichen.

Daher fanden es die Neurowissenschaftler äußerst spannend, als in den letzten Jahrzehnten relativ nichtinvasive Bildgebungsverfahren entwickelt wurden: Zum ersten Mal öffneten sie ein Fenster zum lebenden, funktionierenden menschlichen Gehirn, so daß man die Dynamik seiner Durchblutung und Energieverwertung erforschen konnte. Diese Methoden, die Positronenemissionstomographie (PET) und die funktionelle Kernspintomographie (fMRI) liefern mittlerweile höchst faszinierende, bedeutsame Ergebnisse. Hatte man sie ursprünglich entwickelt, damit die Neurologen nach einem Schlaganfall oder bei Hirntumoren den geschädigten Bereich besser eingrenzen konnten, so macht man mit ihnen heute auch die Gehirnregionen sichtbar, die aktiv sind, wenn eine Versuchsperson Mathematikaufgaben löst, Musik hört oder sich daran erinnert oder wenn sie eine Vielzahl weiterer Tätigkeiten ausführt. So setzte beispielsweise A. David Smith in seinem OPTIMA-Projekt die bildgebenden Verfahren ein, um die Veränderungen im Gehirn zu lokalisieren, die sich während des Alterns und beim Ausbruch der Alzheimer-Krankheit abspielen, und setzte sie in Beziehung zu den Veränderungen der kognitiven Leistungsfähigkeit – er selbst beschreibt das Projekt im Kapitel 6.

Heute lassen PET und fMRI erkennen, daß das Gehirn keine geordnete, festgelegte Konstruktion aus Zellen und ihren Verbindungen ist, sondern sich ständig in dynamischer Fluktuation befindet, wobei die einzelnen Bereiche zu verschiedenen Zeiten »aufleuchten«, je nachdem, welche geistigen Aufgaben gerade zu bewältigen sind. Solche durch computergestützte Verstärkung, Falschfarben und alle Kunstgriffe der bildgebenden Verfahren sichtbar gemachten Muster kann man unmöglich betrachten, ohne von der in ihnen offenbar werdenden Schönheit und Komplexität bezaubert und von Ehrfurcht ergriffen zu sein. Aber zu etwas anderem als Ehrfurcht sind wir derzeit nicht in der Lage. Immer noch haben wir keine allgemeine Erklärung, um die Dynamik, die sich in den PET-Untersuchungen zeigt, mit der Biochemie und Zellphysiologie in Verbindung zu bringen, so daß wir sagen könnten: Jetzt habe ich endlich eine allumfassende, empirisch begründete Theorie des Geistes oder sogar des Gehirns. (Um dahin zu gelangen, würde sicher so mancher Neurowissenschaftler Fausts Pakt mit dem Teufel eingehen, und für die endlich gewonnene Erkenntnis würde er dann – auch wenn er es nicht so formulieren würde – wie Goethes Faust seine Seele freiwillig dem Teufel übergeben.

Und weitere, noch weniger invasive Verfahren befinden sich in der Entwicklung. Eines, mit dem ich selbst mich befaßt habe, heißt Magnetenzephalographie; es bedient sich einer Tatsache, die jeder Physikstudent kennt: Wo ein elektrischer Strom fließt, besteht immer auch im rechten Winkel zu ihm ein magnetisches Feld. Die Kommunikation im Gehirn erfolgt in der Sprache der Elektrizität, und deshalb ist jede Gehirnregion von einem sich ständig verändernden magnetischen Feld umgeben – es ist zwar winzig klein und einige Millionen Mal schwächer als das Magnetfeld der Erde, aber mit der Hochtechnologie der Supraleitfähigkeit kann man es messen. Der Proband sitzt unbeweglich auf einem Sessel, der Kopf steckt in einem Helm, der flüssiges Helium und die Anordnung der Detektoren enthält, und die Daten fließen in Gigabytemengen in die Computer, die an den Helm angeschlossen sind. Können wir eine so gewaltige Informationsmenge verstehen? Für eine Antwort ist es noch zu früh, aber keineswegs zu früh ist es für die Voraussage, daß die Labors des 21. Jahrhunderts, die bildgebende Verfahren anwenden, eine Flut neuer Erkenntnisse über die Vorgänge im Gehirn und ihre Dynamik hervorbringen werden. Science-fiction-Schriftsteller wie William Gibson mit seinen Neuromancern und seinem virtuellen Licht sind bereits dort angekommen. Die Ingenieure bei British Telecom arbeiten an einem Projekt für das 21. Jahrhundert, das sie – je nach Geschmack rätselhafter – oder romatischerweise – »Seelenfänger« –

nennen; es hat das Ziel, die im Gehirn gespeicherte Information in einen Computerchip herunterzuladen.

Was wird uns ein solches Verfahren lehren? Wird es uns in die Lage versetzen, den Geist des Menschen, von dem die Information in dieser Form gewonnen wurde, neu zu schaffen? Daran habe ich sehr ernste Zweifel. Unter anderem liegt das an meinem mangelnden Vertrauen in die Metapher vom Gehirn als Computer. Ein noch wichtigerer Grund ist aber eine andere Erkenntnis: Wenn wir in der Lage wären, geistige Vorgänge physiologischen, anatomischen und biochemischen Mechanismen zuzuordnen, könnte – ich würde sogar sagen: wird – uns das zwar etwas darüber sagen, *wie* das Gehirn/der Geist funktioniert, aber es wird keine Aufschlüsse darüber liefern, *was* der Geist tut und *warum.* Diese Fragen müssen auf einer höheren Ebene analysiert und in einer anderen Sprache beantwortet werden, als sie die beste neurowissenschaftliche Technologie bieten kann.

In der Tradition der abendländischen Religion, Philosophie und Gedankenwelt hat man die Sprache des »Geistes« immer von der des »Gehirns« getrennt. Früher, im siebzehnten Jahrhundert, formulierte Descartes diesen Dualismus sehr eindeutig: Er beschrieb das Gehirn als Maschine, und belebt wurde es nach seiner Vorstellung von einem Geist oder einer Seele, die über die kleine Zirbeldrüse im Innern mit ihm in Wechselwirkung stand. Mit dem Aufkommen des Materialismus im neunzehnten Jahrhundert wurde die cartesianische Spaltung zum Gespött; den Geist betrachtete man jetzt als untergeordnetes Phänomen – mit den Worten von Thomas Huxley als die Pfeife der Dampflokomotive, oder, wie der niederländische Physiologe Jacob Moleschott es formulierte: »Das Gehirn scheidet Gedanken aus, wie die Niere Urin ausscheidet ... Genie ist eine Frage des Phosphors ...« Das waren natürlich nur Schlagworte, und die Psychologie mit den ihr nahestehenden Wissenschaften konnte viele Jahre lang fortbestehen, indem sie das Gehirn entweder völlig ignorierte oder es im besten Fall als Black Box betrachtete, deren Arbeitsweise man verstehen konnte, ohne etwas über ihren Inhalt und ihre Zusammensetzung zu wissen.

Diese Art der Psychologie, die in der Wissenschaft von den sterilen Traditionen der Pawlowschen Reflexlehre und des Skinnerschen Behaviorismus sowie in der klinischen Praxis durch die Unterscheidung zwischen »organischen« neurologischen Gehirnkrankheiten wie Alzheimer und »psychiatrischen« Leiden wie Schizophrenie repräsentiert wird, hat sich im wesentlichen selbst zugrunde gerichtet. An die Stelle ihrer Themen trat die Frage, auf welcher Ebene man am ehesten verstehen kann, wie der »Geist« sich über das »Gehirn« verteilt. Handelt es sich um eine Eins-zu-Eins- oder um eine Viele-zu-Vielen-Zuordnung? Besteht die Aufgabe, wie manche Reduktionisten unter den Neurowissenschaftlern im Gefolge Moleschotts behaupten würden, schlicht darin, die Sprache des Geistes völlig zu beseitigen und Diskussionen über biochemische Vorgänge oder sogar über Quantenzustände an ihre Stelle zu setzen? Oder geht es viel bescheidener darum, die Übersetzungsregeln zu verstehen, welche die Sprache des Geistes und die des Gehirns miteinander verbinden? Dieses Spannungsverhältnis spiegelt sich beispielsweise in den unterschiedlichen Ansichten von Richard Bentall und Tim Crow in den Kapiteln 7 und 8 wider, in denen sie diskutieren, wie und auf welcher Ebene die Schizophrenie zu verstehen ist. In Crows Augen ist sie eine einheitliche Störung mit eindeutig genetischen und biochemischen Ursachen, das heißt eine Krankheit des Gehirns. Bentall dagegen stellt den Begriff der Schizophrenie überhaupt in Frage: Sie ist nach seiner Ansicht eine unbestimmte Anhäufung unterschiedlicher Symptome, die man einzeln untersuchen und behandeln sollte. Unabhängig davon, wie die Entsprechung zu diesen Symptomen im Gehirn aussehen mag, deutet man ihren Ausdruck nach seiner Auffassung am besten als einen Aspekt des Geistes und nicht als Teil der Vorgänge im Gehirn.

Daß die Neurowissenschaft versucht, die Mechanismen der Verarbeitung visueller Reize, des Gedächtnisses, neurologischer Erkrankungen oder sogar psychiatrischer Störungen zu verstehen, ist vielleicht nicht verwunderlich. Immerhin ist das alles nun schon seit Jahrzehnten unser Ziel. Aber die Frage nach dem Bewußtsein selbst stand bis vor kurzem nicht zur Debatte. Allein die Tatsache, daß heute regelmäßig Tagungen über das Bewußtsein stattfinden, daß Bücher mit Titeln wie »Consciousness Explained«[1] (Daniel Dennett) geradezu zu Bestsellern werden und daß es sogar ein »Journal of Consciousness Studies« gibt, weist darauf hin, wie weit die Dinge gediehen sind. Philosophen, die sich mit dem Geist beschäftigen, stehen vor allem in den USA regelmäßig im Dialog mit Physiologen und Molekularbiologen, ja sie gehen sogar in deren Labors, um sie bei der Auswertung ihrer Befunde zu unterstützen. Molekularbiologen und Immunologen erklären uns (allerdings mit dem Vorrecht der Nobelpreisträger, denen man immer zuhört, ganz gleich, über welches Thema sie sprechen), das Bewußtsein sei eine Funktion von Neuronengruppen (Gerald Edelman) oder der freie Wille sei im vorderen Sulcus cinguli, einer tiefen Furche der Hirnrinde, angesiedelt (Francis Crick). Um zu dieser Vereinfachung zu gelangen, unterstellen sie, Bewußtsein – was das auch heißen mag – sei eigentlich gleichbedeutend mit Wahrnehmung, und sein Gegenteil sei die Unbewußtheit, wie sie sich im Schlaf, in der Narkose oder in den Gehirnvorgängen unterhalb der Ebene der Hirnrinde manifestiert. Wenn man also die neurophysiologischen Grundlagen von Phänomenen wie visueller Wahrnehmung oder Schlaf/Wachen untersucht, kann man demnach auch die Mechanismen des Bewußtseins selbst aufklären.

---

1 Etwa »Das erklärte Bewußtsein«; auf deutsch erschien das Buch unter dem Titel »Philosophie des menschlichen Bewußtseins«. (Anm. d. Übers.)

Mit solchen Fragen beschäftigen sich zwei Neurowissenschaftler, nämlich die Pharmakologin Susan Greenfield und der Neurophysiologe Wolf Singer, in den Kapiteln 12 und 13. Auf Singers Arbeiten über das Sehvermögen stützte sich Crick weitgehend in seinem Buch »Die erstaunliche Hypothese«, und deshalb ist es durchaus angebracht, daß Singer hier beschreibt, wie die visuelle Wahrnehmung möglicherweise entsteht. Für Greenfield, die teilweise auf Edelmans Argumente zurückgreift, ist das Bewußtsein ein Scheinwerferkegel, der über das Gehirn gleitet und mal hier, mal dort eine Gruppe von Neuronen beleuchtet. Das Ausmaß des Bewußtseins entspricht nach ihrer Vorstelluung ungefähr der Zahl der Neuronen, die jeweils im gleichen Augenblick vom Licht erfaßt werden. Aber natürlich sehen Greeenfield und Singer im Bewußtsein, wie man es auch definiert, eine Eigenschaft des Gehirns als System, nicht jedoch ein Produkt einzelner Zellen, Moleküle oder subzellulärer Strukturen. Eine der Schlüsselfragen über die Arbeitsweise des Gehirns als System und über die Paradoxa des Bewußtseins lautet: Wie kommt es, daß die getrennten Funktionen des modulartig aufgebauten Gehirns so verschmolzen werden, daß daraus unser individuelles, einzigartiges Gefühl von Persönlichkeit, Denken und Erleben entsteht?

Früher glaubte man, das Gehirn sei hierarchisch organisiert. Nach dieser Vorstellung sollte zum Beispiel die Information, die von der Netzhaut über die Zwischenstationen des Gehirns in der Sehrinde ankommt, zunächst zerlegt und auf ihre verschiedenen Merkmale hin analysiert werden, wie sie zuvor beschrieben wurden – auf Form, Bewegung, Farbe und so weiter. Diese einzelnen Merkmalsanalysatoren würden dann irgendeinem übergeordneten »Zentrum« im Gehirn berichten, und dieses Zentrum würde das Gesamtbild zusammensetzen. In einer solchen Schaltstelle müßte es besondere Neuronen geben, die beispielsweise die eigene Großmutter und nur diese erkennen. Mittlerweile ist aber überdeutlich geworden, daß das Gehirn nicht so funktioniert. Es gibt in diesem Sinn keine Großmutterzellen. Es gibt keine große Zentrale, die alle Aktivitäten des Gehirns koordiniert, keinen Homunculus, der in einem von Dennett so genannten »cartesianischen Theater« sitzt, um zu analysieren, zu interpretieren und dann Handlungen zu befehlen. In Wirklichkeit herrscht im Gehirn keineswegs eine solche stalinistische Kommandowirtschaft. Es ist vielmehr eine reibungslos funktionierende, anarchische Idealgesellschaft, in der jede Zellgruppe, das heißt jedes Modul, relativ selbständig handelt, wobei aber durch eine Fülle wechselseitiger Kommunikation zwischen den Gruppen das Gefühl einer zusammenhängenden Einheitlichkeit entsteht. Unklar ist nur, wie diese wechselseitige Kommunikation sich abspielt – das ist eine Schlüsselfrage, die in der Branche als »Bindeproblem« bezeichnet wird. Zum Teil wird das Ziel sicher durch unmittelbare synaptische Verbindungen zwischen den Zellen erreicht. Teilweise ergibt es sich aber auch daraus, daß die Aktivitäten anatomisch weit entfernter Zellgruppen zeitlich gekoppelt werden, so daß eine in das System eingebettete Bedeutung entsteht wie beim Morsealphabet, dessen Folge von Punkten und Strichen eine Nachricht übermittelt, die im einzelnen Punkt oder Strich nicht zu erkennen ist. Singers Forschungsarbeit führte zu einigen der besten Belege für diese Eigenschaft der Kohärenz, und in seinem Kapitel weist er auf die Folgerungen hin.

Selbst für die orthodoxe Philosophie des Geistes bedeutet das persönliche, subjektive Bewußtsein in irgendeiner Form mehr als einfach nur Wahrnehmung. Zu berücksichtigen ist auch die Kleinigkeit der Qualia, das heißt die aktuelle, individuelle Erfahrung, Rot zu sehen, Schmerzen zu fühlen oder sonst irgend etwas. Richard Gregory, der wieder einmal seine übliche Rolle irgendwo zwischen dem Weisen und dem Störenfried der Neurowissenschaft spielt, legt seine Spekulationen dar, wonach die Rolle der Qualia darin besteht, als Brücke zwischen Gegenwart und Vergangenheit zu dienen (Kapitel 11).

Ich selbst bin jedoch der Ansicht, daß die Frage des Bewußtseins außerhalb der reinen Neurowissenschaft liegt, ja sogar außerhalb von Psychologie und Philosophie. Ein Gehirn – und das ist der springende Punkt – ist kein geschlossenes, sondern ein offenes System, das in ständiger Wechselbeziehung zu seiner Umgebung steht. Und für den Menschen ist diese Umgebung sowohl die unmittelbare Gegenwart, die von der Gesellschaft um uns herum gebildet wird, als auch die Vergangenheit, die sich in unserer individuellen und sozialen Geschichte ausdrückt. Bewußtsein ist im Grunde nicht die Eigenschaft eines einzelnen Gehirns oder Geistes, sondern ein soziales Phänomen. Etwas Ähnliches sagte Marx natürlich schon im neunzehnten Jahrhundert, und das gleiche, daran wurde ich kürzlich erinnert, tat auch Nietzsche. Deshalb ist es durchaus angebracht, daß Singer am Ende seines Kapitels über die Neurophysiologie hinaus- und auf diesen gesellschaftlichen Zusammenhang hinweist.

Genau an diesem Punkt setzt Mary Midgley an, eine Philosophin, die tiefen Respekt für die Naturwissenschaft hegt und gleichzeitig deutlich spürt, daß diese ihren begrenzten Platz im Gesamtzusammenhang des Wissens verstehen muß: »Eine Welt, aber eine große«, hat sie das letzte Kapitel überschrieben. Es ist im wesentlichen ein Plädoyer für ontologische Einheitlichkeit – eine Welt – und erkenntnistheoretische Vielfalt –, es gibt viele Wege, sie kennenzulernen und zu erklären. Manche Begriffe, so ihre Argumentation, gehören unverrückbar zur Gesellschaft – Geld, Justiz, Wahlen. Andere haben sowohl mit dem Geist/Gehirn zu tun als auch mit der Gesellschaft, in der sie vorkommen. Und wieder andere werden zwar von der Gesellschaftsordnung beeinflußt, sind aber nur dann sinnvoll zu verstehen, wenn man das Innere des Gehirns erforscht. So ist beispielsweise die Energieversorgung des Gehirns in Form von Glucose davon abhängig, daß der Mensch ausreichend Nahrung zu sich nimmt, und das wiederum ist tatsächlich durch die

Gesellschaftsordnung bedingt – für die Opfer von feudaler Ausbeutung, Krieg oder Hungersnot ist es in der Regel schwieriger als für städtische Bankiers oder machthabende Politiker –, aber die Frage, wie das Gehirn die Glucose nutzt, ist die Domäne der Spezialisten für bildgebende Verfahren, der Physiologen und Biochemiker. Für manche Arten des Wissens eignet sich die reduktionistische Erklärung am besten; bei anderen stiftet sie nur Verwirrung.

Damit komme ich zu dem letzten Thema, das ich in diesem Einleitungskapitel ansprechen möchte. In der Wissenschaft geht es, wie so oft betont wird, sowohl um Wissen als auch um Macht. Die neue Neurowissenschaft will die Welt nicht nur verstehen, sondern auch verändern. Außerdem wird diese Macht bisher nicht von denjenigen Neurotechnologien beansprucht, die sich mit dem Gehirn als System, mit Informatik und bildgebenden Verfahren befassen, sondern von denen, die viel reduktionistischer sind und uns die Möglichkeiten der Psychopharmakologie anbieten, um unseren Geist so abzuwandeln, daß er zur Welt paßt. Angst, Depressionen, Ärger über gesellschaftliche Ungerechtigkeiten lassen sich heute möglicherweise mit einer durcheinandergeratenen Biochemie erklären, die ihrerseits in den meisten Fällen eine Folge durcheinandergeratener Gene ist. Behauptungen, bestimmte Gene »verursachten« in der Schule Lernschwäche und Unaufmerksamkeit oder bei Erwachsenen gewalttätiges, gesellschaftsfeindliches und kriminelles Verhalten, Alkoholismus, Drogenabhängigkeit, Jähzorn, Kaufsucht, Risikofreude, eine bestimmte sexuelle Orientierung und so weiter, zieren die Seiten angesehener wissenschaftlicher Fachzeitschriften und machen Schlagzeilen in der Tagespresse. Solche Gene beeinflussen angeblich die Entwicklung des Gehirns, verändern das Muster seiner Verschaltungen oder erzeugen Dissonanzen im harmonischen Zusammenspiel von Neurotransmittern und Neuromodulatoren. Warum ich solche Behauptungen lächerlich unzutreffend fände, wären ihre möglichen Auswirkungen nicht so tiefgreifend, habe ich in meinem kürzlich erschienenen Buch »Lifelines« dargelegt, und ich werde meine Argumente hier nicht wiederholen. Es möge der Hinweis genügen, daß menschliche Verhaltensaspekte wie Aggression eigentlich Sammelbegriffe sind, die nicht nur viele verschiedene Arten des Sozialverhaltens bezeichnen, sondern sogar gesellschaftliche Urteile über solches Verhalten, die sich weder einheitlichen Vorgängen im Gehirn zuordnen lassen noch solche widerspiegeln. Und noch viel weniger sind sie in einzelnen Genen oder biochemischen Mechanismen angesiedelt.

Aber daß dieser Reduktionismus bei den Erklärungen versagt, verhindert nicht seine technische Macht. Die Behauptung, zehn Prozent aller Jungen in den USA im Alter von acht bis 13 Jahren litten wegen eines Defektes in ihrer genetischen Ausstattung an einer klinisch diagnostizierbaren Störung namens Aufmerksamkeitsdefizit/Hyperaktivität und seien deshalb in der Schule schlecht und für Eltern und Lehrer eine Last, können wir als Beispiel übler Schuldzuweisung abtun. Aber die Tatsache, daß man genau diesem Anteil amerikanischer Schüler zur Zeit das potentiell gefährliche Amphetaminderivat Ritalin verschreibt, um die angebliche Krankheit zu »behandeln«, können wir nicht übergehen. Daß ein solcher Wirkstoff das Verhalten von Kindern beeinflußt, steht außer Zweifel. Er dürfte sie tatsächlich zu Hause und in der Schule leichter lenkbar machen. In diesem Sinne »funktioniert« die Neurotechnologie. Aber auch etwas anderes stimmt: Ein Schafdieb, der im achtzehnten Jahrhundert in England gehenkt wurde, stahl hinterher sicher keine Schafe mehr. Auch das Henken funktionierte, und doch waren die wenigsten so tollkühn zu behaupten, die zu geringe Zahl der Hinrichtungen sei die Ursache des Schafdiebstahls. Wenn man schlechtes Verhalten zu Hause und in der Schule behandelt, indem man das betreffende Kind unter Medikamente setzt, verschleiert man die Tatsache, daß Unaufmerksamkeit oder Ungezogenheit auch andere Ursachen haben können, von schlechtem Schulunterricht über häuslichen Kindesmißbrauch bis hin zu gesellschaftlichen Mißständen wie baufällige Schulen, große Klassen und schlichte Armut.

Die technische Verlockung, durch Manipulation des Gehirns – von chirurgischen Eingriffen bis zu maßgeschneiderten Medikamenten – eine psychozivilisierte Gesellschaft zu schaffen, ist also sehr stark. Dabei geht es nicht nur um die Anpassung derer, die sich schlecht in die Gesellschaft einfügen. Die Psychopharmakologie bietet auch die Möglichkeit, bereits gut angepaßte Personen zu »verbessern«. Man braucht sich nur anzuhören, was über Fluctin behauptet wird – die Wirkstoffe dieser neuen Gruppe Psychopharmaka treten mit dem Neurotransmitter Serotonin in Wechselwirkung –, daß es ansonsten »normale« Personen zu überdurchschnittlichen Leistungen treiben kann, so daß ihre wahre Persönlichkeit aus dem Alltäglichen herausragt wie Superman im Vergleich zu Otto Normalverbraucher. Oder nehmen wir die Fürsprecher der sogenannten intelligenten Medikamente, die heute über das Internet weltweit erhältlich sind und angeblich das Gedächtnis verstärken, die Kognition verbessern und eine medikamentös erzeugte Superintelligenz versprechen. Es geht nicht darum, daß solche lautstarken Behauptungen im besten Fall stark übertrieben und im wesentlichen falsch sind. Die Wirkung des Medikaments, die durch den magischen Reiz der Technologie verstärkt wird, und das ideologische Gewicht der Behauptungen selbst – das alles dient dazu, unsere Aufmerksamkeit nach innen zu lenken, weg von der Sorge über die komplizierten Probleme der Gesellschaftsordnung, in der wir leben, und hin zu unserem eigenen Ich, das nach seinem persönlichen Glück sucht. Schon 1968 stand an der Wand eines College in Oxford das Graffitto: »Passe deinen Geist nicht an, was falsch ist, ist die Wirklichkeit.« Nun ja, die Wirklichkeit ist immer noch falsch, aber nur allzuoft erweckt die moderne Neurotechnologie den unzutreffenden Eindruck, wir könnten das ignorieren und statt dessen unseren Geist anpassen.

Oder, wie Aldous Huxley es in »Schöne Neue Welt« formulierte: »Drück mich, entrück mich, mein Schatz, bis ich in einem Koma; außer der Liebe da hat's nichts, was so schön ist wie Soma.«

Weiterführende Literatur

Dennett, D. C.: *Philosophie des menschlichen Bewußtseins*, Hoffmann und Campe 1994.

Rose, S.: *The Making of Memory*, Bantam 1992.

Rose, S.: *Lifelines*, Allen Lane 1997.

2

DAS GEHIRN DES MENSCHEN: 100 MILLIARDEN VERKNÜPFTE ZELLEN

John Parnavelas

Neuronen und Glia, die funktionellen Einheiten des Gehirns

Das Gehirn ist ein ungeheuer kompliziertes, eng verflochtenes Gewebe aus höchst spezialisierten Zellen; die beiden Grundtypen dieser Zellen sind die eigentlichen Nervenzellen (Neuronen) und die Gliazellen (Glia), die das Nervenzellgewebe des Gehirns umhüllen, stützen und ernähren. Die Zahl der Neuronen im menschlichen Gehirn liegt in der Größenordnung von 100 Milliarden mit einer Schwankungsbreite von ein paar Hundert Millionen, und ähnlich hoch ist auch die Zahl der Gliazellen. Ein typisches Neuron besteht aus einem Zellkörper (auch Soma genannt) mit einem Durchmesser zwischen etwa 10 und 100 Mikrometern, von dem mehrere faserartige Verzweigungen (die Dendriten) und eine lange Faser (das Axon) ausgehen. Der Zellkörper enthält den Zellkern des Neurons und den biochemischen Apparat für die Synthese der Moleküle, die für das Leben der Zelle unentbehrlich sind. Die Dendriten bilden mit dem Soma den wichtigsten Empfangsbereich für ankommende Signale, über das Axon dagegen, das vom Zellkörper wegstrebt, werden die eintreffenden Signale an benachbarte oder weiter entfernte Teile des Gehirns weitergeleitet. In der äußeren Gestalt der Neuronen gibt es beträchtliche Unterschiede, und jeder Gehirnteil ist durch eine Gruppe morphologisch andersartiger Neuronentypen gekennzeichnet (Abb.1).

Das Gehirn hat die Aufgabe, für den Informationsfluß durch komplizierte Schaltkreise zu sorgen, die aus Neuronennetzen bestehen. Die Information von einem Neuron zum anderen wird an besonderen Kontaktstellen, den Synapsen, übertragen (die im folgenden Kapitel genauer erörtert werden). Auf jedes der 100 Milliarden Neuronen im Gehirn dürften einige tausend bis 100 000 Synapsen einwirken, und über diese Synapsen kann die Nervenzelle Informationen von Hunderten oder Tausenden anderer Neuronen empfangen. Demnach enthält das Gehirn also bis zu 100 Billionen Synapsen; sie machen die gewaltigen, höchst komplexen Berechnungen erst möglich, die unser Gehirn in jedem Augenblick unseres Lebens ausführt.

Die Kommunikation zwischen den Neuronen erfolgt sowohl durch chemische als auch durch elektrische Signale. Das Signal, das von einem Neuron erzeugt und an seinem Axon entlanggeleitet wird, hat die Form eines elektrischen Impulses, der von geladenen Natrium- und Kaliumionen weitergetragen wird;

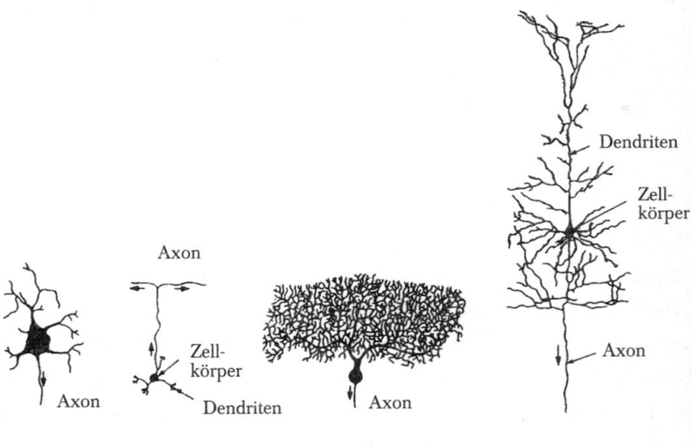

Abb. 1: Typische Formen verschiedener Neuronentypen.

von Zelle zu Zelle jedoch, über die Synapsen hinweg, wird das Signal chemisch übermittelt – durch Moleküle, die man als Neurotransmitter bezeichnet und die Robbins im folgenden Kapitel genauer beschreiben wird. Zusätzlich gibt es auch elektrische Verbindungen (die sogenannten Gap Junctions), die eine Kommunikation nicht nur zwischen den Neuronen, sondern auch zwischen Gliazellen sowie Neuronen und Glia ermöglichen.

Wie entsteht das Gehirn?

Eine der größten Herausforderungen in der neurobiologischen Entwicklungsgeschichte ist die Aufklärung der molekular- und zellbiologischen Vorgänge, durch die sowohl die einzelnen Teile des Gehirns als auch die für jeden Teil charakteristische Vielfalt der Zellen entstehen. Das Zentralnervensystem geht aus der Neuralplatte hervor, einer flachen Zellschicht auf der oberen (dorsalen) Seite des entstehenden Embryos. Dieses Gewebe faltet sich während der weiteren Entwicklung entlang der von vorn nach hinten laufenden (antero-posterioren) Achse zu einem länglichen, hohlen Gebilde, dem Neuralrohr. Am Kopfende des Rohrs entstehen drei auffällige Verdickungen, die sich schließlich zu den drei Hauptteilen des Gehirns (Vorderhirn, Zwischenhirn und Rautenhirn) entwickeln; aus dem hinteren Abschnitt geht das Rückenmark hervor. Wie die verschiedenen Bereiche im einzelnen entstehen, ist nicht geklärt, aber neuere molekulargenetische Untersuchungen legen die Vermutung nahe, daß unterschiedliche Muster der Genexpression in den frühen Entwicklungsphasen die Grenzen zwischen den Gehirnregionen festlegen.

Wenn sich das Neuralrohr geschlossen hat, setzt sich die Zellvermehrung mit hoher Geschwindigkeit fort, und bald darauf hat sich die einfache Zellschicht der Neuralplatte in eine mehrere Zellschichten umfassende Platte verwandelt. Bevor in den sechziger Jahren die Methode der Autoradiographie aufkam, war es sehr schwierig, Aufschlüsse über die Herkunft der Neuronen und Gliazellen in der Gehirnentwicklung zu gewinnen. Im Zellkörper wird aus Vorläufermolekülen, darunter die Verbindung Thymidin, DNA synthetisiert. Injiziert man radioaktiv markiertes Thymidin, so wird dieses in die DNA des Zellkerns aufgenommen, und durch die weitere Teilung und Vermehrung der Zellen verteilt sich das markierte Material auf die Tochterzellen. Wenn man nun das Gehirn entnimmt und in hauchdünne Scheiben schneidet, die man auf einen lichtempfindlichen Film legt, schwärzen die radioaktiven Bereiche der Hirnschnitte die Stellen auf dem Film, die sie berühren, so daß man eine Karte mit der Verteilung der Radioaktivität erhält. Je nachdem, wann man während der Entwicklung des Fetus einem schwangeren Tier das radioaktive Thymidin injiziert, kann man die Entstehungszeit der einzelnen Zellen ermitteln.

Wie man mit diesem Verfahren zeigen konnte, sind alle Zellen in der Wand des Neuralrohrs zur Vermehrung fähig. Entweder treten beide Tochterzellen erneut in den Mitosezyklus ein oder auch eine von beiden schert aus dem Zyklus aus (das heißt, sie wird postmitotisch) und differenziert sich. Ausgereifte Neuronen bilden im Gegensatz zu allen anderen Zelltypen des Organismus eine Population, die sich nicht mehr teilt. Sterben diese Zellen, dann werden sie nicht durch andere Neuronen ersetzt, sondern der leere Platz, den sie hinterlassen, füllt sich entweder mit Dendriten und Axonen anderer Zellen oder aber mit Gliazellen auf, die sich anders als Neuronen auch im ausgereiften Gehirn weiterhin teilen. Wie der Vermehrungsmechanismus der Zellen ein- und ausgeschaltet wird, weiß man zwar nicht, aber eines ist klar: Der Zeitpunkt, zu dem die Zellpopulationen ihre Teilung einstellen, muß präzise gesteuert werden, damit die für das fertig entwickelte Gehirn typische geordnete Struktur entsteht. Damit das menschliche Gehirn seine

100 Milliarden Neuronen hervorbringen kann, die praktisch alle bereits bei der Geburt vorhanden sind, müssen durch die Zellvermehrung während der gesamten Schwangerschaft einer Schätzung zufolge durchschnittlich über 250 000 Neuronen in der Minute neu entstehen (Abb. 2).

Die äußerlich gleichförmige Population der proliferierenden Zellen des Neuralrohrs bringt die vielfältigen Typen der Neuronen und Gliazellen hervor, aus denen die einzelnen Bereiche des ausgewachsenen Gehirns bestehen. In jedem dieser Bereiche entstehen mehrere Typen von Neuronen mit jeweils eigener Charakteristik, was die Form, das genaue Muster der Verbindungen, den Gehalt an Neurotransmittern und so weiter angeht. Mit verschiedenen Strategien bringt das Neuralrohr die

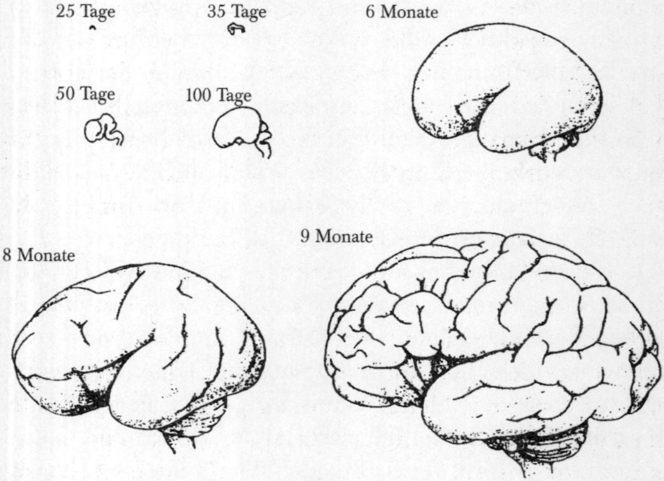

Abb. 2: Das Wachstum des menschlichen Gehirns während verschiedener Entwicklungsstadien von Embryo und Fetus. Der Maßstab ist in allen Zeichnungen der gleiche. Die drei Hauptteile (Vorder-, Mittel- und Nachhirn) entstehen aus auffälligen Verdickungen am Vorderende des Neuralrohrs. Zuletzt sind Mittel- und Nachhirn von der stark angewachsenen Hirnrinde überwölbt. Ihre charakteristischen Windungen und Furchen entwickeln sich erst ab dem sechsten Schwangerschaftsmonat.

Vielfalt der Zellen hervor, die für die einzelnen Bereiche des Gehirns charakteristisch ist. Ich möchte mich hier auf die Entstehung der vielgestaltigen Anordnungen von Neuronen und Gliazellen in der Großhirnrinde konzentrieren, jenem Teil des Gehirns, der bei Säugetieren die gesamte Oberfläche der Hirnhälften bedeckt (Abb. 2 in diesem Kapitel sowie Abb. 1 und 2 in Kapitel 4).

Wie entstehen die vielen Milliarden Neuronen und Gliazellen der Hirnrinde?

Die etwa 2 bis 4 mm dicke Hirnrinde ist der mit Abstand größte Teil des menschlichen Gehirns und enthält ungefähr die Hälfte aller Neuronen. Während die Hirnhälften in der Embryonalentwicklung größer werden, bilden sie Furchen aus, so daß ihre Oberfläche und damit auch der Anteil der Hirnrinde relativ zum Volumen stark zunimmt. Wenn man die Hirnrinde im rechten Winkel zur Oberfläche schneidet und den Dünnschnitt mikroskopisch untersucht, so stellt sich heraus, daß die Nervenzellkörper in sechs Schichten angeordnet sind (Abb. 3). Die Schichten ergeben sich durch Unterschiede in Art und Dichte der Zellkörper in den unterschiedlichen Tiefen der Hirnrinde. So ist beispielsweise die Schicht 1, die an der Oberfläche des Gehirns liegt, nur spärlich mit Neuronen besetzt, während die Schicht 4, die sich fast in der Mitte der Hirnrinde befindet, zahlreiche kleine Neuronen enthält. In jeder Schicht befinden sich sowohl Pyramidenzellen (die wegen der Form ihres Soma so genannt werden, siehe Abb. 1) als auch nichtpyramidale Neuronen. Die Pyramidenzellen, die nahezu 75 Prozent aller Neuronen in der Hirnrinde ausmachen, sind die Projektionszellen, die Axone in entfernte Teile des Gehirns aussenden. Nichtpyramidale Zellen dagegen sind Interneuronen – das heißt, sie knüpfen Verbindungen im näheren Umfeld. Zwi-

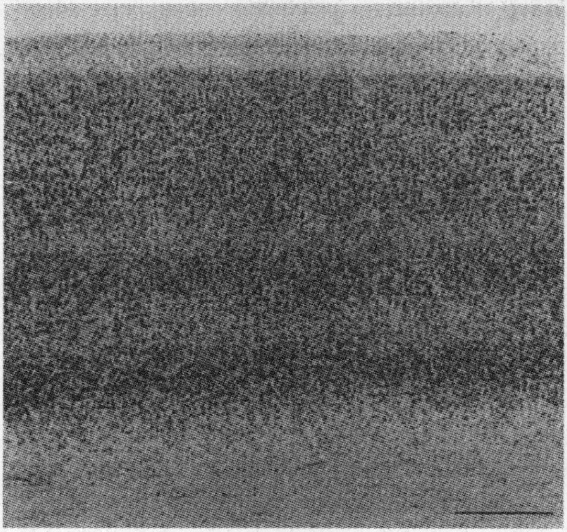

Abb. 3: Diese Mikroskopaufnahme zeigt in geringer Vergrößerung die in sechs Schichten angeordneten Neuronen des menschlichen Neokortex. Der Dünnschnitt verläuft im rechten Winkel zur Gehirnoberfläche durch ein Assoziationsfeld des Neokortex; angefärbt wurde die Nissl-Substanz. Der Balken unten rechts entspricht 1mm. (Foto von Dr. Eva Braak, Anatomisches Institut, Frankfurt a. M.)

schen den Pyramidenzellen gibt es Größenschwankungen und sogar Unterschiede in der Form, aber alle besitzen einen Hauptdendriten, der nach oben zur Gehirnoberfläche gerichtet ist. Bei den nichtpyramidalen Zellen findet man weitaus mehr Typen, die sich in Größe und Form der Dendriten sowie im Verzweigungsmuster der Axone unterscheiden. Die beiden Haupttypen der Gliazellen, die Astrozyten und die Oligodendrozyten, findet man in allen Schichten, aber in weit geringerer Zahl als die Neuronen.

In bestimmten Bereichen der Hirnrinde sind einzelne Schichten besonders gut entwickelt, so beispielsweise die Schicht 4 in denjenigen Abschnitten der Hirnrinde, die sensorische Informationen wie Seh- und Tasteindrücke aufnehmen. Vergleicht man systematisch die verschiedenen Schichten überall in der Hirnrinde, so findet man viele weitere Unterschiede. Aufgrund derartiger Abweichungen der Zellarchitektur (das heißt der Größe und Form des Zellkörpers sowie der Zelldichte) kann man die Hirnrinde in einzelne Regionen einteilen, die untereinander recht scharf abgegrenzt sind. Die gebräuchlichste Karte der Hirnrinde, in der die einzelnen Regionen eingetragen sind, veröffentlichte der deutsche Anatom Brodmann um die Jahrhundertwende. Er teilte die Hirnrinde in fast fünfzig Bereiche ein, die, wie sich später herausstellte, sich auch in ihren Verknüpfungen und ihren spezialisierten Funktionen unterscheiden. Die Frage, wie die genaue Organisation dieses höchst komplizierten Gehirnteils zustande kommt, ist seit über hundert Jahren Gegenstand eingehender Untersuchungen.

Die Entstehung derart raffinierter, hochgradig geordneter Strukturen wie der Hirnhälften aus einer einzigen Zellschicht ist zwangsläufig ein komplizierter Vorgang, der eine Abfolge genau festgelegter topologischer Umwandlungen erfordert. Die Hirnhälften entwickeln sich aus dem vorderen Abschnitt des Neuralrohrs. Wenn sich die Vorläuferzellen vermehren, aus denen schließlich die Neuronen hervorgehen, beult sich die Wand des Rohrs aus, und es entstehen (beim menschlichen Fetus in der fünften Woche) die Hirnbläschen. Die Zellen in der Nähe der Innenwand des Neuralrohrs, in der sogenannten Mantelzone oder ventrikulären Zone, sind dazu bestimmt, die Neuronen und einige Gliazellen hervorzubringen. In diesem Bereich wird während der folgenden hundert Tage der Fetalentwicklung die Mehrzahl der Rindenneuronen geboren. Die Gliazellen entstehen überwiegend in der zweiten proliferierenden Zellschicht aus Zellen, die weiter von den Bläschen entfernt in der sogenannten subventrikulären Zone liegen. Die neu entstandenen Neuronen wandern aus der ventrikulären Zone zur Oberfläche der Gehirnbläschen. Dort treffen die jungen Zellen auf Axone, die aus dem Bereich des entstehenden Hirnstammes einwachsen, und bilden die erste horizontale Schicht oder Marginalzone (Schicht 1 des ausgereiften Kortex). Als nächstes taucht zwischen der ventrikulären Zone und der Marginalzone (auch Randschleier genannt) eine verdickte Faserschicht auf, die man als Zwischenzone bezeichnet (subkortikale weiße Substanz des ausgereiften Gehirns). Die später entstandenen Neuronen müssen diesen Bereich durchqueren und bilden schließlich die Schichten 2 bis 6 des erwachsenen Kortex (Abb. 4).

Die wandernden Neuronen sammeln sich während der Entwicklung des Kortex' in der Reihenfolge »von innen nach außen«, das heißt, die am tiefsten gelegenen Zellschichten werden zuerst zusammengesetzt und die unmittelbar unter der Oberfläche liegenden als letzte. Die Wanderung der Neuronen muß mehrere Schritte umfassen. Erstens müssen die jungen Neuronen ihren jeweiligen Weg erkennen; zweitens muß es einen Mechanismus geben, durch den sich ihr Zellkörper an diesem Weg entlangbewegt; und drittens müssen sie irgendwann erkennen, daß die Wanderung beendet ist, und sich nun mit

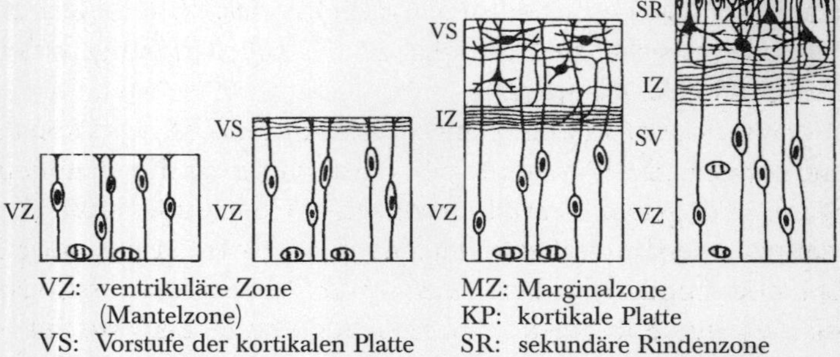

VZ: ventrikuläre Zone (Mantelzone)
VS: Vorstufe der kortikalen Platte
IZ: Intermediärzone
MZ: Marginalzone
KP: kortikale Platte
SR: sekundäre Rindenzone
SV: subventrikuläre Zone

Abb. 4: Die Hirnrinde in vier Entwicklungsstadien. Die horizontal angeordnete Zelle in der Marginalzone ist eine Cajal-Retzius-Zelle. (Zeichnung von Dr. H. B. M. Uylings, Institut für Gehirnforschung, Amsterdam.)

anderen, gleichartigen Neuronen zusammenlagern. Wie man schon seit einiger Zeit weiß, gibt es in der entstehenden Hirnrinde spezialisierte Gliazellen, deren Zellkörper in der Subventrikularzone liegen, während sich ihre Fasern radial bis zur Oberfläche des Kortex' erstrecken. Diese Zellen, radiale Glia genannt, bleiben so lange erhalten, bis die Zellwanderung beendet ist, und bilden einen Teil des Gerüstes, an dem die kortikalen Neuronen sich entlangbewegen. Sie haben besondere biochemische Eigenschaften, die wahrscheinlich ihre anfängliche Erkennung durch die jungen Neuronen erleichtern, so daß sie diese während der Wanderungsphase lenken können (Abb. 5). Allerdings bewegt sich ein Teil der jungen Neuronen (etwa 20 Prozent) offenbar ohne die Unterstützung der radialen Glia in horizontaler Richtung. Ganz neuen Forschungsergebnissen zufolge sind offenbar die Cajal-Retzius-Zellen, eine einzigartige Gruppe von Neuronen, die nur in den frühen Stadien der Rindenentwicklung in der Schicht 1 vorhanden sind, an der radialen Wanderung beteiligt. Diese früh entstehenden Neuronen scheiden ein Protein namens Reelin aus, das an der sie umgebenden Molekülmatrix haftet; derzeit wird vermutet, daß Reelin für die in Wellen eintreffenden Rindenneuronen als Haltesignal wirkt: Es teilt ihnen mit, daß sie sich von den radialen Gliafasern lösen und sich zu einer Schicht ausgereifter Neuronen entwickeln sollen.

Man kennt beim Menschen mehrere genetische Mutationen, die offenbar die Wanderung der Neuronen zu der richtigen Stelle in der genau organisierten Hirnrinde beeinträchtigen. Die meisten Personen mit solchen Mutationen leiden nicht nur an Epilepsie, sondern sie sind auch geistig behindert. Die schwerste derartige Krankheit bei Menschen ist die Lissenzephalie – der Begriff bedeutet »glattes Gehirn«; sie heißt so, weil der Hirnrinde die Wülste und Vertiefungen fehlen, die für ein normales Gehirn charakteristisch sind. Auch die Schichtanordnung des Kortex' ist im Gehirn solcher Personen nicht normal.

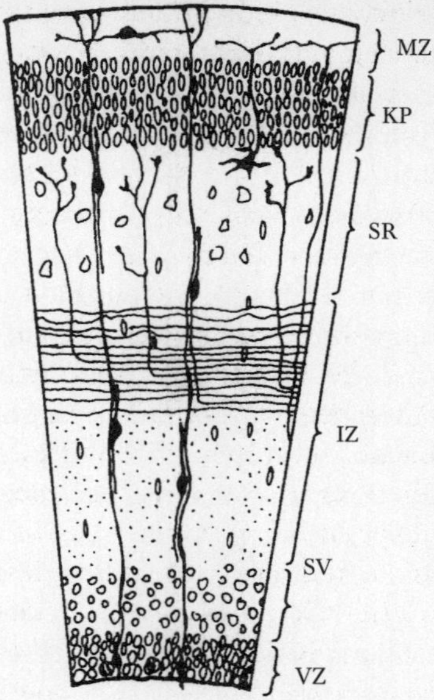

VZ: ventrikuläre Zone
SV: subventrikuläre Zone
IZ: Intermediärzone
SR: sekundäre Rindenzone
KP: kortikale Platte
MZ: Marginalzone

Abb. 5: Querschnitt durch die Hirnrinde während der Entwicklung. Man erkennt die sechs embryonalen Schichten von der Oberfläche des Hirnbläschens (unten) bis zur Oberfläche der Pia mater (oben). Die spindelförmigen Neuronen wandern an radial verlaufenden Fasern der Glia entlang, die sich durch die gesamte Dicke der Hirnrinde erstrecken. (Zeichnung von Dr. P. Rakic, Yale University.)

Festlegung des Zellschicksals

Die Zellen in der ventrikulären Zone müssen im Frühstadium der Entwicklung zahlreiche Entscheidungen treffen. An welchem Punkt entschließt sich eine Zelle, ein Neuron und keine Gliazelle zu werden? Und wenn sie sich für die Entwicklung zum Neuron entscheidet, an welcher Stelle entschließt sie sich dann, eine Pyramidenzelle oder eine nichtpyramidale Zelle zu werden? Wird sie sich auch nach dieser Entscheidung weiterhin vermehren? Ist eine einzelne Zelle darauf programmiert, sich in einer bestimmten Schicht anzusiedeln, bevor sie mit der Wanderung beginnt? Und wann entscheidet sich die Zelle, ein ganz bestimmtes Muster von Verbindungen einzugehen und einen ganz bestimmten Neurotransmitter zu produzieren? Wenn wir wissen, in welchem Stadium eine Zelle auf die Entwicklung zu einer bestimmten endgültigen Form festgelegt wird, können wir nach und nach die Faktoren eingrenzen, die an diesem Entwicklungsvorgang beteiligt sein dürften. Aber die Zeitpunkte dingfest zu machen und die Mechanismen zu verstehen, durch die ein Neuron auf diese Weise festgelegt wird, hat sich wegen der verwickelten Struktur des Gehirns und wegen seiner Unzugänglichkeit in der Embryonalentwicklung als schwierige Aufgabe erwiesen. Dennoch gab es bei der Beantwortung solcher Fragen nach der Rindenentwicklung beträchtliche Fortschritte; mittlerweile ist klar, daß die Neuronen des Kortex' ihre endgültige Form durch Wechselwirkungen zwischen ihrem Genotyp und ihrer unmittelbaren Umgebung entwickeln.

Genetische Faktoren

Das Wissen über die Abstammungsverwandtschaft der Zellen in der Hirnrinde wird dazu beitragen, die Mechanismen aufzuklären, die den Entscheidungen während ihrer Entwicklung zugrunde liegen. Dieses Forschungsgebiet erlebte Mitte der achtziger Jahre durch das Aufkommen der rekombinanten Gentechnik eine Umwälzung. Damals entwickelte man eine Methode – die technischen Einzelheiten brauchen uns hier nicht zu interessieren –, mit der man fremde Gene in das Genom einer sich teilenden Zelle einschleusen kann, und diese Gene werden dann in einer bestimmten Abstammungslinie an alle Tochterzellen weitergegeben. Kodiert ein solches Gen ein Protein, das sich leicht nachweisen läßt – beispielsweise weil es eine Enzymreaktion in Gang setzt, bei der ein farbiges Produkt entsteht –, sind alle Zellen, die dieses besondere Gen tragen (und demnach einen Klon bilden), zu jedem beliebigen späteren Zeitpunkt mit licht- oder elektronenmikroskopischen Methoden leicht zu erkennen. Wählt man den Zeitpunkt, zu dem man das fremde Markierungsgen einschleust, im Zusammenhang mit bestimmten Phasen der Entwicklung und Zellvermehrung, sind die Nachkommen, die in der fraglichen Phase aus den Zellen entstehen, leicht nachzuweisen. Diese Methode liefert wertvolle Aufschlüsse darüber, wie die Identität einer Zelle festgelegt wird, auch wenn man mit ihr nicht aufklären kann, welche Mechanismen im einzelnen dabei mitwirken. Um vollständig zu verstehen, wie Zellen ihre Identität erlangen, müssen wir genauer eingrenzen, welche Gene beteiligt sind und welche Faktoren ihre Expression steuern. Schon jetzt hat aber die Analyse der Abstammungslinien in der entstehenden Hirnrinde zu der Erkenntnis geführt, daß die Abstammung oder genetische Faktoren für die Festlegung der Identität einzelner Zelltypen eine wichtige Rolle spielen.

Die gleiche Methode wurde in meinem eigenen Institut und auch in anderen Labors auf die entstehende Hirnrinde der Ratte angewandt. Dabei ging es zunächst um die Frage, ob es in der ventrikulären Zone unterschiedliche Vorläuferzellen für die Neuronen und die beiden Gruppen von Gliazellen (Astrozyten und Oligodendrozyten) gibt, und, wenn ja, wann sie entstehen. Wie sich herausstellte, bestehen Ansammlungen verwandter Zellen in der Hirnrinde fast ausschließlich aus Zellen eines einzigen Typs; das legt den Verdacht nahe, daß es schon zu Beginn der Rindenentwicklung in der ventrikulären Zone Vorläuferzellen gibt, die dazu bestimmt sind, entweder Neuronen oder Gliazellen hervorzubringen. Als nächstes wollten wir klären, ob die beiden großen Klassen der Neuronen, die Pyramidenzellen und die nichtpyramidalen Zellen, aus einem gemeinsamen Vorläufer hervorgehen. Dazu schleusten wir das Markergen an jedem einzelnen Tag der Rindenentwicklung (in der letzten Woche der 21 Tage dauernden Schwangerschaft bei Ratten) in Zellen ein und untersuchten dann an den erwachsenen Ratten die Neuronenklone, die aus diesen Zellen entstanden waren. Die Klone bestanden fast ausschließlich entweder aus Pyramidenzellen oder aus nichtpyramidalen Neuronen, ein Hinweis, daß die ventrikuläre Zone getrennte Vorläuferzellen für die beiden Neuronengruppen enthält. Solche Befunde bedeuten, daß man sich die Proliferationszone des entstehenden Kortex' als ein Mosaik aus Vorläuferzellen verschiedener Typen vorstellen kann und daß die Abstammung für die endgültige Form der Neuronen und Gliazellen in der Hirnrinde von entscheidender Bedeutung ist.

Mit ähnlichen Methoden fanden wir auch heraus, daß Neuronenklone überall im Kortex einheitlich den gleichen Neurotransmitter exprimieren – ein Hinweis, daß die Abstammung auch entscheidend darüber mitbestimmt, welchen Neurotransmitter die Neuronen im Kortex produzieren. Dagegen sind andere, für die Neuronenfunktion entscheidende Proteine nicht entsprechend der Klonzugehörigkeit verteilt, was darauf hindeutet, daß ihr Vorhandensein oder Fehlen nicht von genetischen Entwicklungsfaktoren abhängt, sondern von Umweltbedingungen.

Bei der Untersuchung einer großen Zahl klonal verwandter Neuronen aus Gehirnen, denen in unterschiedlichem Alter Gene eingeschleust wurden, zeigten sich bemerkenswerte Unterschiede in der Größe und Verteilung der Klone von Pyramidenzellen und nichtpyramidalen Neuronen. Nichtpyramidale Zellen waren in der Regel einzeln oder als Klone aus zwei Neuronen vorhanden und lagen in denjenigen Schichten des Kortex', die zum Zeitpunkt der Injektion gerade im Entstehen be-

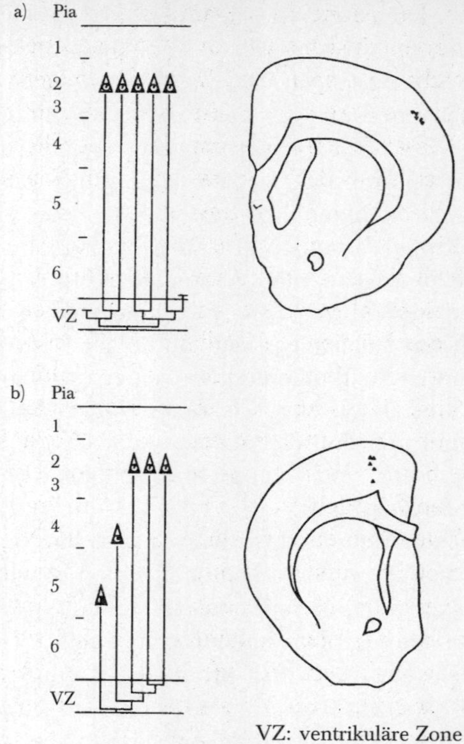

Abb. 6: Die Pyramidenzellen der Hirnrinde könnten durch zwei unterschiedliche Arten der Zellteilung entstehen: entweder durch symmetrische Teilung (horizontale Klone, a), oder durch asymmetrische Teilung (radial angeordnete Klone, b). Damit in a ein Klon aus fünf Neuronen entsteht, müssen die Vorläuferzellen sich mindestens dreimal symmetrisch teilen, was einem Klon von acht Zellen entspricht. Da man in dem Klon aber nur fünf Zellen findet, ist zu vermuten, daß mindestens eine postmitotische Zelle (die Linie, die über der ventrikulären Zone endet) und eine Vorläuferzelle (die in der ventrikulären Zone (VZ) endende Linie) durch Absterben oder Abwanderung aus dieser Zellgruppe verlorengegangen sind. Zur Entstehung der fünf Neuronen in b müssen die Vorläuferzellen nach der Aufnahme eines Markierungsgens drei asymmetrische Teilungen und eine symmetrische Verdoppelung durchgemacht haben; die drei ersten Teilungen haben postmitotische Tochterzellen hervorgebracht, aus der letzten symmetrischen Teilung sind zwei terminale postmitotische Zellen hervorgegangen.

griffen waren. Die Klone der Pyramidenzellen dagegen waren größer und verteilten sich nach zuvor erfolgten Injektionen auf mehrere Schichten; je später die Injektion stattgefunden hatte, desto geringer war ihre Größe und desto begrenzter war ihre Verteilung. Dieser Unterschied ist wahrscheinlich die Erklärung dafür, warum in der ausgereiften Hirnrinde die Pyramidenzellen vorherrschen. Außerdem läßt er vermuten, daß die beiden wichtigsten Subtypen der Rindenneuronen durch unterschiedliche Mechanismen hervorgebracht werden.

Die Pyramidenzellen entstehen wahrscheinlich durch zwei unterschiedliche Formen der Zellteilung, die in Abb. 6 dargestellt sind: entweder durch asymmetrische Teilung (radial angeordnete Klone) oder durch symmetrische Verdoppelung (horizontale Klone); die Aufteilung in getrennte Anhäufungen läßt vermuten, daß ihre Wanderung radial verläuft. Die nichtpyramidalen Zellen dagegen verlieren die räumliche Verbindung zu ihren Verwandten aus demselben Klon und verteilen sich durch horizontale Wanderung im Kortex. Demnach müssen die nichtpyramidalen Neuronen häufig die Endpunkte in den Verzweigungen eines Stammbaumes darstellen, zu dessen früheren Zweigen auch Pyramidenzellen gehören. Diese Befunde legen die Vermutung nahe, daß klonal verwandte Zellen, die den Bauplan zur Entwicklung eines bestimmten Phänotyps erhalten, entweder einen ganz bestimmten Wanderungsweg benutzen können oder während ihrer radialen und horizontalen Wanderung auf Signale stoßen, die für die Entwicklung des pyramidalen oder nichtpyramidalen Zelltyps verantwortlich sind.

Umweltfaktoren

Die Befunde zur Entstehung der Zellvielfalt in der Hirnrinde weisen darauf hin, daß auch Signale aus der unmittelbaren

Umgebung der Zellen in den Proliferationszonen oder in ihrer Nähe wirksam sind. Bei diesen Signalen handelt es sich um zahlreiche chemische Substanzen: neurotrophe Faktoren, Neurotransmitter, Neuropeptide und Moleküle der extrazellulären Matrix, die aus vielerlei Quellen stammen, unter anderem von zuvor entstandenen Zellen, aus der extrazellulären Matrix, von Axonen aus anderen Bereichen des entstehenden Gehirns oder aus dem Liquor, um nur ein paar Möglichkeiten zu nennen. Auf der Oberfläche der unreifen Zellen liegen Rezeptoren, die solche Faktoren erkennen können und darauf reagieren. Die Erforschung derartiger Signale und ihrer genauen Funktion bei der Rindenentwicklung hat sich in den letzten Jahren deutlich verstärkt. So sind beispielsweise die Monoamine Noradrenalin, Dopamin und Serotonin, die im nächsten Kapitel genauer erörtert werden, im entstehenden Gehirn bereits vorhanden, lange bevor man damit rechnen kann, daß sie als Neurotransmitter wirken, und zumindest eines, das Serotonin, fördert den Befunden zufolge das Überleben und die Differenzierung der Pyramidenzellen im Kortex.

Wie bereits erwähnt, ist die Expression mancher Proteine in den Neuronen nicht genetisch programmiert, sondern sie wird wahrscheinlich durch äußere Faktoren in Gang gesetzt. Für die Vermehrung der Vorläuferzellen im Kortex und ihre Differenzierung in Richtung bestimmter Abstammungslinien sind verschiedene, von Zellen ausgeschiedene Wachstumsfaktoren von großer Bedeutung. Je nachdem, ob diese besonderen Faktoren vorhanden sind oder fehlen, werden die Proteine in der entstehenden Hirnrinde in bestimmten Untergruppen der Neuronen produziert oder auch nicht. Ein solcher Faktor (bFGF genannt) trägt dazu bei, daß die Vorläuferzellen des Kortex' im vermehrungsfähigen Zustand bleiben, wirkt sich aber nicht auf ihre Teilungsgeschwindigkeit aus. Darüber hinaus wird die Differenzierung der Neuronen-Vorläuferzellen, nicht aber die der

Vorläufer der Gliazellen, durch bFGF verzögert; das spricht dafür, daß Vermehrung und Differenzierung der Neuronen während der Entwicklung nacheinander ablaufen. Interessanterweise regt bFGF bei den Vorläuferzellen in der ventrikulären Zone der entstehenden Hirnrinde auch die Expression der Rezeptoren für einen bestimmten Neurotransmitter an (GABA – mehr darüber im nächsten Kapitel). Dieser Neurotransmitter, der von bereits differenzierten Zellen produziert wird, steuert seinerseits die Zellentstehung, weil er ein Rückkopplungssignal liefert, das die Zellteilung beendet und die Zelldifferenzierung fördert. Wie er diesen Effekt ausübt, ist nicht im einzelnen bekannt, aber die Wirkung des Neurotransmitters dürfte darin bestehen, daß er die Expression bestimmter Gene anregt, die dann ihrerseits die Differenzierung der Neuronen in Gang setzen. Die Klärung der Frage, wie bFGF und andere Wachstumsfaktoren funktionieren, ist deshalb ein nützlicher Anfang, wenn man die Faktoren identifizieren will, die bei den verschiedenen Klassen der Neuronen die Vermehrung und Differenzierung steuern.

Alles in allem weisen viele Indizien aus neuerer Zeit darauf hin, daß Faktoren aus der unmittelbaren Umgebung für Entstehung, Überleben, Wanderung und Differenzierung der Neuronen im Kortex eine wichtige Rolle spielen. Die Aufklärung der verschiedenartigen Einflüsse von Genen und Umwelt sowie ihres jeweiligen Anteils an der endgültigen Form und den Verknüpfungen der Neuronen im Gehirn ist unverzichtbar, wenn wir verstehen wollen, wie sich das Gehirn und seine Leitungsbahnen entwickeln.

Weiterführende Literatur

Ciba Foundation Symposium 193: *Development of the Cerebral Cortex*, Wiley 1995.

Jacobson, M.: *Developmental Neurobiology*, Plenum 1991.

Kandel, E. R., Schwartz, J. H., und Jessel, T. M.: *Principles of Neural Science*, 3. Aufl., Elsevier 1991.
McConnell, S. K.: *Development and decision-making in the mammalian cerebral Cortex.* In: *Brain Research Reviews* 13, 1-23, 1988.
Sanes, J. R.: *Analysing cell lineage with a recombinant retrovirus.* In: *Trends in Neuroscience* 12, 21-28, 1989.

3

DIE PHARMAKOLOGIE VON DENKEN UND FÜHLEN

Trevor Robbins

Die Funktion der Neurotransmitter

Wenn ein Neuron aktiviert wird, sendet es entlang seines Axons elektrische Impulse (Aktionspotentiale) aus, die dann, wie im vorangegangenen Kapitel beschrieben, über eine Lükke, die Synapse, hinweg mit der nächsten Nervenzelle interagieren (siehe Abb. 1). Zu einer solchen Wechselwirkung kommt es, wenn an der Synapse ein elektrisches Signal eintrifft und dort dafür sorgt, daß ein chemischer Neurotransmitter in die Lücke – den synaptischen Spalt – ausgeschüttet wird; er diffundiert dann schnell durch die Lücke zu der benachbarten, postsynaptischen Zelle und bindet an spezielle Rezeptormoleküle, die dort in die synaptische Membran eingelagert sind. Durch diese Bindung ändern sich die Eigenschaften der Rezeptormoleküle in mehrfacher Hinsicht, und das führt im postsynaptischen Neuron zur elektrischen und biochemischen Aktivierung. Überschüssige Neurotransmittermoleküle werden von den Enzymen der postsynaptischen Zelle schnell zerstört oder durch spezifische Wiederaufnahmemechanismen in die präsynaptische Zelle zurückgeführt.

Die Vorstellung, daß die Kommunikation zwischen den Milliarden Neuronen im Gehirn durch einen chemischen Code ermöglicht wird, wurde in der ersten Hälfte unseres Jahrhunderts

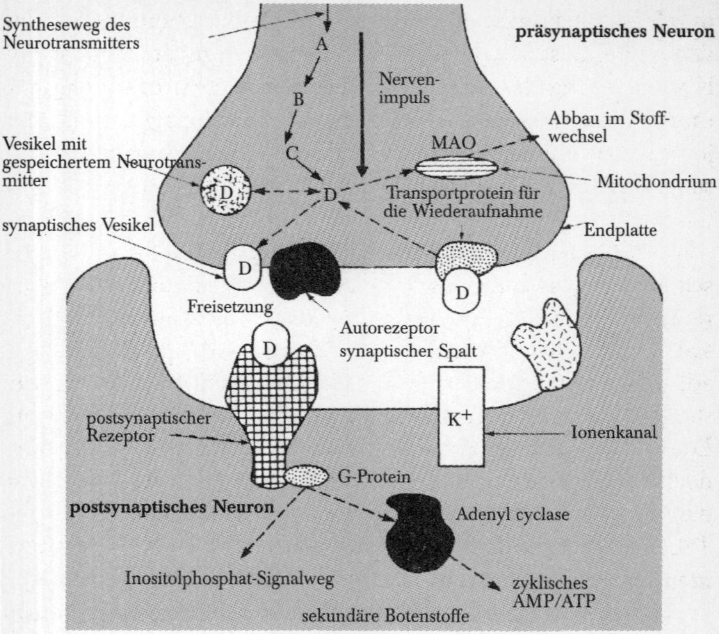

Abb. 1: Eine Synapse, die Lücke zwischen zwei Nervenzellen (Neuronen), in schematischer Darstellung. Ein Neurotransmitter (und vermutlich auch noch weitere) wird in den synaptischen Spalt ausgeschüttet, veranlaßt durch ein Aktionspotential (d.h. einen Nervenimpuls). Zuvor wurde der Neurotransmitter aus Aminosäuren und ähnlichen Verbindungen in einer Reihe biochemischer Reaktionen synthetisiert und in der präsynaptischen Zelle im Zytoplasma der Endplatte gespeichert. Seine Konzentration wird unter anderem durch das Enzym Monoaminoxidase (MAO) gesteuert, das mit den Mitochondrien der Zelle assoziiert ist. Später wird der Neurotransmitter von spezifischen Transportmolekülen wieder in die Zelle zurückgeführt. Nach seiner Freisetzung bindet er spezifische Rezeptoren, von denen einige mit spannungsgesteuerten Ionenkanälen gekoppelt sind, während andere in der postsynaptischen Zelle für die Synthese sekundärer und tertiärer Botenstoffe sorgen. Diese Botenstoffe erfüllen vielseitige Aufgaben; unter anderem regulieren sie den Calciumspiegel, und sie wirken sich auf die Genexpression in der postsynaptischen Zelle aus.

durch Entdeckungen über die Prinzipien der chemischen Nervenleitung bestärkt. Diese Entdeckungen ergaben sich aus der Klassifizierung des peripheren, unwillkürlichen oder »autonomen« Nervensystems in zwei große Funktionseinheiten, die jeweils mit einem anderen chemischen Neurotransmitter zusammenwirken. Thomas Elliott, ein Physiologiestudent an der Universität Cambridge, lieferte die ersten stichhaltigen Indizien, daß eine dieser Einheiten – das sogenannte »sympathische« Nervensystem, das beim Auftauchen potentieller Gefahrensituationen aktiviert wird – eine Substanz ausschüttet, die stark dem Hormon Adrenalin ähnelt und später als Noradrenalin charakterisiert wurde. Ungefähr im Laufe der nächsten 20 Jahre führten die Arbeiten von Sir Henry Dale, Otto Loewi und anderen Physiologen und Pharmakologen zur Entdeckung eines zweiten Neurotransmitters, des Acetylcholins, das an der eher banalen (aber nicht weniger lebenswichtigen) Tätigkeit des zweiten, »parasympathischen« Teils des autonomen Nervensystems mitwirkt.

Viele Jahre lang waren die Neurowissenschaftler mit der Vorstellung zufrieden, daß das Gehirn sich nur dieser wenigen Neurotransmitter bedient; heute wissen wir aber, daß ihre Zahl auch nach vorsichtigen Schätzungen bei über 50 liegt. Zu ihnen gehören sowohl eine ganze Reihe von Aminverbindungen wie Noradrenalin und Acetylcholin als auch Aminosäuren wie Glutamat und Gamma-Aminobuttersäure (GABA) und Neuropeptide wie Enkephalin und die Substanz P (Tab. 1). Auch heute noch können wir nur raten, warum das Gehirn sich einer so breiten Palette von Verbindungen bedient. Vermutlich lautet die Antwort: Die Vielfalt ermöglicht eine Fülle unterschiedlicher Wechselwirkungen zwischen den Neuronen, durch die das Spektrum und die Abstimmung der möglichen Reaktionen in verschiedenen Situationen optimiert werden.

Die Neuronen müssen ihre Neurotransmitter aus Vorläufersubstanzen (die häufig aus der Nahrung stammen) synthetisie-

Tab. 1: Die Einteilung der Neurotransmitter und Vermutungen über ihre Funktionen

Exzitatorische und inhibitorische Aminosäuren: schnelle Informationsübertragung und neuronale Berechnungen? *z.B. Glutamat, Aspartat, Gamma-Aminobuttersäure (GABA)*
Biologisch entstandene Amine: grobe Repräsentation von Gehirnzuständen und neurologische Abwandlung des Verhältnisses von Signal zu Hintergrundrauschen? *z.B. Noradrenalin,, Dopamin, Acetylcholin, Serotonin (5-Hydroxy-Tryptamin, 5-HAT), Histamin*
Neuropeptide: spezifische Codierung und »Feinabstimmung« durch gemeinsame Übertragung? *z.B. Enkephalin, Beta-Endorphin, Substanz P, Cholecystokinin, Corticotrophin-Releasingfaktor, Neuropeptid Y (Cholecystokinin wird häufig von Dopamin-haltigen Neuronen ausgeschüttet, Neuropeptid Y dagegen von solchen mit Noradrenalin)*

ren, in ihrem Inneren speichern, im geeigneten Augenblick ausschütten, damit sie an die Rezeptoren der postsynaptischen Zelle binden können, und anschließend wieder aufnehmen oder abbauen (Abb. 1). Wenn Neurotransmitter an ihre Rezeptoren binden, wirken sie unter anderem dadurch, daß sie in den Rezeptormolekülen für eine Änderung der Konformation sorgen, so daß sich Kanäle für die Passage von Ionen wie Kalium, Natrium und Calcium öffnen. Das beeinflußt die elektrische Spannung an der Zellmembran des Neurons und damit auch seine Fähigkeit, Aktionspotentiale weiterzuleiten. Teilweise in Abhängigkeit von den Ionen, denen sie den Eintritt in die Zelle ermöglichen, steigern manche Neurotransmitter die Wahrscheinlichkeit, daß Aktionspotentiale weitergeleitet werden, und damit wirken sie exzitatorisch (erregend). Andere vermindern diese Wahrscheinlichkeit und wirken daher inhibitorisch (hemmend). Andererseits kann der Neurotransmitter aber auch über Rezeptoren wirken, die in der postsynaptischen Zelle sekundäre und sogar tertiäre chemische Botenstoffe beeinflussen.

Solche chemischen Kettenreaktionen dürften sich auch auf die Regulation des Calciumspiegels in den Zellen auswirken, der ihre Erregbarkeit steuert. Aber auch durch andere wichtige Vorgänge kann sich die Funktion einer Zelle dauerhaft verändern, so durch Einflüsse auf das genetische Material im Zellkern, beispielsweise indem ein Gen »eingeschaltet« wird. Der modernen Neuropharmakologie, manchmal aber auch dem schlichten Zufall verdanken wir die Entdeckung gezielt wirkender Medikamente, mit denen wir in alle Stadien dieser Regulationsvorgänge eingreifen können. Unter diesen Wirkstoffen sind auch solche, die häufig zur Behandlung von Depressionen, Schizophrenie und Angstzuständen eingesetzt werden, das heißt Antidepressiva, Antipsychotika und Anxiolytika. Andere jedoch sind Medikamente zur »Selbstmedikation«, Genußmittel wie Alkohol, Koffein und Nikotin sowie Drogen, die zur Abhängigkeit führen können, wie Kokain, Amphetamine und Heroin. Kenntnisse darüber, wie solche Medikamente im Gehirn wirken, sind nicht nur nützlich für ihre alltägliche Anwendung, sondern wir können daraus auch viele Schlüsse auf die neurochemischen Grundlagen von Kognition und Gefühlen ziehen.

Wenn man sich eine Vorstellung davon verschaffen will, wie Neurotransmitter wirken, betrachtet man das Gehirn sinnvollerweise als Gruppe von Modulen zur Informationsverarbeitung, die aus Anordnungen untereinander verknüpfter Neuronen bestehen. Solche Module bilden Gehirnstrukturen mit gewaltiger Rechenleistung wie Neokortex, Hippokampus, limbisches System und Streifenhügel, die man in der Kognitionsforschung häufig mit konnektionistischen Netzwerken zu simulieren versucht. Die schnellen Berechnungsfunktionen dieser Netzwerke werden bekanntermaßen von exzitatorischen Neurotransmittern wie Glutamat vermittelt, während ihre Selektivität zum Teil durch die Tätigkeit des inhibitorischen Transmitters GABA beigesteuert wird. Überlagert werden diese schnellen Fähigkeiten zur Informationsverarbeitung durch die modulierenden Einflüsse langsamer wirkender Neurotransmitter, die in dem Netzwerk »den Ton angeben« – das heißt, sie versetzen es in die Lage, je nach seinem allgemeinen Zustand oder den äußeren Bedingungen auf unterschiedliche Weise zu funktionieren. Zu diesen modulierenden Neurotransmittern gehören Acetylcholin und Noradrenalin, Amine wie Dopamin und Serotonin sowie zahlreiche Neuropeptide (siehe Tab. 1). Viele dieser Neuromodulatoren können auch in anderen Körperteilen als Hormone wirken; damit tragen sie möglicherweise dazu bei, die Erfordernisse der verschiedenen Gehirnzustände durch eine Art chemischer Codierung mit den geeigneten Tätigkeitsmustern in peripheren Nervensystem in Übereinstimmung zu bringen (was, nebenbei bemerkt, für das Nerven- und Hormonsystem der Tiere auf einen gemeinsamen entwicklungsgeschichtlichen Ursprung schließen läßt).

Nach dem von Sir Henry Dale postulierten Codierungsprinzip sollte jede Nervenzelle nach ihrer Aktivierung nur einen Neurotransmitter ausschütten, aber dieses »Dale-Gesetz« wurde durch die Entdeckung in Frage gestellt, daß ein und dieselbe Zelle in der Lage ist, mindestens zwei Neurotransmitter auszuscheiden, von denen einer häufig ein Neuropeptid ist. Die Abstimmung der neurochemischen Signale geht also nicht nur auf die Fähigkeit einer Nervenzelle zur Integration der verschiedenen Signale zurück, die von den mit ihr interagierenden präsynaptischen Neuronen ausgehen, sondern auch auf das Signal, das eine einzige präsynaptische Zelle liefert.

Chemische Gefühle: die Psychopharmakologie der Drogensucht

In diesem Kapitel werde ich mich zunächst mit der Frage befassen, wie neurochemische Substanzen so starke Gefühle hervorrufen können, daß sie zu Abhängigkeit oder Sucht führen.

Drogen wie Kokain oder Amphetamine können subjektive Empfindungen wie Euphorie und allgemeines Wohlbefinden auslösen, was dann dazu führt, daß die Drogen immer wieder beschafft und genommen werden. Dieses Belohnungs- oder Verstärkungsverhalten ist wahrscheinlich von einer ganzen Reihe von Faktoren abhängig, so unter anderem von der genetischen Ausstattung des einzelnen, seinen früheren Erfahrungen und vor allem von den gegenwärtigen Verhältnissen in seinem Umfeld.

Was Tiere subjektiv erleben, kann man zwar nicht in Erfahrung bringen, aber man kann aus ihrem Verhalten viele Rückschlüsse auf ihren emotionalen Zustand ziehen. So entschließen sie sich zum Beispiel ohne weiteres, selbst Drogen wie Amphetamine und Kokain zu nehmen, sobald man ihnen die Gelegenheit dazu gibt, und diese Ausdauer wird im allgemeinen als Hinweis auf positive emotionale Erfahrungen interpretiert. Wie wir heute aus Tierversuchen wissen, können Drogen wie Amphetamine und Kokain vor allem deshalb ein derart zielgerichtetes Verhalten hervorrufen, weil sie die Aktivität des dopaminergen Neurotransmittersystems – das heißt, eines Neuronensystems, das sich des Amins Dopamin als wichtigstem Transmitter bedient – im sogenannten Nucleus accumbens, einer Struktur des Vorderhirns, steigern. Dieser Bereich liegt im Gehirn an der Verbindungsstelle zwischen den Strukturen des sogenannten limbischen Systems, die an dem Gedächtnis für emotionale Vorgänge beteiligt sind, und den Strukturen zur Lenkung unserer Verhaltensreaktionen (Abb. 2).

Einer Interpretation zufolge verstärkt die Belohnung durch das Kokain die normale Aktivität im Nucleus accumbens, so daß die Umwelt bedeutsamer oder auffälliger erscheint. Medikamente, welche die Dopaminrezeptoren blockieren, führen zu Verhaltensänderungen bei der Einnahme von Kokain oder Amphetaminen. Und Wirkstoffe, die den Dopaminspeicher im Nucleus accumbens weitgehend entleeren, können drogen-

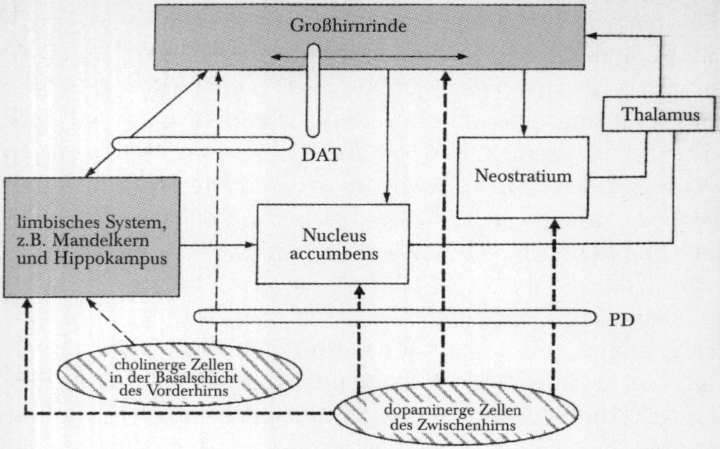

Abb. 2: Schematische Darstellung der anatomischen Beziehungen zwischen einigen wichtigen Strukturen des Vorderhirns und ihre Innervation durch die dopaminergen und cholinergen Neurotransmittersysteme aus tieferen Schichten (gestrichelte Linien). Die Pfeile an den durchgehenden Linien bezeichnen mutmaßliche glutaminenerge Verbindungen. Die weißen Balken weisen auf vorherrschende Formen pathologischer Veränderungen in der Gehirnchemie hin, die mit der Demenz vom Alzheimer-Typ (DAT) und mit der Parkinson-Krankheit (PD) assoziiert sind. Bei der DAT werden die glutaminergen Neuronen in Kortex und limbischem System sowie die cholinergen Zellen in der Basalschicht des Vorderhirns geschädigt; die dopaminergen Zellen dagegen bleiben weitgehend verschont. Bei der PD dagegen sieht das Bild ganz anders aus.

süchtiges Verhalten tatsächlich verhindern. Man konnte sogar nachweisen, daß Ratten sich Amphetamin selbst unmittelbar in den Nucleus accumbens zuführen. Aller Wahrscheinlichkeit nach ist diese Struktur bei den Ratten an Mechanismen beteiligt, die denen, die bei Menschen die drogenbedingte Euphorie hervorrufen, analog sind; ausgehend von diesen Befunden versucht man derzeit in Untersuchungen mit dem bildgebenden Verfahren der Positronenemissionstomographie (PET) festzustellen, welche Neuronensysteme bei freiwilligen Versuchspersonen von Drogen wie Amphetamin und Kokain aktiviert werden.

Die Drogensucht als solche ist höchstwahrscheinlich nicht nur von dem anfänglichen molekularen Wirkungsort der Droge abhängig (Kokain bindet zum Beispiel an die Proteine in der präsynaptischen Zelle, die für die Wiederaufnahme des Dopamins zuständig sind, siehe Abb. 1). Man muß vielmehr auch die Kompensationsvorgänge einschließlich des Lernens in Rechnung stellen, mit denen das übrige Gehirn auf die starken, von der Droge ausgelösten Reize reagiert, die über eine beträchtliche Zeit hinweg wirksam sind. Wie vielleicht nicht anders zu erwarten, sind an diesen Vorgängen mit ziemlicher Sicherheit Strukturen des limbischen Systems beteiligt, die bekanntermaßen mit Gefühlen zu tun haben; diese Strukturen, zum Beispiel der Mandelkern (Corpus amygdaloideum) und der Hippokampus, sind über starke Neuronenverbindungen mit dem Nucleus accumbens verknüpft (Abb. 2). Ratten suchen beispielsweise auch dann weiterhin nach der Gelegenheit, sich eine Droge wie Kokain zu verschaffen, wenn diese nicht unmittelbar verfügbar ist. Sie bemühen sich so lange darum, wie sie mit ihrem Verhalten Reize erzeugen, die aufgrund von Lernvorgängen wie der klassischen Konditionierung mit der Droge assoziiert werden. Sie lassen dieses Verhalten der Drogenbeschaffung jedoch fallen, wenn die Funktion des Mandelkerns wegen einer Gehirnverletzung beeinträchtigt ist. Die Fähigkeit, die Droge zu nehmen, bleibt dabei jedoch intakt, auch wenn sie nicht mehr mit Hinweisen aus der Umgebung assoziiert werden kann.

Was nun den Menschen angeht, so kann man vermuten, daß diese neuronale Wechselwirkung zwischen Mandelkern und Nucleus accumbens normalerweise für die allgemein bekannte »Drogengier« verantwortlich ist, die bei Abhängigen selbst nach dem Entzug eintreten kann, wenn sie Situationen oder Hinweisen (darunter auch Menschen) begegnen, die sie mit der Droge assoziieren; dies führt häufig zu Rückfällen, so daß dann die Droge erneut genommen wird. (Das bedeutet natürlich nicht, daß man den Mandelkern zur Therapie der Drogensucht chirurgisch entfernen sollte, auch nicht, wenn die betroffene Person sich freiwillig einverstanden erklärt! Ganz abgesehen davon, daß wir noch viele genauere Kenntnisse über die Einzelheiten dieser Wechselwirkungen zwischen limbischen System und Corpus striatum brauchen, würde eine solche Behandlung ganz eindeutig auch zahlreiche andere psychische Vorgänge beeinflussen, darunter lebenswichtige Reaktionen, die mit natürlichen Belohnungen verbunden sind, oder angsterzeugende Reize, wie sie im folgenden beschrieben werden.) Zwar beruht die Wechselwirkung zwischen Mandelkern und Nucleus accumbens mit ziemlicher Sicherheit auf der Ausschüttung von Glutamat, das an Rezeptoren im Nucleus accumbens bindet, und diese Vorgänge stehen im Zusammenhang mit der Wirkung des Dopamins aus dem Mittelhirn, die durch das Kokain abgewandelt wird, aber auch hier ist es äußerst unwahrscheinlich, daß ein Medikament, das sich gezielt gegen diese Glutamatrezeptoren richtet, die Drogengier verhindern kann.

Ein augenfälliger Hinweis, wie wichtig auch das übrige Gehirn für die subjektive Reaktion auf eine Droge ist, ergibt sich aus Untersuchungen über die Bedeutung der Erwartungshaltung. In jüngster Zeit bestätigte ein Experiment mit Amphetamin, was man aufgrund einer berühmten Untersuchung über die Auswirkungen des Adrenalins auf Freiwillige bereits seit vielen Jahren vermutet hatte. In dieser alten Forschungsarbeit war gezeigt worden, daß Adrenalin bei Freiwilligen nur dann eine meßbare subjektive Gefühlsreaktion auslöst, wenn die Versuchspersonen falsch oder gar nicht darüber unterrichtet werden, welchen Wirkstoff sie erhalten, und das, obwohl die peripheren Auswirkungen des Hormons auf Herz und Kreislauf denen der richtig informierten Personen entsprachen. Außerdem schien die Art der emotionalen Reaktionen (Verärgerung oder Euphorie) einfach von dem sozialen Umfeld zum Zeitpunkt der Adrenalingabe abzuhängen.

In der neuen Studie von Harriet de Wit und Kollegen an der Universität Chicago bekamen Freiwillige bei unterschiedlichen Gelegenheiten entweder ein Placebo oder Amphetamin, wobei sie manchmal die Behandlung erhielten, mit der sie rechneten, und manchmal nicht. Hier ergab sich ein eindeutiger Befund: Die subjektive Wirkung der Droge war unterschiedlich, je nachdem, ob die Betreffenden mit ihr rechneten oder nicht. Wurde die Droge erwartet, führte das dazu, daß sie auch »gemocht« und »gespürt« wurde, kam sie dagegen unerwartet, stiegen subjektive Erregung und Angst (Abb. 3). Die Wirkung des Amphetamins hing also eindeutig nicht nur vom Ort seiner anfänglichen molekularen Wirkung ab, sondern auch von dem kognitiven Zusammenhang, in dem sie erlebt wurde. Auf der Ebene der Neuronen spiegelt sich darin wahrscheinlich eine Wechselwirkung zwischen der Auswirkung des Amphetamins auf die Funktion des Dopamins im Gehirn und dem Muster jener Neuronenaktivität wider, welche die gelernte Erwartung der Drogenwirkung repräsentiert. Vielleicht läßt sich die Wirkung der Droge sogar als schwach aversiv (d.h. angsterzeugend) interpretieren, wenn die Versuchsperson nicht darauf vorbereitet ist. Solche Befunde unterstreichen die Erkenntnis, daß die Belohnung durch Drogen keine absolute, sondern eine relative Größe ist. Weiterhin ergab sich auch in dieser Studie die fesselnde Beobachtung, daß die gegensätzlichen subjektiven Wirkungen des Amphetamins offenbar nicht die spätere, von den Versuchspersonen ausgedrückte Vorliebe für die Droge minderten. Das legt den Schluß nahe, daß man die subjektiven Wirkungen einer Droge nicht unbedingt mit ihrer Verstärkungswirkung – das heißt mit ihrem Potential, Suchtverhalten hervorzurufen – gleichsetzen darf. Solche Überlegungen weisen darauf hin, wie vielschichtig die Emotionen sind und wie schwierig es ist, eine subjektive Erfahrung wie Euphorie oder

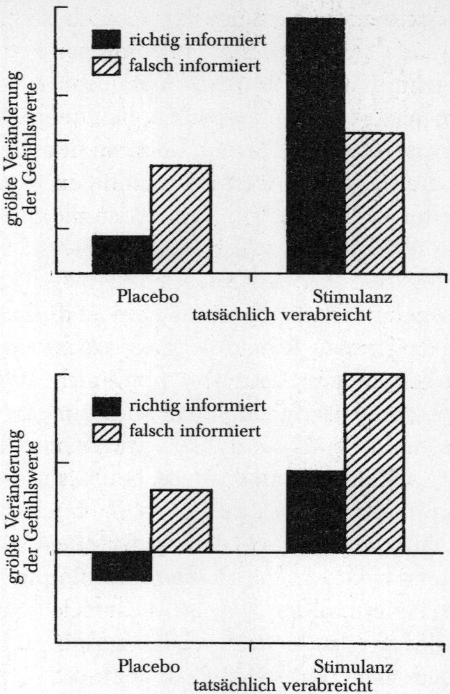

Abb. 3: Der Einfluß von Erwartungen auf das subjektive Erleben (»Spüren der Drogenwirkung« und »Erregung«) der Amphetamin-Wirkung bei freiwilligen Versuchspersonen. Die schwarzen Säulen entsprechen der Reaktion von Personen, die zuvor genau darüber informiert wurden, ob sie das Aufputschmittel oder ein Placebo erhalten würden. Die schraffierten Säulen entsprechen der Reaktion bei falscher Vorinformation. Interessanterweise reagierten Personen, die das Placebo erwarteten und den Wirkstoff bekamen, mit wesentlich stärkerer Erregung (und Angst, Befunde hier nicht dargestellt) als solche, die mit der wirksamen Substanz rechneten. (Daten aus Mitchell et al., Psychopharmacology 125, S. 371-378, 1996.)

Lust mit der Funktion eines einzelnen Neurotransmittersystems gleichzusetzen, insbesondere wenn man nicht gleichzeitig den Zustand des Gehirns oder den Zusammenhang seiner normalen Funktionen berücksichtigt.

Noch überraschender ist vielleicht, daß auch mehrere andere suchterzeugende Drogen, die vielfach mit ganz unterschiedlichen Mechanismen auf unterschiedliche Neurotransmittersysteme wirken, letztlich wohl alle das gleiche dopaminerge System beeinflussen und so ihren verstärkenden Effekt ausüben. So wirken zum Beispiel Heroin, Nikotin und Alkohol vermutlich alle unter anderem dadurch, daß sie indirekt die Aktivität des Dopamins im Nucleus accumbens steigern, obwohl sie wahrscheinlich auf Opiatrezeptoren, cholinerge Rezeptoren bzw. GABA-Rezeptoren wirken. Ein Rätsel ist derzeit noch die neurochemische Grundlage der Entzugserscheinungen, die häufig der Anlaß sind, daß die Droge weiterhin genommen wird. Eine Theorie weist darauf hin, daß die meisten Drogen auf verschiedene Teile des Gehirns einwirken und deshalb möglicherweise weitaus mehr Effekte haben, als nur eine Form der chemischen Belohnung zu liefern. Danach wirken Drogen wie Morphin und sein chemischer Verwandter, das Heroin, wahrscheinlich sowohl auf Gehirnzentren, die das periphere Nervensystem steuern, als auch auf das zentrale noradrenerge System, und das hat zur Folge, daß bei Entzug Funktionsstörungen in der Steuerung dieser peripheren Systeme eintreten, was dann zu den charakteristischen, unangenehmen grippeähnlichen Symptomen führt.

Einer anderen Theorie zufolge wird das dopaminerge System so heftig aktiviert, daß es eine gewisse Zeit braucht, um sich wieder zu erholen, so daß es buchstäblich zu einem »dopaminergen Kater« kommt, der mit Depressionen und Verstimmungen einhergeht. In diesem Fall könnte man das emotionale Durcheinander der Drogensucht zumindest teilweise auf Schwankungen in ein und demselben Neurotransmittersystem zurückführen. Vermutlich ist es kein Zufall, daß das dopaminerge System zu einer ganzen Reihe von Monoamintransmitter-Systemen gehört, deren Funktion vermutlich bei krankhaften Depressionen gestört ist, und daß Antidepressiva, aber auch andere Therapieverfahren für Depressionen wie beispielsweise Elektroschocks, vorwiegend auf die Monoamin-Neurotransmitter wirken.

Spielt Dopamin für die kognitive Leistung eine Rolle?

Das Dopaminsystem des Mittelhirns wirkt sich nicht nur auf die Verarbeitung der Emotionen im Nucleus accumbens aus, sondern es spielt auch eine wichtige Rolle für die Aktivierung der Körperbewegungen selbst. Das weiß man aufgrund der Entdeckung, daß die motorischen Symptome bei der Parkinson-Krankheit ihre Ursache in der Degeneration dopaminhaltiger Zellen im Mittelhirn haben, die eine benachbarte Gehirnstruktur, das sogenannte Neostriatum, innervieren. Die Steifheit und die Schwierigkeiten, Bewegungen in Gang zu setzen, zwei typische Symptome der Parkinson-Krankheit, sind allgemein bekannt; viel weniger macht man sich klar, daß dieses Leiden auch mit Störungen des Denkens und der Gefühle verbunden ist. Man nimmt an, daß einige dieser Symptome auch auf den Verlust dopaminhaltiger Zellen zurückgehen könnten, die sich vielleicht im Neustriatum befinden, oder im Falle der Parkinson-Depression auch im Nucleus accumbens; durchaus möglich wäre es auch, daß der präfrontale Kortex betroffen ist, der mit den höchsten Ebenen der Ausübung von Funktionen im Gehirn zusammenwirkt und über mehrere neuronale Rückkopplungsschleifen mit dem Striatum kommuniziert (Abb. 2).

Die Parkinson-Krankheit wird zwar häufig als motorische Störung eingeordnet, aber manche Betroffenen zeigen auch subtile Formen der kognitiven Beeinträchtigung. So sind sie beispielsweise im Denken oft langsam und ziemlich starr. Auch geringfügige Störungen des sogenannten »Arbeitsgedächtnisses« kommen vor, also der Fähigkeit, Informationen »online«

zu verarbeiten, während gleichzeitig kognitive Aufgaben ausgeführt werden. Manche dieser defizitären Funktionen finden sich offenbar unmittelbar parallel zu den motorischen Störungen. So verläuft die Bradykinese (Verlangsamung der Bewegungen) parallel zur »Bradyphrenie« – einer Verlangsamung des Denkens – bei Aufgaben, die zur Lösung eines Rätsels einen geistigen Plan erfordern. Darüber hinaus kann die für das Krankheitsbild charakteristische motorische Starre von einem Mangel an kognitiver Flexibilität begleitet sein, wenn man diese Fähigkeit durch entsprechende Tests beurteilt. Die gleichen kognitiven Fähigkeiten sind vielfach auch bei Patienten beeinträchtigt, deren Stirnlappen geschädigt ist; das steht im Einklang mit der Hypothese, daß die Parkinson-Krankheit zu einer Funktionsstörung bei den »cortico-striatalen Schleifen« führt, vielleicht weil im Striatum oder im frontalen Kortex selbst zu wenig Dopamin vorhanden ist.

Tierversuche legten zunächst den Verdacht nahe, daß die Dopaminsysteme im präfrontalen Kortex für bestimmte Formen der Kognition, insbesondere für das Arbeitsgedächtnis, eine ganz spezifische Funktion erfüllen. Neuere Befunde lassen aber darauf schließen, daß Dopamin bei manchen Patienten mit Parkinson-Krankheit für Formen der Kognition, die vom präfrontalen Kortex gesteuert werden, fast ebenso wichtig ist wie für die verlangsamten Bewegungen. Das zuletzt genannte Symptom läßt sich in vielen Fällen optimal durch Substitution behandeln, indem man den Dopaminspiegel durch Gabe von L-Dopa erhöht, einer Substanz, aus der das Gehirn Dopamin synthetisieren kann. Als man das L-Dopa bei Parkinson-Patienten im Krankenhaus aus medizinischen Gründen vorübergehend absetzte, konnte man auch die kognitiven Funktionen mit und ohne Medikament untersuchen. Wie sich dabei zeigte, führt das Absetzen von L-Dopa bei allen Kognitionsstörungen, die mit einer beeinträchtigten Funktion des Frontallappens assoziiert sind, zu einer deutlichen Verschlechterung (Abb. 4).

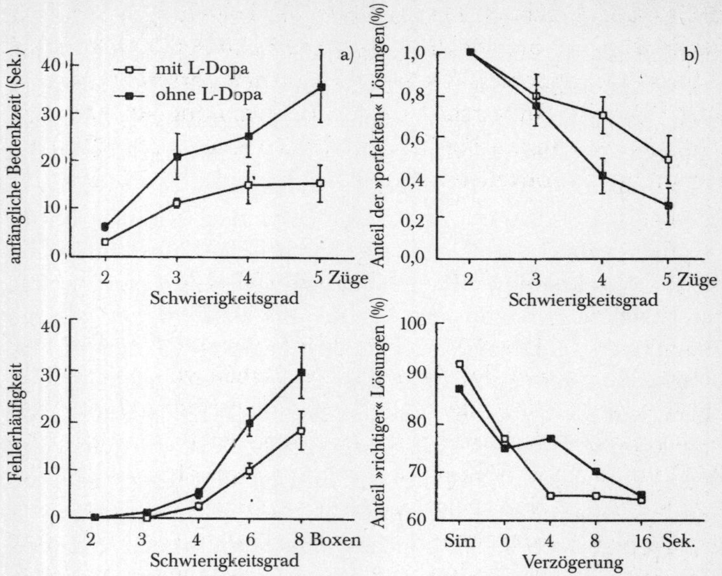

Abb. 4: Die Auswirkungen des Entzugs von L-Dopa auf verschiedene kognitive Funktionen bei Patienten mit Parkinson-Krankheit (PD). Die Diagramme zeigen Mittelwerte für zehn Patienten mit PD, die mit und ohne Dopa-Therapie getestet wurden. Die senkrechten Linien um die Meßwerte in den Diagrammen a, b und c entsprechen den jeweiligen Standardabweichungen um die Mittelwerte, die ein übliches Maß für die Schwankungsbreite darstellen. Die beiden oberen Diagramme zeigen positive Wirkungen des Medikaments: a) auf die Zeit beim Nachdenken über das »Londoner-Tower-Problem« und b) auf die Genauigkeit der Lösungen. Es handelt sich um ein Problem, das immer schwieriger wird, je nachdem, wie viele Züge notwendig sind, um zwei Anordnungen farbiger Kugeln zur Deckung zu bringen. c) zeigt den nützlichen Effekt des Medikaments bei einer Aufgabe, die ein »sich selbst ordnendes« Arbeitsgedächtnis erfordert; dagegen beobachtet man (in allen Schwierigkeitsgraden) keinerlei Wirkung auf das visuelle Gedächtnis, wenn man dazu die gleiche Aufgabe anwendet, die auch auf die Blockade des cholinergen Rezeptors durch Scopolamin anspricht d). (Daten mit freundlicher Genehmigung von Lange et al., Psychopharmacology 107, S. 394-404, 1992.)

Das lag nicht einfach daran, daß die Parkinson-Patienten bei *allen* Funktionen weniger leistungsfähig gewesen wären, denn in bestimmten Tests des visuellen Lernens und des Gedächtnisses waren ihre Leistungen mit und ohne Medikament gleichermaßen beeinträchtigt. Demnach, so die Folgerung, wirkt Dopamin nicht nur auf affektive und motorische, sondern auch auf kognitive Funktionen. Vielleicht hatte der berühmte Neuroanatom Walle Nauta recht, als er die Vermutung äußerte, daß man sich bestimmte Formen des Denkens als »internalisierte Handlungen« vorstellen kann.

Demenz und das cholinerge System

Vor etwa 20 Jahren legten neue Entdeckungen die Vermutung nahe, daß die von der Alzheimer-Krankheit verursachte Demenz mit einer Degeneration im grundlegenden cholinergen System des Vorderhirns einhergeht (siehe Abb. 2). Wie David Bowen und seine Kollegen in London sowie die Gruppe von Elaine Perry in Newcastle nachweisen konnten, war bei Patienten, die an der Alzheimer-Krankheit gestorben waren, die Aktivität der Cholinacetyltransferase stark vermindert, jenes Enzyms, das Acetylcholin synthetisiert. Darüber hinaus ließ sich eine Verbindung zwischen diesem Rückgang und dem zunehmenden geistigen Verfall zu Lebzeiten der Patienten herstellen. Nun malte man sich aus, wie man Alzheimer-Patienten ganz ähnlich wie Patienten mit Parkinson-Krankheit durch eine gezielte Therapie mit dem fehlenden Neurotransmitter behandeln könnte. Diese Theorie von der Bedeutung des cholinergen Systems für altersbedingte Gedächtnisstörungen erwies sich jedoch als zu naiv, auch wenn es kaum einen Zweifel gibt, daß das cholinerge System bei den komplexen kognitiven Symptomen der Alzheimer-Krankheit zumindest eine gewisse Rolle spielt. Heute geht man allgemein davon aus, daß die Alzheimer-Krankheit durch die Degeneration neuronaler Netze im hinteren Neokortex entsteht, unter anderem im Schläfen- und Hinterhauptslappen. Der Verlust der Neuronen ist der Höhepunkt eines Degenerationsprozesses, zu dem auch die Überproduktion oder fehlerhafte Synthese bestimmter Proteine gehört, insbesondere jener, die als Beta-Amyloid und Tau bekannt sind. Besonders gefährdet sind die glutamathaltigen Pyramidenzellen des Kortex, die an der Informationsübertragung zwischen den verschiedenen Teilen der Hirnrinde sowie zwischen der Hirnrinde und ihren nachgeordneten Zielbereichen mitwirken. Demnach kann man auch von einer noch so starken Neuromodulation durch das cholinerge System, das den Neokortex von den darunterliegenden Wurzeln aus innerviert, keine Wirkung erwarten, weil gerade das Netzwerk für die Informationsverarbeitung, das normalerweise moduliert wird, stark degeneriert ist.

Die Befunde, die für eine Rolle des cholinergen Systems bei der Kognition sprechen, ergeben sich nicht nur aus der biochemischen Analyse von Autopsiematerial aus dem Gehirn von Patienten, die an der Alzheimer-Krankheit gestorben sind. Wie man in Versuchen mit jungen, erwachsenen Freiwilligen zeigen konnte, rufen Substanzen, die als Antagonisten der cholinergen Rezeptoren im Gehirn wirken (wie beispielsweise Scopolamin), deutliche Beeinträchtigungen hervor, die zwar nur vorübergehender Natur sind, oberflächlich aber denen der Alzheimer-Patienten ähneln. Untersucht wurde unter anderem, wie sich Scopolamin auf die Leistung in einem Test der visuellen Wiedererkennung auswirkt, der bekanntermaßen bei jungen Versuchspersonen einen unversehrten Neokortex im Schläfenlappen voraussetzt. Der Versuchsperson wird nur ganz kurz (etwa vier Sekunden) ein kompliziertes, farbiges visuelles Muster gezeigt, und wenige Sekunden später soll sie es aus einer Anordnung ähnlicher Muster heraussuchen. Bei der unter Scopolamin auftretenden Leistungsschwäche handelt es sich um eine spezifische Störung des visuellen Kurzzeitgedächtnisses und nicht um einen Fehler bei der Wahrnehmung oder eine allgemeine Verwirrung; sie ähnelt, wie man nachweisen konnte, der Schwäche im Anfangsstadium der Alzheimer-Krankheit. Natürlich ist die Analogie allein kein Beweis, daß zwischen diesen unterschiedlichen Phänomenen ein unmittelbarer Zusammenhang besteht, aber die Befunde weisen eindeutig darauf hin, daß Acetylcholin beim Kurzzeitgedächtnis eine gewisse Rolle spielt; vielleicht trägt seine Freisetzung unter bestimmten Bedingungen zur Verstärkung von Signalen bei, die vom Kortex oberhalb der Ebene des neuronalen »Hintergrundrauschens« verarbeitet werden.

Daß die Therapie des cholinergen Systems (z.B. mit Medikamenten, die an den Rezeptoren des Kortex' die Wirkung des Acetylcholins nachahmen oder den Abbau des an den Synapsen im Kortex freigesetzten Acetylcholins verzögern) in den meisten Fällen so enttäuschend erfolglos war und bei Alzheimer-Patienten keine anhaltende Verbesserung der Gedächtnisfunktion mit sich brachte, ist wahrscheinlich auf eine eher allgemeine Störung dieser Verarbeitungsvorgänge zurückzuführen, die ihre Ursache in der Degeneration der Kortex-Schaltkreise selbst hat. Dieser Verlust grundlegender Schaltkreise im Kortex und die damit verbundenen Probleme sind natürlich bei jungen Freiwilligen nicht gegeben, und deshalb sollte man nicht den Schluß ziehen, daß eine Therapie des cholinergen Systems zwangsläufig zu einer Verbesserung der Kognition führt. Gegen die Anwendung cholinerger Wirkstoffe als »Geistessteroide« spricht die Tatsache, daß die Betroffenen vermutlich bereits ihre optimale Leistung erbringen. Wie man beispielsweise zeigen konnte, verbessert Physostigmin, ein Cholinesterasehemmer, die an den Synapsen den Acetylcholinspiegel erhöht, bei schlechten Schachspielern die Fähigkeit zur Lösung von Schachproblemen, aber gute Spieler werden durch den Wirkstoff in ihrer Leistung beeinträchtigt.

Darüber hinaus stellt sich bei dem beschriebenen Modell des cholinergen Systems auch das Problem, daß man bei Anwendung anticholinerger Wirkstoffe nicht immer die ganze Bandbreite der Kognitionsstörungen beobachtet, die man von der Alzheimer-Krankheit kennt.

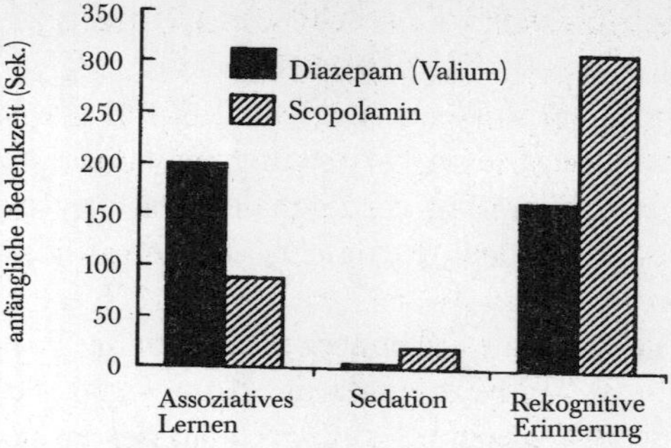

Abb. 5: Unterschiedliche Leistungsveränderungen (eigentlich Leistungsdefizite) in einem Test des visuellen Gedächtnisses oder des Lernens bei Versuchspersonen, die entweder Diazepam (Valium) oder Scopolamin erhielten. Scopolamin führte im Test der verzögerten Übereinstimmung mit einem Vorbild zu deutlichen Beeinträchtigungen des visuellen Gedächtnisses: Die Zahl der Fehler war bei der höchsten Dosis (wie hier dargestellt) dreimal so hoch wie unter der Wirkung eines Placebos. In einer Lernaufgabe, bei der die Versuchspersonen abstrakte visuelle Muster mit bestimmten Stellen auf einem Computermonitor in Übereinstimmung bringen sollten, stieg die Fehlerzahl dagegen nicht nennenswert an. Diazepam (Valium) – ebenfalls in der höchsten oder wirksamsten Dosis – beeinträchtigte die Lernleistung, nicht aber die Leistung des visuellen Gedächtnisses. Beide Substanzen wirkten in der verwendeten Dosis leicht beruhigend, aber das war keine Erklärung für die beobachteten Effekte. (Daten nach Befunden von James Semple und Kollegen sowie aus einem Forschungsprojekt für Studenten der Universität Cambridge.)

Ein Beispiel zeigt Abb. 5: Freiwillige, die mit Scopolamin behandelt wurden, können nach wie vor eine ganze Reihe visueller Assoziationen lernen (nämlich die Lage von bis zu acht computergraphischen, »nutzlosen« Reizen auf einem Bildschirm), eine Aufgabe, bei der Personen mit Demenz eine verheerend schlechte Leistung erbringen. Wahrscheinlich hängen die verschiedenen Formen von Lernen und Gedächtnis von unterschiedlichen Gehirnsystemen ab (siehe Kapitel 4), in denen unterschiedliche Formen chemischer Neuromodulation wirksam sind.

Gedächtnisschwund und Benzodiazepine

Das Erlernen neuer Assoziationen wird durch manche Medikamente stark beeinträchtigt, beispielsweise durch die Benzodiazepine, die im klinischen Alltag häufig als Angstlöser verwendet werden. Wie man schon seit mehreren Jahren weiß, können diese Präparate, darunter Librium (Chlordiazepoxid) und Valium (Diazepam) nicht nur »anxiolytisch« wirken, sondern auch eine reversible anterograde Amnesie hervorrufen – das heißt eine Beeinträchtigung der Fähigkeit, Neues zu erlernen. Diese synthetischen Verbindungen koppeln an Rezeptoren in mehreren beteiligten Gehirnregionen an, und zwar nicht nur in manchen Teilen des limbischen Systems, wo die angstlösende Wirkung ansetzen dürfte, sondern auch in denjenigen Abschnitten der Hirnrinde und des limbischen Systems, wo neue Erinnerungen gespeichert werden. Wenn die Benzodiazepine an ihre Rezeptoren binden, öffnet sich, wie man mittlerweile nachweisen konnte, ein Ionenkanal in dem inhibitorischen GABA-Rezeptor. Deshalb steigern diese Präparate in den Neuronen vieler Gehirnbereiche sehr wirksam die inhibitorische Neurotransmission durch GABA. Der Hippokampus, von dem in den Kapiteln 4 und 5 ausführlicher die Rede sein wird, ist auf das Erlernen neuer Assoziationen zwischen Vorgängen in der Umwelt spezialisiert. Deshalb kann man sich durchaus vorstellen, daß die durch Benzodiazepine hervorgerufenen Lernstörungen auf eine Beeinträchtigung der GABA-vermittelten Neurotransmission in Bereichen wie dem Hippokampus zurückgehen. Interessant ist dabei, daß die eher »passive«, weniger assoziative Form des Wiedererkennungs-Gedächtnisses, die von anticholinergen Wirkstoffen wie Scopolamin so spezifisch beeinflußt wird, mit Valium viel weniger beeinträchtigt ist als das Erlernen von Neuem (siehe Abb. 5). Wie man aus solchen Befunden entnehmen kann, ist die schnelle inhibitorische Neurotransmission durch GABA-Mechanismen für eine optimale Funktion der Lern-Netzwerke vermutlich von großer Bedeutung.

Gleichzeitig legen diese Ergebnisse auch die Vermutung nahe, daß die Verabreichung von Benzodiazepinen ein geeignetes Modell für die Behandlung der Kognitionsstörungen bei der Alzheimer-Krankheit darstellen könnte. Gestützt wird diese Ansicht durch Indizien, wonach Medikamente wie Valium auch Störungen in den zuvor beschriebenen Tests »ausführender« Funktionen hervorrufen können, die von Strukturen wie dem präfrontalen Kortex bestimmt werden. Diazepam vermindert also unter Umständen die Leistung in Tests der Planungsfähigkeit, des Arbeitsgedächtnisses und des flexiblen Denkens, und zwar auf eine Weise, die qualitativ stark den Auswirkungen von Schäden des Stirnlappens ähnelt, aber nichts mit der allgemein beruhigenden Wirkung zu tun hat. Das ließe sich damit erklären, daß eine verstärkte GABA-vermittelte Funktion sich nachteilig auf die Funktionsfähigkeit von Strukturen wie dem präfrontalen Kortex auswirkt. Dieser Effekt unterscheidet sich von dem, den neuromodulatorische Mechanismen wie das dopaminerge System hervorrufen; Valium führt beispielsweise bei Planungsaufgaben nicht zu einer Verlängerung der Denkzeit, wie sie bei der Parkinson-Krankheit auftritt.

Die spannende theoretische Erkenntnis im Zusammenhang mit Substanzen wie L-Dopa und den Benzodiazepinen, die sich sowohl auf Gefühls- als auch auf Kognitionsfunktionen auswirken, lautet: Es dürfte zwischen diesen beiden psychischen Bereichen echte Verbindungen geben. Die angstlösende Wirkung der Benzodiazepine dürfte zwar etwas anderes sein als ihr Effekt auf die Kognition, und sie ergibt sich vermutlich vor allem deshalb, weil in sehr unterschiedlichen Verarbeitungsmodulen des Gehirns die gleichen molekularen Vorgänge ablaufen, aber es bleibt eindeutig die Möglichkeit, daß die beiden psychischen Effekte verwandt sind. Allein die Tatsache, daß es überhaupt eine Bindungsstelle für Benzodiazepine gibt, weist auf ein bisher nicht entdecktes natürliches Neurotransmittersystem hin, das normalerweise auf dem Weg über diese Rezeptoren wirkt.

Die Entdeckung »umgekehrter Agonisten«, die ebenfalls an den Benzodiazepinrezeptoren angreifen, eröffnet die Aussicht auf »kognitionsverstärkende Medikamente«, die möglicherweise die Funktion der betreffenden Neuronennetzwerke verstärken, so daß diese nicht mehr den zuvor beschriebenen Beschränkungen unterliegen. In Laboruntersuchungen konnte man nachweisen, daß solche Wirkstoffe eine gewisse nützliche Wirkung auf das Gedächtnis haben. Sie haben aber nicht nur beim Gedächtnis genau die umgekehrte Wirkung wie Benzodiazepine, sondern sie erzeugen auch Krampfanfälle und Angst, verhalten sich also auch hier genau spiegelbildich zu diesen Verbindungen. Deshalb konzentriert sich die Suche auf umgekehrte Agonisten, die zwar die Gedächtnisleistung fördern, aber nicht solche unter Umständen gefährlichen Nebenwirkungen haben.

Möglicherweise stellt sich bei der Anwendung dieser kognitionsverstärkenden Wirkstoffe noch ein weiteres theoretisches Problem. Sie müßten peripher in den Organismus aufgenommen werden und würden deshalb viele GABA-erge Systeme in verschiedenen Gehirnbereiche beeinflussen. Damit wäre die Möglichkeit, sie zielgerichtet auf ein bestimmtes System zu lenken, stark eingeschränkt, und es bliebe eine hohe Gefahr unerwünschter Nebenwirkungen, weil im Gehirn auch die Steuerungssysteme anderer Funktionen beeinträchtigt werden, von denen viele nicht unmittelbar mit der Kognition zu tun haben. Vielleicht ist das der Grund, warum kognitionsverstärkende Effekte bei normalen Personen so schwer nachzuweisen sind, insbesondere wenn deren Leistungen ohnehin bereits nahe beim Optimum liegen. Für die Zukunft kann man vielleicht hoffen, daß bestimmte Gehirnsysteme sich gezielter ansprechen lassen, weil es in der Zusammensetzung ihrer Rezeptoren aus Protein-Untereinheiten von einem Gehirnbereich zum anderen geringfügige Unterschiede gibt.

Sind unsere bewußten Gedanken und Gefühle nur chemische Vorgänge?

Diese kurze Beschreibung der Wirkung verschiedener Medikamente auf kognitive und emotionale Vorgänge könnte manch einen vielleicht zur Verzweiflung treiben: Sind wir auf dem Weg zur »chemischen Gefühlen«, so daß psychologische Kategorien wie Angst und Lernen letztlich überflüssig werden, weil wir diese Vorgänge auf molekularer Ebene immer besser verstehen? Gegen eine solche Vorstellung sprechen mehrere Argumente, von denen einige bereits genannt wurden. Das erste hat mit der angemessenen, nützlichen Ebene der Beschreibung psychologischer Vorgänge zu tun. Solche Vorgänge unter dem Gesichtspunkt der Neurotransmittersystems zu verstehen, ist für reduktionistisch orientierte Wissenschaftler natürlich nur der Anfang. Weitere Erklärungen kann man im Rahmen der Kettenreaktion auf neurochemischer und Ionen-Ebene finden, die auf die Bindung des Neurotransmitters an seinen Rezeptor folgen. Aber die Chemie hat auch neue Erklärungen auf der quantenmechanischen Ebene unterhalb der Atome und der subatomaren Teilchen überlebt, und genauso wird die Psychologie den Angriff der Biochemie überleben. Die eigentliche Frage betrifft die sinnvolle Beschreibungsebene, das heißt die Ebene, auf der sich die Phänomene sowohl unter theoretischen als auch unter praktischen Gesichtspunkten erklären und vorhersagen lassen – zum Beispiel, daß die Behandlung mit L-Dopa aufgrund der Wirkung auf die Dopaminsysteme im Vorderhirn manche Aspekte der Kognitionsfunktionen verbessert.

Klar ist außerdem auch, daß man die Funktion der Neurotransmittersysteme nicht im luftleeren Raum verstehen kann. Gleiche chemische Vorgänge in einem Gehirnbereich können sowohl im Hinblick auf ihre Funktion als auch subjektiv ganz unterschiedliche Folgen haben, je nachdem, welche Wechselwirkungen sich zwischen dem fraglichen System und anderen Systemen abspielen. Die Wirkung eines Medikaments kann also von Umweltzusammenhang, früheren Erfahrungen, Tageszeit, Ausgangsniveau der Leistungsfähigkeit und anderen Faktoren abhängen, weil sie sich alle auf die Funktionsweise des neuronalen Netzwerkes auswirken, mit dem das Neurotransmittersystem in Wechselbeziehung tritt. Die Wirkungen von Medikamenten auf Gefühle und Kognition werden zwar auch weiterhin fesselnde Gelegenheiten bieten, den chemischen Aufbau des Gehirns genauer aufzuklären, und sie bieten auch neue Behandlungsmöglichkeiten für Patienten, die an Störungen von Kognition oder Affekten leiden, aber auf der subjektiven oder psychologischen Betrachtungsebene werden sie unsere Kenntnisse über diese Prozesse wahrscheinlich nicht grundlegend ändern.

Weiterführende Literatur

Altman, J., Everitt, B. J., Glautier, S., Markou, A., Nutt, D., Orietti, R., Phillips, G. D., und Robbins, T. W.: *The biological, social and clinical bases of addiction: commentary and debate.* In: *Psychopharmacology* 125, 283-345, 1996. Eine neuere Übersicht über die Erforschung der Drogensucht.

Cooper, J. R., Bloom, F. E., und Roth, R.: *The Biochemical Basis of Neuropharmacology*, 7. Aufl., Oxford University Press, 1996. Weitere Informationen über Neurotransmittersysteme und biochemische Mechanismen der Medikamentenwirkung.

Feldman, R. S., Meyer, J. S., und Quenzer, L. F.: *Principles of Neuropharmacology.* Sinclair Associates, 1997. Ein aktuelles Lehrbuch.

Robbins, T. W., und Everitt, B. J.: *Arousal systems and attention.* In: *The Cognitive Neurosciences* (M. Gazzaniga et al., Hrsg.), S. 703-725, 1995. MIT Press. Weitere Informationen über die Monoamin- und Cholin-Neurotransmittersysteme und ihre Funktion.
Scientific American. Sonderheft: *Mind and Brain*, September 1992. Darin insbesondere die Beiträge *Major disorders of mind and brain* von E. Gershon und R. O. Reider sowie *Aging brain, aging mind* von D. J. Selkoe.

4

GEDÄCHTNIS UND GEHIRNSYSTEME[1]

Larry R. Squire

Die neurologische Forschung befaßt sich mit zwei großen Fragestellungen: mit der »festen Verdrahtung« des Gehirns und mit seiner Wandlungsfähigkeit oder Plastizität. Bei der ersten geht es darum, wie sich die Verbindungen zwischen den Zellen entwickeln, wie die Zellen funktionieren und untereinander kommunizieren und wie angeborene Funktionen organisiert sind, beispielsweise der Schlaf-Wach-Rhythmus, Hunger und Durst sowie unsere Fähigkeit, die Welt mit unseren fünf Sinnen wahrzunehmen. In den Jahrmillionen der Evolution hat das Nervensystem also viele Fähigkeiten geerbt, die für das Überleben von Bedeutung sind; solche Anpassungen sind zu wichtig, als daß man sie den Unwägbarkeiten individueller Erfahrungen überlassen könnte. Mit Plastizität ist gemeint, daß das Nervensystem auch die Fähigkeit erbt, sich aufgrund der individuellen Lebenserfahrung anzupassen und zu verändern. Unsere Erfahrungen können das Nervensystem abwandeln, so daß wir uns später anders verhalten. Diese Fähigkeit macht es möglich, daß wir lernen und uns erinnern.

---

1 Eine frühere Version dieses Kapitels erschien bereits in »Neuroscience, Memory and Language, Decade of the Brain«, Bd. 1, Richard Brodwell (Hrsg.), US Government Printing Office.

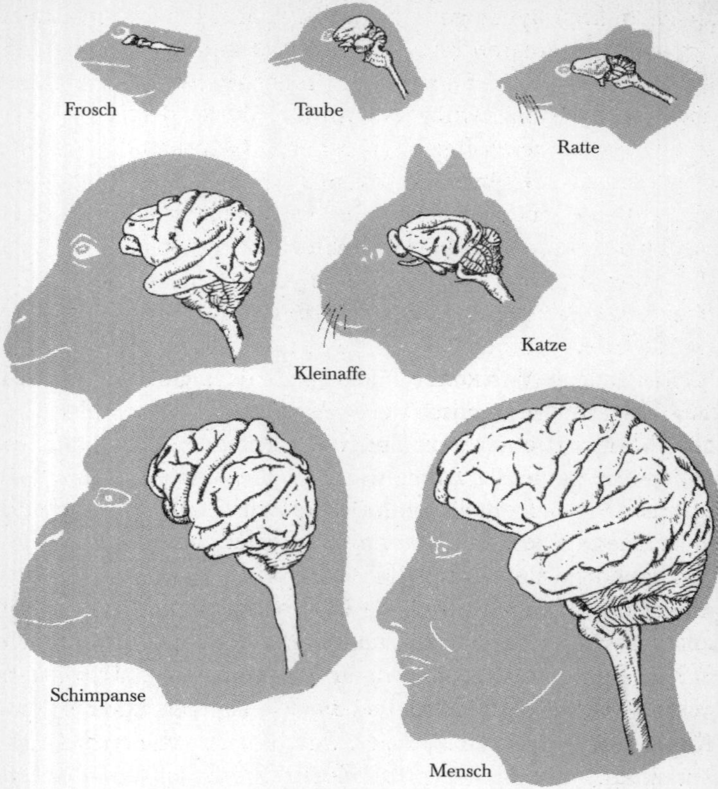

Abb. 1: Gehirne mehrerer Säugetierarten vom Frosch bis hinauf zu Affen und Menschen. (Aus M. R. Rosenzweig und Al. L. Leiman, Physiological Psychology, D. C. Heath & Co. 1982.)

Alle Tiere, alle Gehirne, die in Abb. 1 gezeigt sind, besitzen die Fähigkeit zur Plastizität. Die Größe des Gehirns nimmt allmählich zu, wobei die Wirbeltiere unter Evolutionsgesichtspunkten dem Menschen am nächsten stehen. Das Gehirn eines Kleinaffen zum Beispiel hat nur ein Zehntel der Größe des menschlichen Gehirns. Aber alle enthalten Zellen, die zu den gleichen Grundtypen gehören: Sie ähneln sich in ihren zellulären und molekularen Eigenschaften und sind in Regionen angeordnet, die einander über die Artgrenzen hinweg entsprechen; und in erster Annäherung ist auch das Muster der Verbindungen zwischen diesen Regionen bei allen Gehirnen das gleiche. Wenn man die Gehirne in ihren anatomischen Einzelheiten untersucht und vergleicht, fallen die Ähnlichkeiten stärker auf als die Unterschiede. Die Gehirnforscher gehen deshalb davon aus, daß Unterschiede zwischen den Arten, beispielsweise bei den kognitiven Fähigkeiten und beim Gedächtnis, ihre Ursache in der Zahl der Neuronen und in den Einzelheiten ihrer Verknüpfungen haben. Wir können also über die Eigenschaften und Mechanismen des menschlichen Gehirns eine Menge in Erfahrung bringen, wenn wir die Gehirne anderer Tiere untersuchen, insbesondere die der Affen, die uns entwicklungsgeschichtlich so nahe stehen. Deshalb waren Kleinaffen viele Jahre lang wertvolle Versuchstiere für die Erforschung des Nervensystems.

Die Frage nach dem Gedächtnis wird unter biologischen Gesichtspunkten manchmal als Problem der neuronalen Plastizität definiert – es geht darum, wie sich die Eigenschaften der Zellen und ihrer Verbindungen aufgrund von Erfahrungen ändern. Mit diesem Thema befaßt sich Tim Bliss im nächsten Kapitel. Viele wichtige Fragen im Zusammenhang mit dem Gedächtnis betreffen aber die Ebene der größeren Gehirnsysteme, und man kann sie nur auf einer relativ allgemeinen Analysenebene beantworten. Selbst wenn man verstünde, wie sich die Synapsen und mit ihnen auch die Verbindungen zwischen den Neuronen verändern, würden viele andere Fragen offen bleiben. Gibt es nur eine Art von Gedächtnis oder mehrere? Welche Strukturen und Leitungsbahnen im Gehirn sind am Gedächtnis beteiligt, und welche Aufgaben erfüllen sie? Um unsere gegenwärtigen Kenntnisse in Umrissen zu skizzieren, möchte ich mich hier mit drei Themen befassen und jedes an einigen Beispielen deutlich machen.

Erstens ist das Gehirn so organisiert, daß das Gedächtnis eine abgegrenzte, eigenständige kognitive Funktion darstellt, die man auf nützliche Weise isoliert von der Wahrnehmung und anderen geistigen Fähigkeiten untersuchen kann. Ganz bestimmte Gehirnstrukturen, unter anderem der Hippokampus, sind unentbehrlich für die Fähigkeit, dauerhafte Aufzeichnungen von Erlebnissen im Gedächtnis zu speichern. Bei einer Schädigung dieser Strukturen kann das Krankheitsbild der Amnesie auftreten, eine genau umgrenzte Störung der Fähigkeit, zu lernen und sich zu erinnern. Die Untersuchung von Patienten mit Amnesie hat zwar bedeutsame Aufschlüsse geliefert, aber unsere Kenntnisse über die Anatomie des Gedächtnisses stammen zum größten Teil weiterhin aus den systematischen, aufeinander aufbauenden Arbeiten, wie sie nur mit Versuchstieren möglich sind.

Zweitens ist das Gedächtnis nicht eine einzige geistige Fähigkeit, sondern es setzt sich aus mehreren getrennten Systemen zusammen. Das heißt, es gibt mehr als eine Art von Gedächtnis, und das nicht nur in einem semantischen oder philosophischen, sondern in einem ganz speziellen biologischen Sinn: Unterschiedliche Arten von Gedächtnis haben eine unterschiedliche Gehirnorganisation und sind von unterschiedlichen Gehirnsystemen abhängig. Die wichtigste Abgrenzung besteht zwischen dem bewußten Wissen über Tatsachen und Ereignisse, das bei der Amnesie gestört ist, und anderen, unbewußten Wissenssystemen, die für die Fähigkeit zum Erlernen von Fertigkeiten, die Ausbildung von Gewohnheiten, das Phänomen der assoziativen Aktivierung und verschiedene andere Wechselwirkungen mit der Außenwelt verantwortlich sind.

Und drittens liefern neue technische Methoden, darunter die Positronenemissionstomographie (PET) und die funktionelle Kernspintomographie (fMRI), unmittelbare Aufschlüsse über Anatomie und Funktion des Gedächtnisses am lebenden Menschen.

Amnesie und die Anatomie des Gedächtnisses

Der Aufbruch in ein neues Zeitalter begann für dieses Problem im Jahr 1953. Damals unterzog sich ein Patient, der später als HM bekannt wurde, einer Gehirnoperation mit dem Ziel, seine schwere Epilepsie zu lindern. Bei dem Eingriff wurde aus beiden Hirnhälften ein etwa 5 cm langes Gewebestück entfernt – der Bereich aus der Mitte des Schläfenlappens, der in Abb. 2 dargestellt ist. Die Operation war erfolgreich, denn sie verringerte die Epilepsie so weit, daß man sie durch Medikamente in den Griff bekommen konnte. Sie führte aber auch zu einer unerwarteten, schweren Beeinträchtigung des Erinnerungsvermögens für alltägliche Ereignisse. HM, der damals 27 Jahre alt war, behielt seine überdurchschnittlichen geistigen Fähigkeiten; das unmittelbare Kurzzeitgedächtnis blieb ebenso erhalten wie das Wissen über frühere Lebensabschnitte, und auch seine Persönlichkeit hatte sich nach den Angaben seiner Angehörigen durch den Eingriff nicht verändert. Heute, Ende der neunziger Jahre, ist HM über siebzig Jahre alt und immer noch aktiv an der Forschung beteiligt. Er ist äußerst vergeßlich, so daß er Personen, die ihn untersuchen und mit denen er häufig in Kontakt kommt, nicht wiedererkennt. Auch ein Foto von sich selbst erkennt er den Berichten zufolge nicht. Offenbar war er unfähig, etwas über sein eigenes Aussehen und dessen Veränderungen während der mehr als 40 Jahre seit dem Eingriff zu lernen. Dieser Fall gab Aufschluß über zwei wichtige Prinzipien, nach denen das Gehirn lernt und sich erinnert. Erstens ist der mittlere Teil des Schläfenlappens für die Gedächtnisfunktion wichtig. Und zweitens hat das Gehirn die Verarbeitung von Wahrnehmungen und andere geistige Weiterverarbeitungsfunktionen bis zu einem gewissen Grade von der Fähigkeit getrennt, die Erinnerungen, die sich gewöhnlich aus dieser Verarbeitung ergeben, dauerhaft aufzuzeichnen.

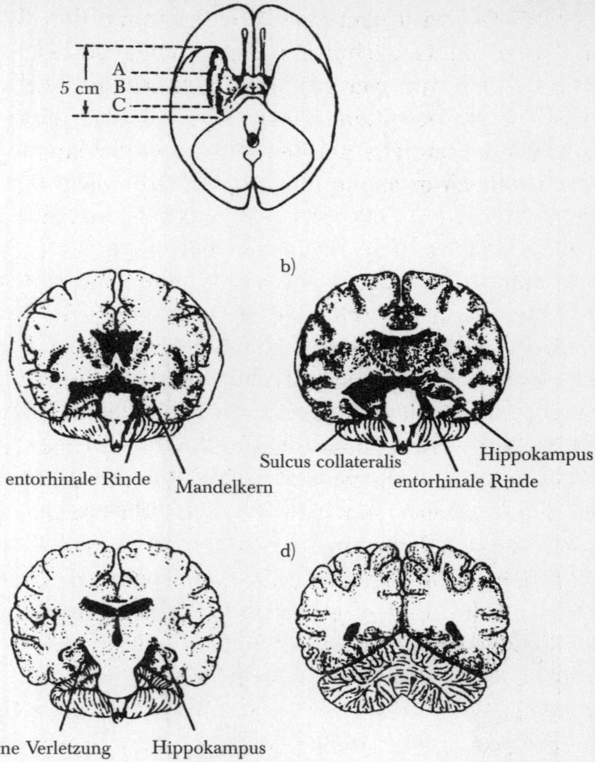

Abb. 2: In dieser schematischen Darstellung des menschlichen Gehirns erkennt man, welche Teile bei dem allgemein bekannten Patienten HM chirurgisch entfernt wurden. Sichtbar gemacht wurde der Schaden durch Kernspintomographie. Im obersten Bild – es zeigt das Gehirn von unten ventral – wird die Größe des entfernten Gewebestücks deutlich. Die Zeichnungen a bis d sind Querschnitte vom vorderen bis zum hinteren Teil des Gehirns, die ebenfalls das Ausmaß des Schadens deutlich machen. Zwar wurde auf beiden Seiten Gewebe entfernt, aber die rechte Gehirnhälfte ist vollständig dargestellt, um die Strukturen zu zeigen, die bei dem Eingriff herausgenommen wurden. (Aus S. Corkin, Journal of Neuroscience, 17, S. 3964-3979, 1997.)

Dieser Fall wird häufig als Beleg genannt, daß der Hippokampus für die Gedächtnisfunktion wichtig ist. Wie man aber in Abb. 2 erkennt, war von dem Schaden bei HM zwar der Hippokampus betroffen, ebenso wurden aber auch mehrere benachbarte Bereiche aus der Mitte des Schläfenlappens in Mitleidenschaft gezogen: der Mandelkern sowie die parahippokampale, entorhinale und perirhinale Rinde. Anfangs konzentrierte man sich vor allem auf die hintere Hälfte der geschädigten Stelle, denn andere Patienten, die sich ebenfalls einer Operation am Schläfenlappen unterzogen hatten, litten offenbar nur dann unter Gedächtnisstörungen, wenn sich der entfernte Bereich weit nach hinten erstreckte und den Hippokampus sowie den darunterliegenden Teil der Hirnrinde einschloß. Dennoch vergingen viele Jahre, bevor man endgültig feststellen konnte, welche Gehirnstrukturen in dem großen geschädigten Bereich von HM für die Gedächtnisfunktion von entscheidender Bedeutung waren.

Zur Beantwortung dieser Frage trugen zwei wichtige Entwicklungen bei. Erstens gewann man aus anderen sorgfältig untersuchten Einzelfällen von Gedächtnisstörungen neue anatomische Aufschlüsse. Diese Fälle, über die in den achtziger und neunziger Jahren berichtet wurde, lieferten stichhaltige, unmittelbare Indizien, daß der Hippokampus selbst für das Gedächtnis des Menschen von Bedeutung ist. Und zweitens entwickelte man Anfang der achtziger Jahre mit Kleinaffen ein Tiermodell für Gedächtnisstörungen des Menschen. Dieses Modell war die Voraussetzung, daß man im mittleren Teil des Schläfenlappens die wichtigsten Strukturen und Verbindungen identifizieren konnte, die für das Gedächtnis verantwortlich sind.

Die erste der genannten Fallgeschichten betrifft einen Patienten namens RB. Seine Gedächtnisstörungen entwickelten sich 1978, als er 52 Jahre alt war, nach einer Operation am offenen Herzen; Komplikationen hatten dazu geführt, daß sein

Gehirn vorübergehend von der Blutversorgung abgeschnitten war (Ischämie). Er wurde wieder gesund und lebte noch fünf Jahre, und in dieser Zeit war nur eine einzige Beeinträchtigung der Kognition nachzuweisen: eine mäßig schwere Gedächtnisstörung – Abb. 3 zeigt ein Beispiel für die Probleme, mit denen er sich auseinandersetzen mußte. Nach seinem Tode ergab die Untersuchung des Gehirns, daß ein ganzer Abschnitt des Hippokampus, den man als CA1 bezeichnet, zerstört war. Untersuchungen an Versuchstieren weisen darauf hin, daß das Rindenfeld CA1 für Ischämie-bedingte Schäden besonders anfällig ist. Außerdem sind die anatomischen Verhältnisse in den Schaltkreisen des Hippokampus so, daß ein auf den Bereich CA1 beschränkter Schaden den Informationsfluß in den Hip-

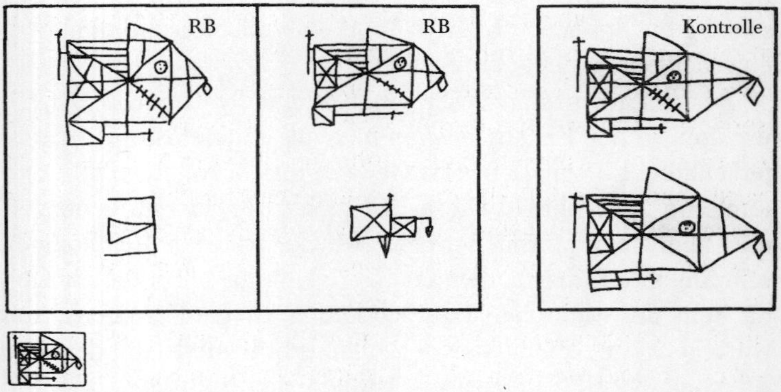

Abb. 3: Der Patient RB, der an Amnesie litt, sollte die kleine Zeichnung unten links abmalen. Ohne daß er es vorher wußte, wurde er nach 10 bis 20 Minuten erneut gebeten, die Figur aus dem Gedächtnis zu zeichnen. Das linke Bilde zeigt, wie RB die Figur abzeichnete (oben) und was er sechs Monate nach Beginn der Amnesie aus dem Gedächtnis wiedergeben konnte (unten). In der Mitte erkennt man seine Leistungen 23 Monate nach Einsetzen der Amnesie. Das rechte Bild zeigt als Kontrolle die abgezeichnete und aus dem Gedächtnis wiedergegebene Figur von einem gesunden Menschen, der RB in Alter und Bildung entsprach. Die Daten dieser normalen Person wurden als Durchschnittswert aus einer Kontrollgruppe von sechs gesunden Versuchspersonen ausgewählt. (Aus S. Zola-Morgan et al., Journal of Neuroscience 6, S. 2950-2967, 1986.)

pokampus und aus ihm heraus unterbricht. Solche Befunde und spätere Untersuchungen an anderen Patienten legen die Vermutung nahe, daß der Hippokampus einen entscheidenden Bestandteil des Gedächtnissystems im mittleren Teil des Schläfenlappens darstellt.

Vom Menschen zum Affen

Seit Anfang der achtziger Jahre wurden die gleichen Fragen auch systematisch an Affen untersucht. Bei den Tieren konnte man beidseitig bestimmte Gehirnstrukturen chirurgisch verletzen und die Gedächtnisleistung dann mit speziell entwickelten Aufgaben quantitativ beurteilen. Zu diesem Zweck wurde eine ganze Reihe von Tests benutzt, am häufigsten wandte man aber ein Verfahren an, das man als »verzögerte Nichtübereinstimmung mit einem Vorbild« bezeichnet: Man zeigt dem Affen einen einzelnen Gegenstand, und nach einer kurzen Pause präsentiert man ihm zwei Gegenstände – den ursprünglichen und einen neuen. Um sich eine Belohnung in Form von Futter zu verdienen, muß der Affe den neuen Gegenstand auswählen. In jedem Versuch werden neue Gegenstandspaare verwendet. Menschen mit Amnesie schneiden in diesem Test schlecht ab, wenn man ihn bei ihnen genauso durchführt wie bei Affen. Tatsächlich konnte man zwischen menschlichen Patienten mit Amnesie und Affen mit einer Schädigung im mittleren Bereich des Schläfenlappens eine ganze Reihe von Parallelen nachweisen, und zwar auch dann, wenn die Verletzungen bei den Affen so angebracht wurden, daß sie denen des Patienten HM entsprachen.

Eine ganze Reihe von Untersuchungen an Affen, in denen man Aufgaben wie die Nichtübereinstimmung mit einem Vorbild verwendete, haben zweierlei bestätigt: Erstens ist der Hippokampus ein entscheidender Bestandteil des Systems, und zweitens sind andere Strukturen, die ihm benachbart liegen und anatomisch mit ihm verbunden sind (nämlich die entorhinale, perirhinale und parahippokampale Rinde), ebenfalls von großer Bedeutung. Diese Strukturen bilden zusammen mit dem Hippokampus das vollständige Gedächtnissystem im mittleren Teil des Schläfenlappens (Abb. 4). Derartige Untersuchungen an Verletzungen haben auch Hinweise geliefert, daß andere wichtige Gehirnregionen, beispielsweise der Mandelkern, an Gedächtnisleistungen der gleichen Art nicht unmittelbar mit-

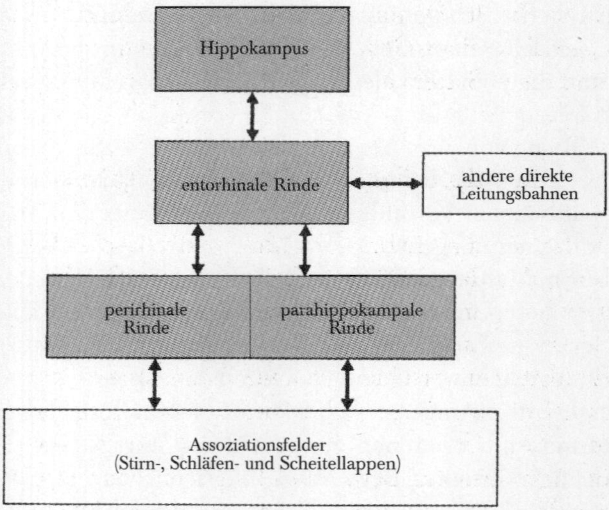

Abb. 4: Die Bestandteile des Gedächtnissystems im mittleren Teil des Schläfenlappens (graue Kästen). Die entorhinale Rinde ist die wichtigste Quelle für Projektionen im Bereich des Hippokampus (eigentlicher Hippokampus, Gyrus dentatus und Gyrus parahippocampalis). Fast zwei Drittel des aus dem Kortex stammenden Input in die entorhinale Rinde stammen aus den benachbarten perirhinalen und parahippokampalen Rindenanteilen, die ihren Input ihrerseits von den Assoziationsfeldern im Stirn-, Schläfen- und Scheitellappen erhalten. Weitere Leitungsbahnen gelangen unmittelbar von den Rändern des frontalen Kortex', vom Gyrus cinguli, vom Lobus insularis und vom Gyrus temporalis superior in die entorhinale Rinde. Alle Leitungsbahnen verlaufen in beide Richtungen. (Aus L. R. Squire und S. Zola-Morgan, Science 253, S. 1380-1386, 1991.)

wirken; sie sind allerdings von großer Bedeutung für andere Funktionen, unter anderem für die Zuordnung von Aufmerksamkeitswerten zu den emotionalen Komponenten von Ereignissen, die mit darüber entscheiden, ob solche Ereignisse später im Gedächtnis gespeichert werden. Der mittlere Bereich des Schläfenlappens ist aber nicht der einzige Teil des Gehirns, dessen Schädigung zu schweren Beeinträchtigungen des Gedächtnisses führen kann. Beidseitige Schäden in tiefer gelegenen Gehirnstrukturen wie dem Thalamus können ebenfalls zu einer Amnesie führen, die der Schläfenlappen-Amnesie in vielerlei Hinsicht ähnelt. Demnach können alle Gehirnbereiche als wichtige Teile eines Gedächtnissystems gelten, sowohl solche im limbischen System als auch solche im Zwischenhirn.

Multiple Formen des Gedächtnisses

Die letzten zehn Jahre brachten unter anderem die wichtige Erkenntnis, daß das Gedächtnis kein einzelnes Gebilde ist, sondern sich aus mehreren Fähigkeiten zusammensetzt. Zuvor hatte man geglaubt, das Gedächtnis sei zwar in Stärke und Zugriffsfähigkeit unterschiedlich und dies könne sich in unterschiedlichen Aufgaben äußern, aber man könne es dennoch als einheitliches biologisches und psychologisches Phänomen auffassen. Man hielt das Gedächtnis für eine besondere Form der neuronalen Plastizität, die auf der Veränderung von Synapsen beruhte, so daß Erfahrungen zu Verhaltensänderungen führen konnten. An die Stelle dieses einheitlichen Bildes ist heute die Ansicht getreten, daß es im Gehirn mehrere Gedächtnissysteme gibt. Besonders überzeugende Indizien für die moderne Sichtweise ergaben sich aus der Untersuchung von Patienten mit Amnesie: Diese Personen zeigen häufig schlechte Leistungen in herkömmlichen Gedächtnistests, in denen sie sich an Dinge, die ihnen bereits begegnet sind, erinnern und diese wiedererkennen sollen; gleichzeitig sind aber viele Arten des Lernens und Erinnerns völlig intakt. Die Erinnerung an Tatsachen und Ereignisse (das sogenannte deklarative Gedächtnis) ist beeinträchtigt, das nichtdeklarative oder prozedurale Gedächtnis jedoch, zu dem das Erlernen von Fertigkeiten und Gewohnheiten sowie bestimmte Arten der Konditionierung gehören, bleibt unversehrt. Ebenso ist das Phänomen der assoziativen Aktivierung erhalten, das heißt, die Betroffenen zeigen eine verstärkte Wahrnehmung oder Erkennung von Gegenständen, mit denen sie zuvor nicht zu tun hatten (Abb. 5). Diese Unterscheidung gründet sich nicht einfach auf die Beobachtung dessen, was Patienten mit Amnesie können und was sie nicht können. Vielmehr lassen mehrere unabhängige Indizienketten darauf schließen, daß sich bei der Untersuchung der Amnesie eine natürliche biologische Unterteilung zwischen verschiedenen Fähigkeiten zeigt, mit denen das Nervensystem Informationen sammelt, speichert und abruft. Aus dieser Vorstellung

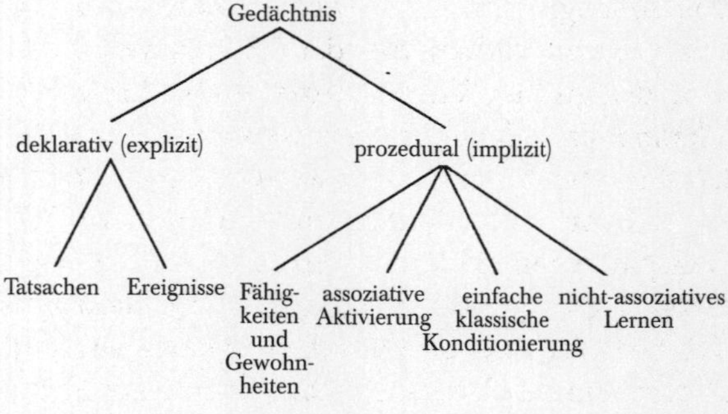

Abb. 5: Das deklarative Gedächtnis dient dem bewußten Erinnern von Tatsachen und Ereignissen; es ist auf unversehrte Strukturen des limbischem Systems und Zwischenhirns angewiesen. Als prozedurales Gedächtnis bezeichnet man eine vielgestaltige Sammlung von Fähigkeiten. Über das prozedurale Gedächtnis kann das Verhalten sich aufgrund von Erfahrungen verändern, ohne daß ein Zugang zu Gedächtnisinhalten geschaffen wird. (Aus L. R. Squire und S. Zola-Morgan, Science 253, S. 1380-1386, 1991.)

ergibt sich die wichtige Folgerung, daß die Strukturen im limbischen System und im Zwischenhirn, deren Schädigung zu einer schweren, lähmenden Amnesie führt, für eine bestimmte Art des Gedächtnisses notwendig sind. Diese Strukturen sind am Erwerb deklarativen Wissens (Erinnerung an Tatsachen und Ereignisse) beteiligt, das dann als bewußte Erinnerung zur Verfügung steht. Wenn wir vom Erinnerungsvermögen der Menschen sprechen, meinen wir in der Regel dieses deklarative Gedächtnis.

Das prozedurale Gedächtnis ist eine uneinheitliche Gruppe von Fähigkeiten, und alle diese Fähigkeiten sind unabhängig von den Gehirnstrukturen im limbischen System und im Zwischenhirn, deren Schädigung zur Amnesie führt. Das prozedurale Gedächtnis ist unbewußt. Die Informationen werden als Veränderungen in spezifischen Wahrnehmungs- oder Reaktionssystemen erworben oder als Veränderungen in bestimmten Wissenssystemen versteckt, ohne daß sie einen Zugang zu früheren Gedächtnisinhalten verschaffen. Das prozedurale Gedächtnis ist unabhängig von der bewußten Erinnerung an frühere Erlebnisse, die zu Verhaltensänderungen führen. Eine Vorstellung von der großen Vielfalt prozeduraler Erinnerungsfähigkeiten kann man sich verschaffen, wenn man die Aufgaben betrachtet, die Patienten mit Amnesie ganz normal lösen können, wie das Erlernen motorischer und sensorischer Fähigkeiten (zum Beispiel wenn sie lernen, Spiegelschrift zu lesen), sowie die Aneignung kognitiver Fertigkeiten (zum Beispiel eine Leistungsverbesserung bei bestimmten Aufgaben am Computer).

Das prozedurale Gedächtnis kann auch ganz bestimmte Informationen über frühere Erlebnisse verstärken. So können beispielsweise Patienten mit Amnesie nach wie vor eine textspezifische Lesefähigkeit erwerben und behalten. Liest man ihnen mehrere Textzeilen laut vor, können sie den gleichen Text anschließend schneller lesen, aber bei einem neuen Text tritt diese Erleichterung nicht ein.

Weiterhin findet man bei Patienten mit Amnesie auch intakte, spezifische und langanhaltende Auslöseeffekte für die Namen von Gegenständen. Beispielsweise zeigte man den Versuchspersonen zunächst nacheinander Bilder einfacher Gegenstände, und gleichzeitig sollten sie jedes Bild so schnell wie möglich benennen. Dann wurden den gleichen Personen entweder zwei oder sieben Tage später weitere Bilder gezeigt, die wiederum so schnell wie möglich benannt werden sollten. Dabei zeigte sich, daß sowohl Patienten mit Amnesie als auch gesunde Menschen die bereits bekannten Bilder deutlich – nämlich um etwa zehn Prozent – schneller benannten als die neuen. Wurde jedoch eine andere Version des ursprünglichen Bildes gezeigt, die aber den gleichen Namen hatte (zum Beispiel ein Beagle anstelle eines Retrievers, wobei jedoch beide als Hunde zu erkennen waren), war die erkennende Wirkung deutlich vermindert. Die assoziative Aktivierung war also am stärksten, wenn die physischen Merkmale der Reize bei beiden Präsentationen genau beibehalten wurden. Demnach kann man vermuten, daß sehr spezifische visuelle Informationen erheblich zu dem Effekt der assoziativen Aktivierung beitragen. Wahrscheinlich gründet sich diese Auslösewirkung also auf Veränderungen in einem relativ frühen Stadium der Verarbeitung visueller Informationen. Sie sind präsemantisch in dem Sinn, daß der Effekt stark mit der Wahrnehmung zu tun hat, während es nicht erforderlich ist, daß der Name des Reizes oder seine Bedeutung einbezogen wird. Anders als bei den Ergebnissen der assoziativen Aktivierung waren Patienten mit Amnesie aber stark benachteiligt, wenn sie einfach benennen sollten, welche Bilder sie bereits gesehen hatten (79 Prozent richtige Antworten bei Gesunden, 59 Prozent richtige Antworten bei Patienten mit Amnesie; bei rein zufälligen Antworten würde sich eine Quote von 50 Prozent ergeben).

Funktionelle Anatomie des menschlichen Gedächtnisses

Die meisten heutigen Kenntnisse über die an der Gedächtnisfunktion beteiligten anatomischen Strukturen und Verknüpfungen wurden gewonnen, indem man bei Patienten mit Gedächtnisstörungen und bei Versuchstieren die Auswirkungen der jeweiligen Schäden analysierte. Neuentwickelte bildgebende Verfahren für das Gehirn, insbesondere die Positronenemissionstomographie (PET) und die funktionelle Kernspintomographie (fMRI) eröffneten die Möglichkeit, die Anatomie des deklarativen und prozeduralen Gedächtnisses bei gesunden Personen unmittelbar zu untersuchen. In Zusammenarbeit mit Marcus Raichle und seinen Kollegen an der Universität Washington verfolgten wir mit Hilfe der PET die lokale Durchblutung einzelner Gehirnbereiche, während die Versuchspersonen eine von mehreren ähnlichen Aufgaben ausführten. Dabei beobachtet man mit Hilfe eines schnell zerfallenden radioaktiven Isotops die Durchblutung bestimmter Abschnitte der Hirnrinde: Man injiziert in die Arterie, die zum Gehirn führt, Wasser mit einem Sauerstoffisotop, das mit einer Halbwertszeit von etwa zwei Minuten zerfällt. Dann kann man die Verteilung der Radioaktivität und damit auch des Blutes nachweisen, während die Versuchsperson bestimmte Aufgaben löst. Man geht davon aus, daß lokale Veränderungen in der Durchblutung der Hirnrinde lokale Veränderungen in der Aktivität der Neuronen widerspiegeln. In einem typischen Experiment »subtrahiert« man das Bild des Gehirns, das man während eines kognitiven Zustandes in einer Phase von 40 Sekunden aufgenommen hat, von einem zweiten, das während eines ähnlichen Zustandes gewonnen wurde; auf diese Weise erkennt man Veränderungen der regionalen Durchblutung, die mit bestimmten kognitiven Tätigkeiten verknüpft sind.

In der ersten PET-Untersuchung des deklarativen und prozeduralen Gedächtnisses wurden bei 18 gesunden Versuchspersonen, die in einem Zeitraum von zwei Stunden vier verschiedene Aufgaben lösten, jeweils vier getrennte PET-Aufnahmen angefertigt. Vor jeder Aufnahme sollten sich die Versuchspersonen allgemein bekannte englische Wörter aus vier bis acht Buchstaben merken, die ihnen nacheinander präsentiert wurden (zum Beispiel MOTEL oder INCOME). Etwa drei Minuten später sahen die Versuchspersonen nacheinander Wortanfänge aus jeweils drei Buchstaben. Jede dieser Buchstabengruppen (zum Beispiel MOT, INC) konnte zu mindestens zehn bekannten englischen Wörtern gehören. Während der Präsentation dieser Wortanfänge – die lokale Durchblutung wurde dabei mit dem PET-Scanner verfolgt – führten die Versuchspersonen eine von vier physisch gleichen Aufgaben aus:

1. Keine Reaktion: Die Versuchspersonen sahen die Wortanfänge, reagierten aber nicht verbal darauf, und keiner der Wortanfänge gehörte zu Wörtern, die sie sich zuvor gemerkt hatten.
2. Ausgangsniveau: Die Versuchspersonen vervollständigten die Anfänge zu dem ersten Wort, das ihnen einfiel, und sprachen dieses Wort laut aus. Auch hier gehörte keiner der Wortanfänge zu einem der zuvor erlernten Wörter.
3. Assoziative Aktivierungen: Das gleiche Experiment wie beim Ausgangsniveau, nur gehörte diesmal nur die Hälfte der Anfänge zu zuvor präsentierten Wörtern.
4. Gedächtnis (Erinnerung auf Hinweisreiz hin): Die Versuchspersonen sollten die Wortanfänge zu zuvor präsentierten Wörtern vervollständigen und diese Wörter laut aussprechen. Eine solche Vervollständigung war bei der Hälfte der Wortanfänge möglich.

Aus der PET-Untersuchung ergaben sich drei wichtige Befunde. Abb. 6 zeigt eine der beiden größten Veränderungen in der Gehirndurchblutung, die man beobachtete, wenn der Zustand mit aktivem Gedächtnis vom Grundniveau subtrahiert wurde. Die Veränderung spielte sich im mittleren und hinteren Teil des rechten Schläfenlappens ab, also genau in dem Bereich, in dem der Hippokampus und der Gyrus parahippocampalis liegen. Bei der Aufgabe der assoziativen Aktivierung wurde auch der Hippokampusbereich in einem gewissen Umfang gefordert,

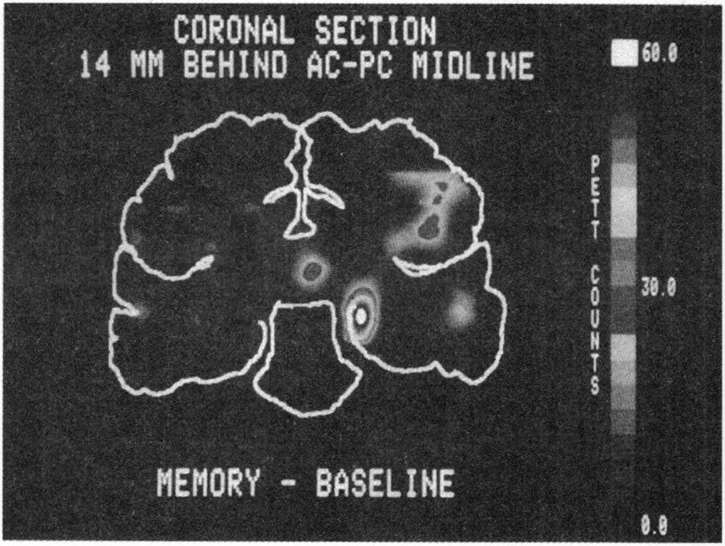

Abb. 6: Der aktivierte rechte Teil des Hippokampus bei einer gesunden Versuchsperson, die eine Gedächtnisaufgabe löst. Das Bild zeigt einen zwei Millimeter dicken Querschnitt durch das Gehirn; die Schnittebene liegt 14 Millimeter hinter der Bikommissuralebene, die durch den Mittelpunkt der Linie von der vorderen zur hinteren Querverbindung (Commissura anterior und posterior) definiert ist. Man erkennt die wichtigsten Veränderungen bei einer Anstrengung des Gedächtnisses im Vergleich zu einer Basisaktivität. Der runde, helle Bereich rechts unten kennzeichnet die aktivierte Gehirnregion. (Aus L. R. Squire et al., Proceedings of the National Academy of Sciences, USA 89, S. 1837-1841, 1992.)

vermutlich weil es dabei potentiell zur Erinnerung von Wörtern kommen kann, die im ersten Teil des Versuchs präsentiert wurden. Tatsächlich wurde der Zusammenhang zwischen den Wortanfängen und den gesuchten Wörtern vielen Versuchspersonen bewußt. Wegen dieser Komplikation war es wichtig, daß die Gedächtnisaufgabe den Hippokampusbereich in noch größerem Umfang aktivierte als die assoziative Aktivierung allein.

Daß bei einer solchen Aufgabe für das Wortgedächtnis der rechte Hippokampusbereich aktiviert wurde, mag überraschen. In der Regel stellt man sich vor, daß die linke Gehirnhälfte stärker an der Verarbeitung verbaler Informationen beteiligt ist und daß deshalb auch der linke Hippokampusbereich beim Wortgedächtnis stärker beteiligt ist. Diese Verallgemeinerung ist als erste Näherung richtig, aber sie ist zu stark vereinfacht und kann möglicherweise in die Irre führen. In Wirklichkeit ist die rechte Hemisphäre für die Verarbeitung von Wörtern offensichtlich wichtiger als die linke, wenn die Leistung nicht von Klang oder Bedeutung der Wörter abhängt, sondern von ihrer visuellen Form. Diese Gesetzmäßigkeit wurde schon vor vielen Jahren nachgewiesen. Die große Bedeutung der rechten Gehirnhälfte für bestimmte verbale Aufgaben zeigte sich in jüngster Zeit auch bei normalen Versuchspersonen in Untersuchungen mit geteiltem Gesichtsfeld, die gezielt dazu angelegt waren, die Befunde der PET-Studien zu vertiefen. Präsentiert man die Wortanfänge dem linken oder rechten Gesichtsfeld (das heißt, dem Bereich links oder rechts von einem zentralen fixierten Punkt), sorgen die anatomischen Verhältnisse bei der visuellen Verarbeitung im Gehirn dafür, daß Eindrücke, die dem linken Gesichtsfeld präsentiert werden, zuerst in die rechte Gehirnhälfte gelangen (von wo aus sie anschließend indirekt über die Kommissuren des Gehirns in die linke Hemisphäre geleitet werden). Umgekehrt gelangt Material, das man der rechten Gesichtsfeldhälfte präsentiert, zuerst in die linke Gehirnhälfte.

In unserer Untersuchung mit gesunden Versuchspersonen beobachteten wir, daß die Erinnerung aufgrund von Hinweisreizen (und auch die assoziative Aktivierung, siehe unten) besser funktionierte, wenn die Wortanfänge der linken Gesichtsfeldhälfte präsentiert wurden, als wenn die rechte Gesichtsfeldhälfte sie aufnahm. Die Ergebnisse der Untersuchung mit gesunden Versuchspersonen stimmt also mit den Befunden der PET-Studie überein: Die Erinnerung aufgrund von Hinweisreizen (und die assoziative Aktivierung, siehe unten) hängt stärker von der rechten Hemisphäre ab als von der linken.

Der zweite Befund lautete: Der rechte präfrontale Kortex wird bei Gedächtnistätigkeit im Vergleich zum Grundniveau stärker aktiviert. Während der anderen Aufgaben zeigte dieser Bereich nur geringe Aktivität. In früheren PET-Studien wurde über eine Aktivierung des rechten präfrontalen Kortex' bei Aufgaben berichtet, in denen die Wahl zwischen mehreren Reaktionen verlangt wurde. Außerdem ist bei Schäden des präfrontalen Kortex' die Leistung bei Aufgaben beeinträchtigt, die Suchstrategien und länger anhaltende Aufmerksamkeit erfordern.

Der dritte Befund ergab sich, als die Gehirnaktivität im Zustand des Grundniveaus von der im Zustand der assoziativen Aktivierung subtrahiert wurde. Dabei zeigte sich eine verminderte Aktivität im rechten okzipitalen Kortex, der Teilen der Sehrinde entspricht. Die Ergebnisse dieser PET-Untersuchungen sprechen unmittelbar für die Vorstellung, daß recht frühe Stadien der Wahrnehmungsverarbeitung an der assoziativen Aktivierung beteiligt sind, und gleichzeitig legen sie eine interessante Erklärung für das Phänomen der wiederholten Auslösung nahe. Für eine gewisse Zeit nach der Präsentation eines Wortes oder eines anderen Wahrnehmungsobjektes ist anscheinend eine geringere Neuronenaktivität erforderlich, um den gleichen Reiz weiterzuverarbeiten.

An den Befunden aus den PET-Studien wird deutlich, daß Erfahrungen auf zwei Wegen das Nervensystem modifizieren und das spätere Verhalten beeinflussen können. Eine höhere Leistung durch wiederholte assoziative Aktivierung hängt von Veränderungen in den Zentren für ein relativ frühes Stadium der visuellen Verarbeitung ab. Man kann also damit rechnen, daß unterschiedliche Gehirnbereiche die Auslösung unterstützen, je nachdem, wie der Reiz im einzelnen aussieht und wie ähnlich das zuvor gelernte Material dem im Test vorgelegten ist.

Mehrere Gedächtnissysteme: Folgerungen

Beim Lernen arbeiten bewußte und unbewußte Gedächtnissysteme in der Regel zusammen, das heißt, viele Lernaufgaben sind mehreren Strategien und sowohl dem deklarativen als auch dem prozeduralen Lernen zugänglich. Man kann also damit rechnen, daß das Verhalten gegenüber einem bekannten Gesicht oder Reizobjekt eine Kombination aus deklarativ gelenkten, bewußten Erinnerungen an den Reiz und seine Bedeutung einerseits und aus prozeduralen, unbewußten, durch frühere Begegnungen geformte Neigungen andererseits darstellt.

Die Tatsache, daß es mehrere Gedächtnissysteme gibt, hat Konsequenzen für die herkömmliche Vorstellung von dem Konstrukt des Unbewußten. Bedenkt man den Einfluß früherer Erfahrungen auf das spätere Verhalten, ist es von Bedeutung, wie man das Wesen des Gedächtnisses deutet. Nach der herkömmlichen Sichtweise liegen unbewußte Gedächtnisinhalte unterhalb einer Zugriffsschwelle, und es besteht die Möglichkeit, sie dem Bewußtsein zugänglich zu machen. Experimentelle Untersuchungen führten jedoch zu der Unterscheidung zwischen einem bewußten (deklarativen) Gedächtnis, das von seinem Wesen her entweder als Begriff oder als visuelles Bild in den Geist gelangen kann, und anderen Arten von Gedächtnis, die unbewußt sind, das heißt, das erworbene Wissen wird durch Leistungen ausgedrückt, ohne daß der Gedächtnisinhalt dazu bewußt werden muß. Was das unbewußte Gedächtnis angeht, so kann zum Beispiel eine Erfahrung aus den ersten Lebensjahren das spätere Verhalten beeinflussen, indem es eine Phobie auslöst, die gegenüber bestimmten Objekten zu bestimmten Verhaltensweisen führt. Doch wenn die Phobie bestehen bleibt, bedeutet das nicht, daß auch eine Aufzeichnung des Ereignisses selbst bestehen geblieben ist. Vielmehr hat sich einfach das Verhalten geändert.

Eine Erfahrung kann also zu veränderten Neigungen, Vorlieben, konditionierten Reaktionen, Gewohnheiten oder Fertigkeiten führen. Häufig speichern die Menschen natürlich unabhängig davon und parallel dazu auch eine deklarative, bewußte Aufzeichnung des Geschehenen. Entscheidend ist aber, daß die Entstehung von Verhaltensdispositionen, Vorlieben, Gewohnheiten und Fertigkeiten im prozeduralen Gedächtnis nicht zwangsläufig die bewußte Erkenntnis möglich macht, daß das Verhalten von früheren Erfahrungen beeinflußt ist. Auch eine deklarative Erinnerung an das Ereignis selbst muß nicht unbedingt vorhanden sein. Hat sich zum Beispiel in den beiden ersten Lebensjahren, noch bevor das deklarative Langzeitgedächtnis sich etabliert, ein unangenehmes Ereignis mit einem Hund abgespielt, kann das zu einer dauerhaften Phobie führen, ohne daß es eine deklarative Aufzeichnung des eigentlichen Vorganges gäbe. Unter solchen Umständen folgt aus der Tatsache, daß es ein prozedurales Gedächtnis gibt, nicht unbedingt die Möglichkeit, bewußte Erinnerungen an die beiden ersten Lebensjahre aufzudecken; das Unbewußte kann nicht bewußt werden. Verhalten kann sich dadurch ändern, daß ältere Gewohnheiten von neueren verdrängt werden, oder jemand wird sich einer Gewohnheit unter Umständen so stark bewußt, daß er sie bis zu einem gewissen Grad durch Üben verändern oder die Reize, die sie auslösen, einschränken kann. Man wird sich aber des zu einer Gewohnheit gehörenden Gedächtnisinhalts nicht im gleichen Sinne bewußt werden, wie man den Inhalt deklarativer Erinnerungen kennt. Das deklarative Gedächtnis ist unabhängig vom prozeduralen und arbeitet parallel zu ihm.

Schlußfolgerungen

Das Gedächtnis ist lokalisiert insofern, als verschiedene Teile des Gehirns unterschiedliche Aspekte der Information speichern, aber es ist auch insofern dezentral, als schon an der Repräsentation einfacher Informationen mehrere Bereiche des Neokortex' mitwirken (Abb. 7). Wenn die dezentrale Aktivität in der Hirnrinde, die der Wahrnehmung und dem Kurzzeitgedächtnis zugrunde liegt, als stabile, dauerhafte, deklarative Langzeiterinnerung erhalten bleiben soll, muß die Information zu der Zeit, wenn sie gelernt wird, in dem Gedächtnissystem in der Mitte des Schläfenlappens zusammenfließen. Durch die Assoziationsmechanismen in diesem Bereich werden Verbindungen ausgebildet und gespeichert, welche die dezentral verteilten Aufzeichnungen eines Gesamtereignisses verknüpfen können. Nach dem Lernen behalten diese Verbindungen, diese Orte der Plastizität, eine Zeitlang die Fähigkeit, selbst auf einen nur partiellen Hinweisreiz die einzelnen Bestandteile des Neokortex, die zusammen eine vollständige Erinnerung ergeben, wiederzubeleben.

Die Strukturen im Zwischenhirn und insbesondere im mittleren Bereich des Thalamus sind an diesem Vorgang ebenfalls beteiligt; möglicherweise dienen sie dem Zugang zu den Stirnlappen, so daß bewußte Erinnerungen in Handlungen umgesetzt werden können. Jedenfalls schafft die Verbindung aus limbischem System und Zwischenhirn, die dem deklarativen

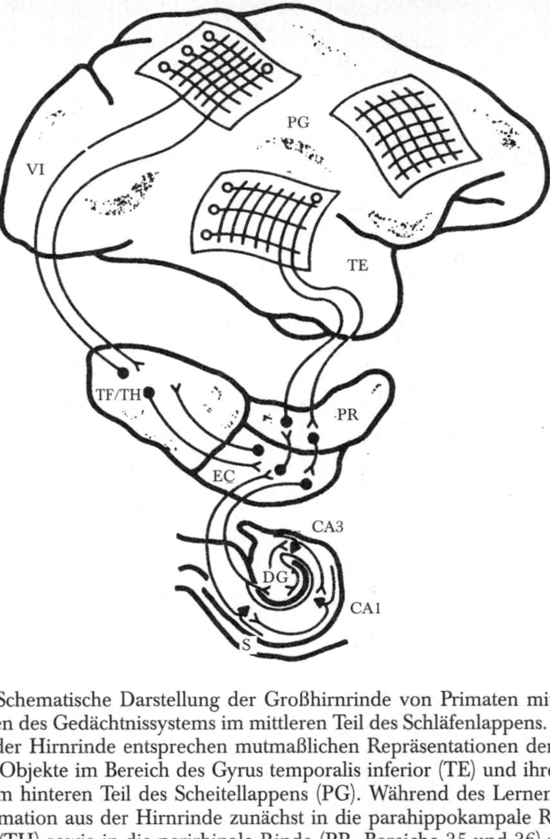

Abb. 7: Schematische Darstellung der Großhirnrinde von Primaten mit den Bestandteilen des Gedächtnissystems im mittleren Teil des Schläfenlappens. Die »Gitter« auf der Hirnrinde entsprechen mutmaßlichen Repräsentationen der Qualität visueller Objekte im Bereich des Gyrus temporalis inferior (TE) und ihrer Lokalisierung im hinteren Teil des Scheitellappens (PG). Während des Lernens gelangt die Information aus der Hirnrinde zunächst in die parahippokampale Rinde (Bereich TF/TH) sowie in die perirhinale Rinde (PR, Bereiche 35 und 36) und dann in die entorhinale Rinde (EC, Bereich 28), das Tor zum Hippokampus. Die weitere Verarbeitung erfolgt in den verschiedenen Abschnitten des Hippokampus, im Gyrus dentatus (DG) sowie in den Bereichen CA3 und CA1. Zuletzt verläßt die Information diesen Schaltkreis über Subiculum (S) und entorhinale Rinde (EC), und gleichzeitig laufen zahlreiche afferente Reize zurück in die Hirnrinde. Nicht dargestellt sind hier mehrere Leitungsbahnen, die das System im mittleren Teil des Schläfenlappens mit Strukturen des Zwischenhirns verbinden, sowie die Bahnen vom mittleren Teil des Schläfenlappens und vom Zwischenhirn zum Stirnlappen; letztere sind wahrscheinlich entscheidend beteiligt, wenn bewußte Erinnerungen zur Grundlage von Handlungen werden. (Aus L. R. Squire, in: The Biology of Memory, Hrsg. L. Squire und E. Lindenlaub, Schattauer Verlag 1990, S. 648.)

Gedächtnis zugrunde liegt, die Möglichkeit des bewußten Erinnerns. Das deklarative Gedächtnis ist fehleranfällig, das heißt, Vergessen kommt ebenso vor wie die Unmöglichkeit des Zugriffs. Das deklarative Gedächtnis ist aber auch etwas Kostbares, denn es schafft die Voraussetzungen für unsere persönliche Autobiographie und für die kulturelle Evolution.

Es gibt aber auch andere Arten von Erinnerungen, beispielsweise Fertigkeiten, Gewohnheiten, assoziative Aktivierung und Konditionierung. Solche Erinnerungen werden erworben, gespeichert und abgerufen, ohne daß das limbische System und das Zwischenhirn dabei mitwirken. Das prozedurale Gedächtnis ist grundsätzlich wichtig, entwicklungsgeschichtlich alt und zum Überleben unentbehrlich. So schafft es beispielsweise durch Konditionierung einen fast automatischen Mechanismus, um etwas über die Kausalstruktur der Umwelt zu lernen. Im Gegensatz zu deklarativen Erinnerungen sind die Inhalte des prozeduralen Gedächtnisses zuverlässig und einheitlich und dienen der langsamen, allmählichen Veränderung. Erinnerungen dieser Art bilden die Grundlage für einen großen Teil unserer Persönlichkeit und ermöglichen uns, auf unzählige unbewußte Arten auf die Umwelt zu reagieren. Und da solche Erinnerungen unbewußt sind, trägt das Wesen des prozeduralen Gedächtnisses zu einem nicht geringen Teil zum Geheimnis der menschlichen Erfahrung bei. Aus ihm entstehen die Neigungen, Gewohnheiten und Vorlieben, die der bewußten Erinnerung nicht zugänglich sind, die aber dennoch aus Erfahrungen erwachsen, uns beeinflussen und ein Teil unseres Wesens sind.

Weiterführende Literatur

Schacter, D. L.: *Searching for Memory*. Basic Books, 1996.

Schacter, D. L. und Tulving, E. (Hrsg.): *Memory Systems 1994*. MIT Press, 1994.

Squire, L. R.: *Memory and Brain*. Oxford University Press, 1987.
Squire, L. R. und Knowlton, B.: *Memory, hippocampus and brain systems*. In: *The Cognitive Neurosciences* (Hrsg. M. Gazzaniga). MIT Press, 1994.
Squire, L. R. und Zola, S.: *Memory, memory impairment, and the medial temporal lobe*. In: *Cold Spring Harbor Symposia on Quantitative Biology*, Vol. LXI. Cold Spring Harbor Press, 1996.
Squire, L. R. und Zola-Morgan, S.: *The medial temporal lobe memory system*. In: *Science 253*, 1380-1386, 1991.
Squire, L. R., Ojemann, J. G., Miezin, F. M., Petersen, S. E., Videen, T. O., et al.: *Activation of the hippocampus in normal humans: a functional anatomical study of memory*. In: *Proceedings of the National Academy of Sciences 89*, 1837-1841, 1992.

5

DIE PHYSIOLOGISCHEN GRUNDLAGEN DES GEDÄCHTNISSES

Tim Bliss

Für den Neurophysiologen lautet die Frage nach dem Gedächtnis: Wie kann ein bestimmtes Muster der Nervenaktivität im Gehirn – ein solches Muster ist in den Neuronen die Repräsentation des Ereignisses, das ins Gedächtnis eingehen soll, und es ist das einzige, was das Gehirn über dieses Ereignis wissen kann – physische Veränderungen des Gehirns hervorrufen, die es ermöglichen, die Repräsentation des Ereignisses zu speichern und später wieder abzurufen? Die treibende Kraft hinter diesen Veränderungen ist die Aktivität der Neuronen selbst, und die tatsächlich stattfindenden Veränderungen müssen in irgendeiner Form das fragliche Ereignis repräsentieren. Wie das geschieht, kann man sich am einfachsten vorstellen, wenn man annimmt, daß die Tätigkeit der während des Ereignisses aktiven Nervenzellen die Verbindungen dieser Zellen verstärkt und daß später ein entsprechender Hinweis eine Wiederholung des ursprünglichen Aktivitätsmusters auslöst. Die Aktivität breitet sich in den Neuronennetzen zunächst durch die elektrische Weiterleitung von Nervenimpulsen entlang der Nervenfasern aus, dann aber auch durch die chemische Übertragung an den Synapsen zwischen den Neuronen. Da die Amplitude der Nervenimpulse sich nicht ändert (Nervenzellen können entweder einen Impuls mit konstanter Amplitude oder überhaupt keinen Impuls »abfeuern«, die sogenannte Alles-oder-nichts-Eigenschaft der Neuronen), kommt für solche durch Aktivität ausgelöste Veränderungen nur eine einzige Stelle in Betracht: die Synapse selbst. Damit Information gespeichert wird, muß es also einen Mechanismus geben, der in Abhängigkeit von der Aktivität eine Veränderung der Effizienz von Synapsen möglich macht. Ende der sechziger Jahre entdeckte man im Hippokampus ein Phänomen, das man als Langzeitpotenzierung (LZP) bezeichnete; wie wir noch sehen werden, besitzt die Langzeitpotenzierung die meisten der Eigenschaften, die man mit einem neuronalen Gedächtnisapparat in Verbindung bringen könnte.

Gedächtnis im Reagenzglas?

Die meisten Befunde, von denen in diesem Kapitel die Rede sein wird, stammen aus Experimenten mit Dünnschnitten von Gehirngewebe, die in kleinen Kulturgefäßen am Leben erhalten und von einer mit Sauerstoff angereicherten, glukosehaltigen Salzlösung durchströmt wurden. Ernährt man die Nervenzellen in dem Dünnschnitten auf diese Weise, bleiben sie mehrere Stunden lang gesund und reaktionsfähig. Wenn man sie reizt, können sie Impulse abfeuern, Transmitter freisetzen und richtig auf exzitatorische oder inhibitorische Impulse von anderen Neuronen in dem Dünnschnitt reagieren. Aber welche Aufschlüsse kann so ein kleines Stückchen Nervengewebe, das passiv, abgeschnitten von allen Sinnesinformationen, in seiner Kulturschale liegt, über das Gedächtnis liefern, jene kostbarste kognitive Funktion, jene Fähigkeit des Geistes, die uns mehr als alle anderen das Gefühl für unsere eigene Identität vermittelt? Über die Psychologie des Gedächtnisses sagt es uns natürlich sehr wenig; aber über die Physiologie des Gedächtnisses, über die Mechanismen in den Neuronen, die wahrscheinlich die Information an den synaptischen Verbindungen verschlüsseln, haben wir aus solchen Experimenten in den letzten zwanzig Jahren eine Menge gelernt. Im Gegensatz zu anderen, weniger leicht zugänglichen Fragen, die in diesem Buch erörtert werden, wie etwa die Beziehung zwischen Gehirnvorgängen und Bewußtsein, Wahrnehmung oder freiem Willen, ist der Zusammenhang zwischen der Plastizität von Synapsen und dem Gedächtnis nach einer unter Gehirnforschern weitverbreiteten Ansicht ein Problem, zu dessen Lösung wir mittlerweile die experimentellen Hilfsmittel besitzen.

Der Gehirnbereich, mit dem man sich bei der Erforschung der physiologischen Grundlagen des Gedächtnisses am intensivsten beschäftigt, ist der Hippokampus, der in der Abb. 6 des Kapitels 4 dargestellt ist (siehe Seite 99). Daß der Hippokampus bei Gehirnforschern, die sich für das Gedächtnis interessieren, so beliebt ist, liegt an zwei Faktoren. Den ersten hat Larry Squire im vorangegangenen Kapitel dargelegt: Der Hippokampus wirkt in großem Umfang an der Verarbeitung von Erinnerungen mit – beim Menschen ist er unentbehrlich für die Entstehung neuer Erinnerungen und für das endgültige Ablegen älterer Gedächtnisinhalte in einem dauerhaften Speicher. Nachdrücklich und auf tragische Weise zeigte sich das im Fall von HM, dem man in dem verzweifelten Versuch, seine verheerende Epilepsie unter Kontrolle zu bringen, den Hippokampus chirurgisch entfernte. Die Operation hatte zur Folge, daß er keinerlei Erinnerungen an die von Tag zu Tag ablaufenden Ereignisse in seinem Leben mehr speichern konnte. HM kann sich an Ereignisse vor dem Eingriff erinnern, wobei sich allerdings ein gewisses »Vergeßlichkeitsgefälle« zeigt – die Erinnerung an Ereignisse, die viele Jahre vor der Operation stattgefunden haben, ist besser als die an spätere Vorfälle. Bei der Untersuchung von HM und anderen Patienten mit Amnesie zeigte sich, daß der Hippokampus für die Bildung neuer, deklarativer Erinnerungen notwendig ist, daß aber der dauerhafte Langzeitspeicher für solche Erinnerungen an einer anderen Stelle im Gehirn liegen muß. Das Vergeßlichkeitsgefälle weist darauf hin, daß es mehrere Jahre dauern kann, bis die Übertragung vom Hippokampus in diesen anderen Speicher beendet ist, ein Vorgang, den man auch als Konsolidierung bezeichnet.

Der zweite Grund, warum man gerade den Hippokampus untersucht, ist eher praktischer Natur, aber er hat in der Geschichte, die ich erzählen möchte, dennoch eine wichtige Rolle gespielt: Dieser Teil des Gehirns ist relativ einfach strukturiert, und das macht jene physiologischen Langzeituntersuchungen möglich, die man zur Erforschung des Gedächtnisses und der ihm zugrundeliegenden Vorgänge in den Neuronen ausführen muß. Als Terje Lømo und ich vor fast dreißig Jahren im Gehirn zum ersten Mal Neuronen identifizieren wollten, die aufgrund ihrer Eigenschaften als Gedächtniselemente wirken könnten, entschlossen wir uns, mit dem Hippokampus zu arbeiten – nicht nur, weil wir wußten, daß dieser Gehirnteil irgendwie am Speichern neuer Erinnerungen beteiligt ist, sondern auch, weil wir nur mit dem Hippokampus geeignete Experimente anstellen konnten. Wissenschaft ist, wie Peter Medawar es formulierte, die Kunst des Möglichen, und entsprechend wählten wir unsere Fragestellungen und Präparate aus.

Beim Menschen liegt der Hippokampus versteckt im mittleren Teil des Schläfenlappens (siehe Abb. 1a), bei Ratten dagegen – diese Tiere werden am häufigsten verwendet, wenn man die Mechanismen der Langzeitpotenzierung und ihren Zusammenhang mit Lernen und Gedächtnis experimentell erforschen will – befindet er sich unmittelbar unter der hinteren Oberfläche der Hirnrinde. Die Organisation der Neuronen im Hippokampus ist bei allen Säugetieren von den Ratten über Affen bis zum Menschen sehr ähnlich (Abb. 1b). Da also das Muster der Nervenverbindungen vom, zum und im Hippokampus bei verschiedenen Säugetieren ähnlich ist, kann man vernünftigerweise davon ausgehen, daß es auch in den funktionellen Eigenschaften der Neuronen im Hippokampus Ähnlichkeiten und Homologien gibt.

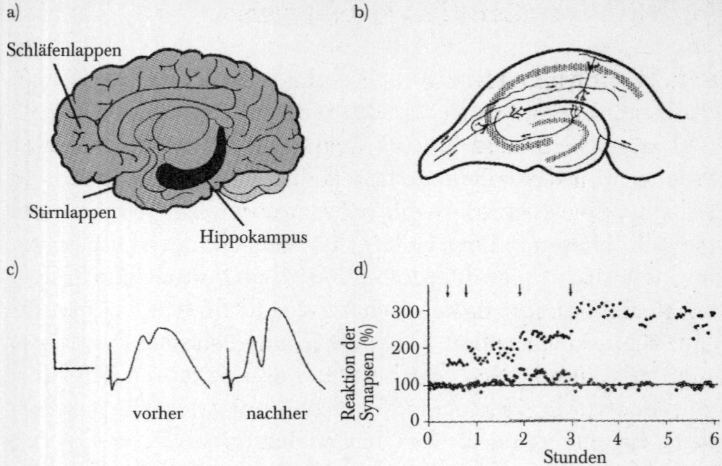

Abb. 1: Der Hippokampus und die Langzeitpotenzierung der Synapsenübertragung. a) Die rechte Gehirnhälfte des Menschen, von der Mitte des Gehirns aus gesehen; man erkennt den Hippokampus im Schläfenlappen. b) Die Organisation der Neuronen im Hippokampus der Säugetiere (schematisch). Die weiterverarbeiteten Sinnesinformationen kommen über die Bahnen des Tractus perforans an und laufen weiter zu den Körnerzellen des Gyrus dentatus, die mit den Pyramidenzellen des Bereiches CA3 verbunden sind; diese geben die Reize ihrerseits an die Pyramidenzellen der Region CA1 weiter, womit die »Drei-Synapsen-Schleife« durch die Hippokampusformation vollendet ist. c) Synaptisch evozierte Reaktionen, aufgezeichnet an Körnerzellen des Gyrus dentatus, vor und nach Induktion der Langzeitpotenzierung (LZT). Die erste Spitze der Kurve ist ein Artefakt und kennzeichnet den Zeitpunkt der Stimulation. Der dann folgende Anstieg entspricht der Reaktion der Synapsen in der Population der Körnerzellen, die durch den elektrischen Reiz über eine Welle von Impulsen in den Axonen des Tractus perforans ausgelöst wird; dem überlagert ist ein steiler Abfall, der das synchrone Feuern der Körnerzellen widerspiegelt. Nach der Induktion der LZP (siehe d) reagieren die Synapsen schneller, und es feuern mehr Zellen. Die Maßstabsanzeige links entspricht 5 Millisekunden bzw. 3 Millivolt. d) In diesem Experiment wurden die Reaktionen der Synapsen durch einzelne elektrische Impulse hervorgerufen, die man über Elektroden im Tractus perforans des linken (helle Kreise) und rechten (schwarze Kreise) Gyrus dentatus verabreichte. Die Pfeile kennzeichnen die Zeit-punkte, zu denen der rechten Gehirnhälfte hochfrequente Reizfolgen verabreicht wurden; sie führten sofort zu einer dauerhaften Verstärkung der Reaktion auf einzelne Reize, ein Phänomen, das man als Langzeitpotenzierung oder LZP bezeichnet.

Langzeitpotenzierung

Die zuvor erörterte Hypothese, daß die Aktivität der Neuronen dauerhafte Veränderungen in der Effizienz der Synapsen herbeiführt und daß diese Veränderungen die physische Spur der Erinnerungen darstellen, wurde vor über hundert Jahren von dem großen spanischen Anatomen Ramón y Cajal populär gemacht. Er wies als erster nach, daß es zwischen den Neuronen die Verbindungsstellen der Synapsen gibt. Die Neurophysiologen zweifelten nicht daran, daß er recht hatte, und sei es auch nur, weil es keine naheliegende Alternative gab. Das Problem war aber, daß man Synapsen finden mußte, die entsprechende Eigenschaften besaßen. Die meisten Synapsen, die man durch einen Tetanus aktiviert (das heißt durch eine hochfrequente Folge elektrischer Impulse, die durch eine dünne Elektrode geleitet werden und in der präsynaptischen Nervenfaser eine entsprechende Folge von Nervenimpulsen erzeugen), zeigen eine kurzfristige Zunahme der Effizienz, die man als posttetanische Potenzierung bezeichnet. Aber dieser Effekt hält nur ein bis zwei Minuten an. Sind die Synapsen im Hippokampus anders? Um das herauszufinden, stimulierten Lømo und ich die Hauptleitungsbahn zum Hippokampus, den Tractus perforans, und dabei zeichneten wir die Reaktion der Zielneuronen auf, die zum Typ der »Körnerzellen« im Gyrus dentatus gehören (s. Abb. 1c). Der Tractus perforans transportiert stark weiterverarbeitete Seh-, Hör- und Riechinformationen von der entorhinalen Rinde zum Gyrus dentatus. Wurde diese Leitungsbahn mit einem kurzen Tetanus gereizt, fanden wir neben der erwarteten posttetanischen Potenzierung in den Körnerzellen auch eine viel länger anhaltende Zunahme der Synapseneffizienz. Diese dauerhafte Veränderung bezeichneten wir als Langzeitpotenzierung oder LZP.

Unsere ersten Experimente führten wir mit narkotisierten Kaninchen aus; dabei zeigte sich, daß die LZP mehrere Stunden lang bestehen bleiben kann (Abb. 1d); in weiteren Experimenten mit wachen Kaninchen, denen die Elektroden mehrere Tage zuvor unter Narkose in den Hippokampus eingepflanzt worden waren, blieb die LZP mindestens mehrere Tage lang bestehen, aber schließlich sank die potenzierte Reaktion wieder bis auf das Grundniveau ab. (Ob das auch für die LZP in anderen Leitungsbahnen des Hippokampus gilt, ist nicht bekannt; in den Schaltkreisen der Hirnrinde gibt es vermutlich Synapsen, die dem Langzeitgedächtnis dienen und bei denen die LZP oder etwas Ähnliches ein Leben lang andauern kann.) Am Ende des Artikels, in dem wir diese Befunde darstellten, schrieben Lømo und ich: »Wie unsere Experimente gezeigt haben, gibt es im Hippokampus mindestens eine Gruppe von Synapsen, deren Effizienz durch mehrere Stunden zurückliegende Aktivitäten beeinflußt wird – und dieser Zeitraum ist so lang, daß er für die Informationsspeicherung nützlich sein könnte.« Seither hat man LZP auch an anderen exzitatorischen Leitungsbahnen im Hippokampus und an Synapsen in mehreren anderen Bereichen der Hirnrinde gefunden. Im Gegensatz zur posttetanischen Potenzierung ist die LZP aber keine Eigenschaft aller Synapsen im Kortex.

Wie sich bald danach herausstellte, hat die LZP andere Eigenschaften, die sie zu einem noch viel geeigneteren Hilfsmittel für das Gedächtnis machen. Die beiden wichtigsten sind die Input-Spezifität und die Assoziativität. Am einfachsten lassen sich diese beiden Eigenschaften an einem Dünnschnitt des Hippokampus zeigen; das Prinzip wird in Abb. 2 deutlich. In diesem Experiment wurde die Reaktion der Pyramidenzellen in einem anderen Bereich des Hippokampus, der Region CA1, aufgezeichnet. Zwei stimulierende Elektroden wurden beidseits der Aufnahmeelektrode angebracht und aktivierten die Axone der CA3-Zellen, einer Gruppe großer Neuronen in der Region CA3 des Hippokampus, die man nach ihrer Form auch als Pyramidenzellen bezeichnet. Diese Axone bilden exzitatorische

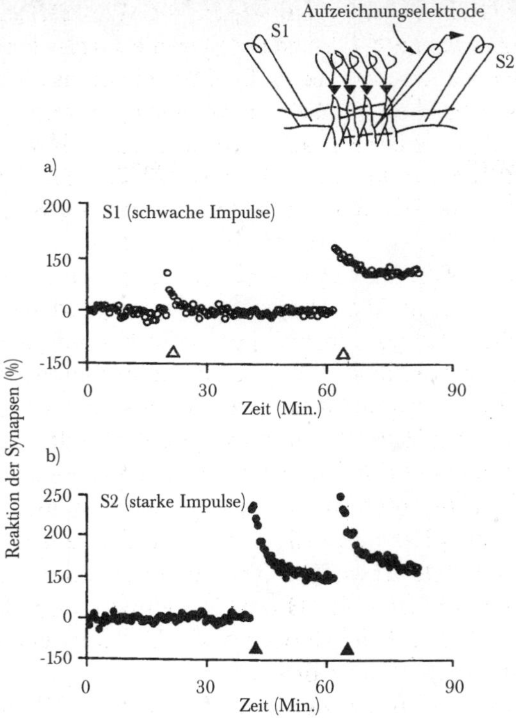

Abb. 2: Die Langzeitpotenzierung ist Input-spezifisch und assoziativ. Das obere Schema zeigt, wie man Elektroden so anbringen kann, daß sie unterschiedliche, mit derselben Population von CA1-Zellen verbundene Fasern stimulieren können. Die Stärke des Reizes stellt man so ein, daß die eine Elektrode (S1) zu wenige Fasern anregt, als daß die LZP entstehen könnte; bei der anderen dagegen liegt der Reiz über diesem Schwellenwert. Man verabreicht über S1 und S2 abwechselnd einzelne Reize und zeichnet in a) und b) die entsprechenden Reaktionen der Synapsen auf. Die hochfrequente Stimulation über S1 (helle Pfeile in a) ruft nur eine kurzfristige Potenzierung hervor; die hochfrequente Stimulation durch S2 dagegen (schwarze Pfeile in b) erzeugt in der von S2 aktivierten Leitungsbahn die LZP, nicht aber in der S1-Bahn. Diese Eigenschaft nennt man Input-Spezifität. Verabreicht man die hochfrequente Impulsfolge über S1 (die allein keine LZP hervorruft) jedoch zur gleichen Zeit wie die über S2, kommt es in der schwach stimulierten Leitungsbahn ebenfalls zur Potenzierung – das ist die Eigenschaft der Assoziativität.

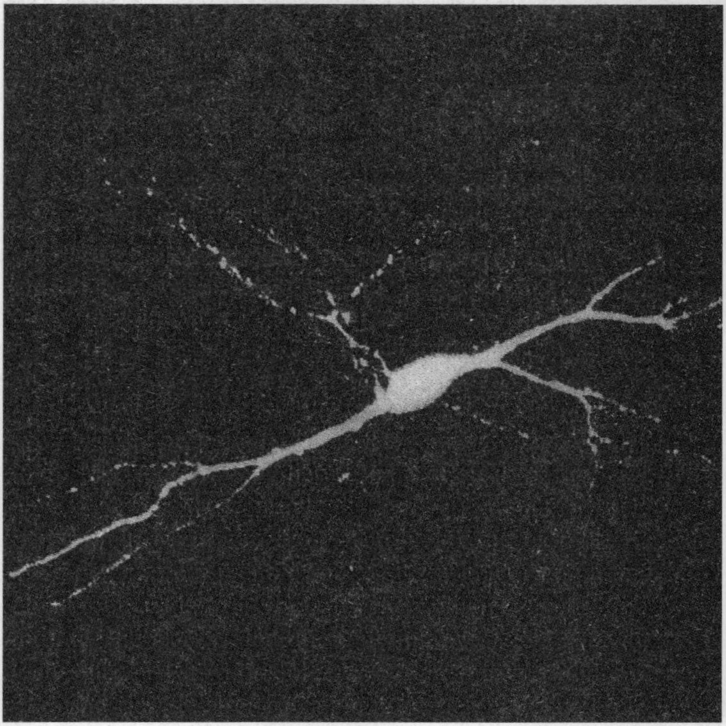

Abb. 3: Wie die Luftaufnahme einer Stadt im Dunkeln: lebende Pyramidenzelle aus dem Hippokampusbereich CA1 der Ratte, sichtbar gemacht durch Fluoreszenzfärbung. Die Zelle ist mit zahlreichen verzweigten Dendriten besetzt, an denen sich jeweils eine exzitatorische Synapse befindet. Pyramidenzellen besitzen bis zu 20000 solcher Verästelungen.

Synapsen mit CA1-Zellen. Die Lage der beiden stimulierenden Elektroden wurde so gewählt, daß sie unterschiedliche Fasergruppen aktivierten, die in der gleichen Population von CA1-Zellen zusammenliefen. Mit einer solchen »Zwei-Wege-Anordnung« kann man recht einfach zeigen, daß ein Tetanus, der in einer Leitungsbahn die LZP hervorruft, sich nicht auf die Effizienz der Synapsen in der anderen Leitungsbahn auswirkt, vorausgesetzt, die zweite Leitungsbahn ist zum Zeitpunkt des Tetanus' nicht aktiv. Die Eigenschaft der Input-Spezifität hat zur Folge, daß im Prinzip jede Synapse als unabhängige Rechenmaschine arbeiten kann. Da eine typische Pyramidenzelle häufig über 20 000 Synapsen ausbildet, bedeutet das eine gewaltige Steigerung der Informationsmenge, die das Neuron speichern kann.

Ist der Reiz an die zweite Leitungsbahn schwach genug, kann ein Tetanus in dieser Leitungsbahn die LZP nicht mehr hervorrufen. Was dabei aber bemerkenswert ist: Wenn der schwache Tetanus zum gleichen Zeitpunkt gegeben wird wie der starke an die erste Leitungsbahn, wird die zweite Bahn ebenfalls potenziert. Diese Eigenschaft, die man als *Assoziativität* bezeichnet, ist auf der neuronalen Ebene ein Modell für die allgegenwärtige Form des Lernens, die als klassische Konditionierung bekannt ist. (Man denke an Pawlows Hunde: Läutete mehrmals eine Glocke, unmittelbar bevor sie Futter bekamen, produzierten die Hunde später auch beim Klang der Glocke allein bereits Speichel. Sie hatten die Assoziation zwischen Läuten und Futter gelernt; analog dazu »lernte« auch die zweite Gruppe der Synapsen, die nur bei niedriger Frequenz stimuliert wurden, die Assoziation mit der hochfrequenten Impulsfolge.)

Welche Rückschlüsse können wir aus Input-Spezifität und Assoziativität auf den Mechanismus ziehen, der für die Entstehung der LZP verantwortlich ist? Da die LZP nur durch hochfrequente, nicht aber durch niederfrequente Stimulation erzeugt wird, liegt die Vermutung nahe, daß die Zielzellen stark aktiviert werden müssen. Für diese Schlußfolgerung spricht auch die Beobachtung, daß schwache, hochfrequente Impulsfolgen, die weniger Fasern aktivieren, ebenfalls nur mit relativ geringer Effizienz zur Potenzierung führen. Man kann für die Auslösung der LZP eine Regel formulieren, in der die Notwendigkeit starker Aktivierung berücksichtigt ist und die auch die Eigenschaften von Assoziativität und Input-Spezifität voraussagt. Das Prinzip wurde bereits in Kapitel 3 beschrieben:

Wenn ein Nervenimpuls an einem Axon entlangwandert und ein präsynaptisches Nervenende erreicht, wird dort eine – exzitatorische oder inhibitorische – Transmittersubstanz freigesetzt, die den engen synaptischen Spalt überwindet und an die Rezeptormoleküle in der Zellmembran des postsynaptischen Neurons bindet. Handelt es sich um einen exzitatorischen Transmitter, so führt dieser Vorgang dazu, daß positive Ionen (im wesentlichen Natrium) durch Kanäle in den Rezeptormolekülen in das postsynaptische Neuron einströmen, und die Folge ist dann eine Verminderung des elektrischen Potentials *(Depolarisierung)* an der Dendritenmembran; ist die Depolarisierung der Membran stark genug, gibt die postsynaptische Zelle ihrerseits einen Impuls ab. Inhibitorische Transmitter lösen den umgekehrten Vorgang aus und sorgen in der Regel für eine Zunahme des Potentials an der Membran *(Hyperpolarisierung)*. Vor dem Hintergrund dieser Definitionen können wir jetzt die Regel für die Induktion der LZP formulieren:

Eine exzitatorische Synapse im Hippokampus wird potenziert, wenn sie zu dem Zeitpunkt aktiv ist, an dem der Dendrit, zu dem sie gehört, stark depolarisiert wird.

Diese Regel stellt in Rechnung, daß ein schwacher Tetanus keine LZP hervorruft (weil er keine ausreichende Depolarisierung erzeugt); außerdem erklärt sie die Input-Spezifität (die Synapsen müssen aktiv sein) und die Assoziativität (ein schwacher Input erfüllt die Bedingungen der Induktionsregel, vorausgesetzt, er erfolgt zu einem Zeitpunkt, wenn ein starker Input zu einer ausreichenden Depolarisierung des Dendriten geführt hat). Allerdings sagt die Regel nichts über starke, hochfrequente Stimulation aus. Wird auf andere Weise eine ausreichende Depolarisierung erzeugt, werden die aktiven Synapsen nach der Aussage der Induktionsregel ebenfalls potenziert. Eine unmittelbare Überprüfung dieser Voraussage nahmen Holger

Wigström und seine Kollegen 1986 in Schweden vor. Sie stachen eine feine Glaselektrode in eine einzelne Pyramidenzelle und ließen einen elektrischen Strom durch die Zellmembran fließen, womit sie die von einem starken Tetanus hervorgerufene Depolarisierung nachahmten. Dabei bedienten sie sich eines Verfahrens, bei dem an zwei Leitungsbahnen abwechselnd jeweils einzelne Reize gegeben wurden, wobei der Reiz in der einen Leitungsbahn mit einem künstlich erzeugten Depolarisierungsimpuls zusammenfiel, während er bei der anderen Leitungsbahn gegenüber dem Depolarisierungsimpuls phasenversetzt war. Das Ergebnis entsprach genau der Voraussage durch die Induktionsregel: Nach mehreren Durchgängen kam es in der Leitungsbahn mit den gleichphasigen Impulsen zur LZP, in der anderen jedoch nicht.

Rezeptormechanismen

In den achtziger Jahren spielte sich die bis heute wahrscheinlich größte Erfolgsgeschichte dieses Forschungsgebiets ab: Die molekularen Mechanismen, die für die Auslösung der LZP verantwortlich sind, wurden aufgeklärt. Heute kann man die Induktionsregel anhand der Eigenschaften eines einzigen Proteins erklären. Dreh- und Angelpunkt ist der Aufbau des exzitatorischen Transmitters und der Rezeptorproteine, an die er bindet. Der wichtigste exzitatorische Transmitter im Gehirn ist die Aminosäure Glutaminsäure (meist einfach als Glutamat bezeichnet). Welche Wirkung dieser Transmitter jeweils ausübt, hängt von dem Rezeptor ab, an den er bindet, und wie man mittlerweile weiß, gehören zu jedem Transmitter eine ganze Familie von Rezeptoren oder sogar mehrere solche Familien. Wir wollen uns hier auf zwei Familien von Glutamatrezeptoren konzentrieren, nämlich die AMPA- und die NMDA-Rezeptoren. Die Namen sind Abkürzungen für synthetische Glutamat-

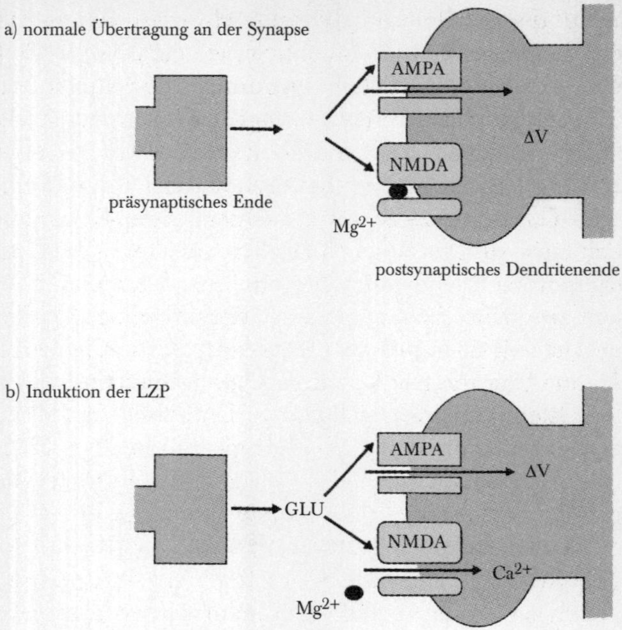

Abb. 4: Die Bedeutung des NMDA-Rezeptors für die Induktion der LZP. a) Bei der normalen Übertragung an den exzitatorischen Synapsen des Hippokampus schüttet das präsynaptische Ende den Neurotransmitter Glutamat (GLU) aus; dieser bindet an Rezeptoren am gegenüberliegenden Dendritenende des postsynaptischen Neurons. Es gibt zwei Arten dieser Rezeptoren: AMPA und NMDA. Die Reaktion der Synapsen wird vorwiegend von den AMPA-Rezeptoren vermittelt: Sie machen bei der Bindung des Glutamats eine Konformationsänderung durch, so daß Natriumionen in die Zelle einströmen können, und das führt zu einem Rückgang des Spannungsunterschiedes (DV) an der Zellmembran. Der NMDA-Rezeptor bindet den Transmitter ebenfalls, aber der Ionenkanal in dem Protein ist durch Magnesiumionen (Mg^{2+}) versperrt, so daß der NMDA-Rezeptor unter normalen Umständen kaum zu der evozierten Reaktion beiträgt. b) Bei starker Aktivierung der Synapse durch eine hochfrequente Impulsfolge wird eine größere Transmittermenge ausgeschüttet, was einen stärkeren Ioneneinstrom durch den AMPA-Kanal und damit einen stärkeren Rückgang des Membranpotentials zur Folge hat. Die Blockade des NMDA-Rezeptors durch Magnesiumionen ist spannungsabhängig: Sinkt der Spannungsunterschied an der Membran um mehr als 30 mV, werden die Magnesiumionen aus dem Kanal verdrängt, und nun können andere Ionen ihn passieren. Jetzt fließen Calciumionen (Ca^{2+}) ohne weiteres durch den NMDA-Kanal, und dieser Calciumeinstrom in den Dendriten ist vermutlich der Auslöser für die LZP.

Analoga, mit deren Hilfe man die ersten Hinweise auf die Existenz verschiedener Typen von Glutamatrezeptoren erhielt: Beide Typen sprechen definitionsgemäß auf Glutamat an; die AMPA-Rezeptoren reagieren jedoch auf AMPA und nicht auf NMDA, und bei den NMDA-Rezeptoren ist es genau umgekehrt. Weitere Fortschritte ergaben sich aus der Entwicklung spezifischer Glutamatrezeptor-Antagonisten; diese Verbindungen heften sich wie der Transmitter selbst an die Glutamatrezeptoren, aber die Bindung erfolgt so, daß es nicht zum Öffnen der Kanäle und zum Einströmen von Ionen kommt. An allen bekannten schnellen exzitatorischen Synapsen des Säugetiergehirns wird die Übertragung vollständig durch Breitband-Glutamatantagonisten gehemmt, die an alle Untertypen von Glutamatrezeptoren binden. Was den Hippokampus angeht, so stellte sich in den achtziger Jahren heraus, daß spezifische Antagonisten für den AMPA-Rezeptor die Übertragung an den Synapsen des Tractus perforans und der CA1-Pyramidenzellen fast ebenso wirksam blockieren wie Breitband-Antagonisten. Es schien, als würde die Transmission an diesen Synapsen ausschließlich durch die AMPA-Rezeptoren vermittelt. Mit dieser Interpretation stimmt auch die Beobachtung überein, daß eine Verbindung namens APV, die ein spezifischer NMDA-Rezeptorantagonist ist, sich kaum auf die Transmission an diesen Synapsen auswirkt.

Dann gab es einen Durchbruch. Graham Collinridge – er arbeitet heute an der Universität Bristol, war aber damals in Vancouver – entdeckte zusammen mit seinen Kollegen, daß APV, das die Transmission in Dünnschnitten aus dem Bereich CA1 des Hippokampus fast überhaupt nicht beeinflußt, die Entstehung der LZP vollständig blockierte. Induziert man aber zunächst ohne APV die LZP durch einen Tetanus, hat später zugefügtes APV keine Wirkung mehr. Offensichtlich war also die Aktivierung des NMDA-Rezeptors der Auslöser für die Induktion der LZP, aber wenn diese Auslösung erst einmal stattgefunden hat, spielt der Rezeptor für die Ausprägung der verstärkten Reaktion anscheinend keine Rolle mehr. Den nächsten Puzzlestein steuerten Wissenschaftler in Paris und den USA bei: Wie sie feststellten, haben der NMDA-Rezeptor und der mit ihm gekoppelte Ionenkanal einige höchst ungewöhnliche Eigenschaften. Zunächst einmal ist sein Verhalten nämlich spannungsabhängig: Im Gegensatz zu anderen Rezeptoren genügt es bei ihm nicht, daß der Transmitter gebunden ist, damit sich der Ionenkanal öffnet; das geschieht vielmehr nur dann, wenn die Zelle – oder der Dendrit, in dem der NMDA-Rezeptor liegt – stark depolarisiert ist; bei Membranpotentialen in der Nähe des Ruheniveaus wird der Kanal des NMDA-Rezeptors von Magnesiumionen blockiert, so daß andere Ionen ihn selbst dann nicht passieren können, wenn der Transmitter an den richtigen Teil des Rezeptors gebunden ist. Nur bei starker Depolarisierung werden die Magnesiumionen aus dem Kanal verdrängt, so daß der freie Durchgang anderer Ionen möglich wird. Damit sich der mit dem NMDA-Rezeptor gekoppelte Ionenkanal öffnet, müssen also zwei Bedingungen erfüllt sein: Der Transmitter muß an den Rezeptor ankoppeln, und der Dendrit, in dem der Rezeptor liegt, muß ausreichend stark depolarisiert sein.

Das Hebbsche Postulat

Betrachtet man dies im Gesamtzusammenhang der Synapse, so erkennt man, daß die Bedingungen für das Öffnen des NMDA-Kanals formal mit der Induktionsregel für die LZP übereinstimmen; in der Induktionsregel spiegeln sich einfach die Eigenschaften des NMDA-Rezeptors wider. Da zwei Voraussetzungen – die Bindung des Transmitters und die starke Depolarisierung – erfüllt sein müssen, damit der NMDA-Rezeptor in Funktion tritt, hat man ihn auch als »molekulares UND-Tor«

bezeichnet; eine andere häufige Bezeichnung lautet »molekularer Koinzidenzdetektor«. Beide Begriffe spiegeln die assoziative Eigenschaft des Rezeptors wider – seine Tätigkeit hängt nicht nur davon ab, daß der Transmitter an seiner eigenen Synapse freigesetzt wird, sondern auch davon, daß gleichzeitig in benachbarten Synapsen exzitatorische Vorgänge stattfinden, die durch ihr Zusammenwirken für die erforderliche Depolarisierung sorgen. Der NMDA-Rezeptor stellt auch den molekularen Apparat dessen dar, was man oft als Hebb-Synapse bezeichnet – nach dem kanadischen Psychologen Donald Hebb, der in seinem 1949 erschienenen Buch »The Organization of Behavior« zum ersten Mal ausdrücklich eine mögliche Gesetzmäßigkeit für das Lernen auf der Grundlage veränderter Synapseneffizienz formulierte. Hebbs berühmtes Postulat lautet:

Ist ein zur Zelle A gehörendes Axon so nahe, daß es eine Zelle B anregen kann, und tut es das durch Abgabe von Impulsen auch dauerhaft, so findet in einer Zelle oder in beiden ein Wachstumsvorgang oder eine Stoffwechselveränderung statt, so daß die Effizienz von A als einer der Zellen, die B anregen, zunimmt.

Entscheidend ist hier die gleichzeitige Aktivität der Zellen einer Population (A-Zellen), deren Fortsätze sich auf die Zelle B richten; gestärkt werden nur diejenigen Synapsen der A-Zellen, die gleichzeitig aktiv sind, denn nur dann ist die Voraussetzung für das Öffnen des NMDA-Kanals erfüllt. Der NMDA-Rezeptor trifft eigentlich auf Bedingungen, unter denen die A-Zellen gleichzeitig feuern, und das führt zur Verstärkung der Synapsen, die gemeinsam aktiv sind. Die Wahrnehmung solcher Koinzidenzen dürfte auch ein wichtiger Vorgang in der Entwicklung des Gehirns sein: Dabei, so eine Vermutung, könnte sie zur Organisation der Neuronen in der Sehrinde beitragen, so daß diese aufgrund ihrer Aktivität den Input der beiden Augen trennen können.

Eine weitere ungewöhnliche Eigenschaft des NMDA-Rezeptors ist die hohe Durchlässigkeit seines Kanals für Calciumionen. Mehrere Indizienketten weisen stark darauf hin, daß der Calciumeinstrom durch die NMDA-Kanäle in der postsynaptischen Membran der Auslöser für die LZP ist. So verschwindet zum Beispiel die Fähigkeit zur LZP, wenn man in die Zelle einen Calcium-Chelatbildner injiziert, also eine Verbindung, die freie Calciumionen einfängt. Viele Enzyme und biochemische Reaktionsfolgen werden durch einen Konzentrationsanstieg des freien Calciums in der Zelle angeregt oder in Gang gesetzt (das heißt durch eine erhöhte Menge von Calcium, das ungebunden in Form freier Ionen vorliegt). Mit der LZP hat man eine ganze Reihe solcher Reaktionsfolgen in Verbindung gebracht, unter anderem die Aktivierung der Proteinkinasen, einer Gruppe von Enzymen, die an bestimmte Aminosäuren in einer Proteinkette Phosphatgruppen anfügen können und durch eine solche chemische Abwandlung der Rezeptorproteine auch deren Funktion verändern. Außerdem kann die Aktivierung der Proteinkinasen zur Transkription von Genen und zur Synthese neuer Proteine führen, die dann möglicherweise zum Aufbau größerer Synapsen dienen. Die Einzelheiten dieser biochemischen Reaktionsabläufe bleiben noch aufzuklären, aber man kann die LZP wie das Gedächtnis selbst in zwei Bestandteile zerlegen: in eine frühe Komponente, die höchstens einige Stunden lang erhalten bleibt und keine Synthese neuer Proteine erfordert, und eine spätere, dauerhaftere Phase, die auf die Proteinsynthese angewiesen ist.

Präsynaptische und postsynaptische Mechanismen

Aufgrund der bisherigen Beschreibung könnte man annehmen, die präsynaptische Aktivität sei für die Induktion der LZP notwendig (es muß ein Transmitter freigesetzt werden), die nachfolgende dauerhafte Verstärkung der synaptischen Übertragung dagegen werde von postsynaptischen Mechanismen aufrechterhalten – zum Beispiel durch die Phosphorylierung der Glutamatrezeptoren oder durch den Einbau neuer Rezeptoren in die postsynaptische Membran. Das ist derzeit ein höchst aktuelles Forschungsgebiet; die Belege sind zwar noch nicht schlüssig, aber es sieht ganz danach aus, als seien derartige postsynaptischen Mechanismen tatsächlich an der Ausprägung der LZP beteiligt. Das dürfte aber nicht alles sein. Präsynaptische Mechanismen, die für eine dauerhafte Zunahme der ausgeschütteten Transmittermenge sorgen, spielen für die Ausprägung der LZP vermutlich ebenfalls eine Rolle. Ein Indiz, das auf eine solche präsynaptische Komponente hinweist, ist die verstärkte Freisetzung von Glutamat an Synapsen nach der Induktion der LZP, denn zu dieser Zunahme kommt es nicht, wenn man die Induktion mit dem NMDA-Rezeptorantagonisten APV blockiert.

Weitere Hinweise stammen aus der sogenannten Quantenanalyse. Der Transmitter wird an den einzelnen Synapsen in kleinen Portionen ausgeschüttet, die man Quanten nennt (es handelt sich übrigens um die Quanten der Physiologen, und sie haben nichts mit dem zu tun, was Physiker mit dem gleichen Begriff bezeichnen); der Freisetzungsvorgang wird von Wahrscheinlichkeiten bestimmt, und in der Regel wird an den Synapsen im Hippokampus höchstens ein Quant ausgeschüttet. Durch die Analyse der unterschiedlichen Reaktionen einzelner Synapsen vor und nach der Induktion der LZP kann man im Prinzip Aufschlüsse darüber gewinnen, ob die LZP durch prä- oder postsynaptische Mechanismen bestimmt wird. Eine Zunahme der Freisetzungswahrscheinlichkeit ohne jede Veränderung in der Amplitude der Quanten würde zum Beispiel auf einen präsynaptischen Mechanismus hinweisen. Die Frage ist aber umstritten. In ihrer Mehrzahl weisen solche Experimente darauf hin, daß die Ausprägung zumindest teilweise auf präsynaptischen Mechanismen beruht, aber in der Frage, wie die Veränderungen aussehen und welche Interpretationen man darauf aufbauen kann, gibt es große Meinungsverschiedenheiten. Derzeit gibt es kaum Anzeichen, daß sich die Vertreter der verschiedenen Ansichten in absehbarer Zeit einigen werden. Dennoch legen die Befunde insgesamt den Schluß nahe, daß die LZP zumindest teilweise durch präsynaptische Mechanismen aufrechterhalten wird.

Präsynaptische Veränderungen werfen ein interessantes theoretisches Problem auf: Wenn der Calciumeinstrom durch den Kanal des postsynaptischen NMDA-Rezeptors der Auslöser für die Induktion ist, wie gelangt dann die Information über dieses entscheidende Ereignis auf die präsynaptische Seite der Synapse? Wie wir gesehen haben, wird die LZP durch einen schwachen Tetanus nicht induziert: Die Ausschüttung des Transmitters reicht allein also nicht aus, um die LZP hervorzubringen. Findet vielleicht eine Kommunikation zwischen den Axonen statt, so daß der schwache Input in dem Assoziationsexperiment darüber »Bescheid weiß«, daß gleichzeitig ein starker Input aktiv ist? Diese Vorstellung wird durch das Experiment von Holger Wigström ausgeschlossen – die LZP kann auch von einem schwachen Input induziert werden, vorausgesetzt, die postsynaptische Zelle ist stark depolarisiert. Offenbar muß von der postsynaptischen Induktionsstelle ein Signal ausgehen, das die Synapse überquert und an dem präsynaptischen Nervenende die biochemischen Abläufe in Gang setzt, die zu einer dauerhaften Steigerung der freigesetzten Transmittermenge führen. Das ist in wenigen Worten die Argumentation, die für einen retrograden Botenstoff spricht, und die Suche nach solchen Stoffen hat in den letzten drei oder vier Jahren mehrere Labors beschäftigt. Mittlerweile gibt es zwei wichtige Kandidaten. Einer davon ist das Stickoxid, ein Gas, das, wie man heute weiß, bei vielen physiologischen Vorgängen eine wichtige Rolle spielt – unter anderem sorgt es sehr wirksam für die Erweiterung der Blutgefäße. Die zweite Substanz ist die Arachidonsäure, ein Lipid, das als normaler Bestandteil in den Zellmembranen vorkommt. Für beide Substanzen sind die Belege bisher nicht schlüssig. Am interessantesten ist, daß experimentelle Befunde für die Existenz einer bisher nicht identifizierten, diffusionsfähigen Substanz sprechen, die die Stärke aller Synapsen in der unmittelbaren Nachbarschaft einer potenzierten Synapse verändert. Diese Experimente legen den Verdacht nahe, daß der diffusionsfähige Botenstoff die Übertragung auf nicht-Hebbsche Weise verändern kann – es können Synapsen auf anderen Zellen als der, in der die LZP induziert wurde, betroffen sein, und diese betroffenen Synapsen müssen zum Zeitpunkt der Induktion noch nicht einmal aktiv gewesen sein. Für die Lehrmeinung der letzten beiden Jahrzehnte sind das ketzerische Ideen, und man wird ihre weitere Entwicklung mit mehr als dem sonst üblichen Interesse verfolgen.

Die LZP ist der Mechanismus, mit dem das Gehirn die Stärke der Synapsen steigert, aber dieser Vorgang hat mit Sicherheit auch seine Grenzen. Läßt man auf die Leitungsbahnen im Hippokampus wiederholt die stimulierenden Tetani einwirken, stellt sich schließlich eine Sättigung der Potenzierung ein. (Die detaillierte Analyse der LZP an einzelnen Synapsen war bisher wegen technischer Schwierigkeiten nicht möglich, und deshalb weiß man nicht, ob die LZP auf dieser Ebene ein Alles-oder-nichts-Vorgang ist. Werden wie in Abb. 1(d) viele Synapsen aktiviert, läßt sich die stufenweise Steigerung in der Stärke der LZP entweder mit einer allmählichen Zunahme der Potenzierung an einzelnen Synapsen erklären oder aber durch eine Zunahme des Anteils potenzierter Synapsen, wobei jede einzelne Synapse nur einen von zwei Zuständen einnehmen kann, nämlich den nicht potenzierten oder den maximal potenzierten.) Sind alle Synapsen gesättigt, gibt es keinen Spielraum für weitere durch Aktivität induzierte Plastizität, und dann wird weiteres Lernen nach unserer zentralen Hypothese unmöglich. Aber das Lernen ist ein lebenslanger Vorgang; wo also ist der Haken? Wir können unsere Hypothese auf mehrere Arten retten. Zunächst einmal wissen wir nicht, wie viele Erinnerungen der Hippokampus speichert oder wie viele Synapsen einer Erinnerung zugeordnet werden. Möglicherweise erfordert die Repräsentation jeder einzelnen Erinnerung nur relativ wenige Synapsen, und vielleicht besteht für einen vorübergehenden Gedächtnisspeicher wie den Hippokampus keine Gefahr der Überfüllung, selbst wenn die LZP ihre Sättigung erreicht. Jedenfalls ist die LZP zumindest im Gyrus dentatus des Hippokampus nicht von Dauer. Die Theoretiker waren mit diesen beiden Möglichkeiten nicht zufrieden: Sie drängten die experimentellen Wissenschaftler, sie sollten nach Methoden suchen, um statt der Langzeitpotenzierung eine langfristige Absenkung zu erreichen und insbesondere um eine einmal induzierte LZP wieder abzuschalten (Depotenzierung). Mittlerweile hat man Hinweise sowohl auf eine langfristige Absenkung als auch auf Depotenzierung gefunden; beide Vorgänge sind Folgen einer wiederholten, nach einem bestimmten Muster ablaufenden niederfrequenten Stimulation, aber eine solche Absenkung ist im Experiment schwieriger zu erreichen als die LZP.

LZP und Lernen

Schon bald nachdem die LZP entdeckt war, gingen die physiologischen Psychologen daran, bei ihrem Lieblingsversuchstier, der Ratte, einen Zusammenhang der LZP mit Lernen und Gedächtnis nachzuweisen. Wie man schon vorher festgestellt hatte, können Ratten mit geschädigtem Hippokampus den Weg durch ein Labyrinth nicht mehr finden. Dieser und andere Befunde, darunter die Entdeckung von »Ortszellen« im Hippokampus (das heißt von Zellen, die schnell hintereinander feuern, wenn sich die Ratte an einem bestimmten Ort im Raum befindet), veranlaßten John O'Keefe und Lynn Nadel in London zu der Vermutung, der Hippokampus könne die Welt der Ratte auf einer »kognitiven Landkarte« aufgezeichnet haben. In Kanada verglich Carol Barnes die LZP und die Lernfähigkeit bei Ratten verschiedenen Alters. Dabei stellte sich heraus, daß im allgemeinen ein recht enger Zusammenhang zwischen der Dauer der LZP und der Leistung bei einer Orientierungsaufgabe besteht – also bei einer Aufgabe, die einen unversehrten Hippokampus erfordert. Dieser Befund stand im Einklang mit der Hypothese, daß die LZP die neuronale Grundlage des räumlichen Lernens darstellt.

Das einflußreichste derartige Experiment konnte man jedoch erst durchführen, nachdem man die entscheidende Rolle des NMDA-Rezeptors für die Induktion der LZP entdeckt hatte. Richard Morris, der damals an der St. Andrew's University in Schottland arbeitete, infundierte den NMDA-Rezeptorantagonisten APV in den Hippokampus von Ratten. Anschließend verglich er die Leistung der so behandelten Ratten mit der einer Kontrollgruppe bei einer Aufgabe, die er schon früher entwickelt hatte, um die Bedeutung des Hippokampus für das räumliche Lernen zu untersuchen. In dieser Aufgabe, Wasserlabyrinth genannt, bringt man die Ratte in ein rundes Becken mit warmen, undurchsichtigem Wasser; entkommen kann sie nur, wenn sie auf eine kleine Plattform klettert, die sich knapp unterhalb der Oberfläche befindet und für die Ratte nicht sichtbar ist. Das Tier schwimmt zunächst ziellos herum, bis es zufällig an die Plattform stößt. Nachdem die Ratte ins Wasser gesetzt wurde, zeichnet man die Zeit auf, bis sie auf die Plattform klettert. Dieser Zeitraum nimmt in aufeinanderfolgenden Versuchen stetig ab und pendelt sich schließlich auf einen Wert ein, wenn die Ratte gelernt hat, aufgrund visueller Hinweise in der Umgebung unmittelbar zu der Plattform zu schwimmen, nachdem man sie an irgendeiner Stelle am Rand des Beckens ausgesetzt hat. Ratten mit geschädigtem Hippokampus lernen in dieser Aufgabe nichts dazu. Morris konnte nun folgendes zeigen: Behandelt man die unbeschädigten Tiere mit dem Wirkstoff APV – dessen einziger bekannter Effekt darin besteht, daß er die Induktion der LZP blockiert, aber ansonsten die synaptische Übertragung im Hippokampus nicht beeinträchtigt – sank die Leistung auf ein Niveau, das mit dem der Tiere mit geschädigtem Hippokampus vergleichbar war. Dieser Befund war ein stichhaltiger Beleg für die Hypothese, daß die LZP erforderlich ist, damit das Tier sich die neuronale Repräsentation des räumlich orientierten Lernens aneignen kann. Morris selbst wies allerdings nachdrücklich darauf hin, daß seine Versuchsergebnisse nicht zwangsläufig zu dieser Schlußfolgerung führen. Er mochte nicht ausschließen, daß der Wirkstoff sich auch außerhalb des Hippokampus ausgebreitet hatte und den beobachteten Effekt verursachte, indem er an anderen Stellen die durch den NMDA-Rezeptor vermittelte Übertragung blockierte, oder daß die Verbindung auch andere, bisher nicht bekannte Wirkungen hat, die zur Beeinträchtigung des Lernens führten.

In den zehn Jahren seit den Pionierarbeiten von Morris ist das Wasser dieses besonderen Beckens allenfalls noch trüber geworden. Wie Morris selbst zusammen mit Kollegen feststellte, kann eine Ratte, die man einmal auf das Auffinden der Unterwasserplattform in dem Becken trainiert hat, sogar dann die Position einer anderen Plattform in einem anderen Becken in einem anderen Raum erlernen, wenn man sie mit APV behandelt hat. Dieser Befund läßt darauf schließen, daß das Lernen *über* räumliche Aufgaben – also das Erlernen des Lernens – auf APV anspricht. Damit wird die einfache Verbindung zwischen der LZP und dem räumlichen Lernen wieder in Frage gestellt.

Verwirrungstiftende Genetik

Auch mit anderen Methoden erhielt man zweideutige Ergebnisse. Die neuen Verfahren der Gentechnik ermöglichten, Mäuse zu züchten, aus deren Genen ein bestimmtes Gen sehr wirksam entfernt wird, so daß sie das Protein, das in diesem Gen codiert ist, nicht mehr bilden können. Manche derartigen Proteine sind lebensnotwendig, so daß die Mutation zum Tode führt – das gilt zum Beispiel für das Gen des NMDA-Rezeptors. Andererseits kann man aber offenbar viele Gene auch lahmlegen, ohne daß sich eine solche Veränderung nennenswert auf die Lebensfähigkeit des Tiers auswirkt, und damit eröffnet sich die Möglichkeit, ihre Auswirkung auf die LZP und das Verhalten zu studieren. Den ersten Tieren, die man auf diese Weise untersuchte, fehlten Gene für bestimmte Proteinkinasen. Die anfänglichen Ergebnisse waren ermutigend. Die »Knock-out-Tiere« waren in ihrem räumlichen Lernen beeinträchtigt und zeigten gegenüber ihren normalen Geschwistern eine deutlich verringerte LZP. So weit, so gut. Aber zwischen 1993 und 1996 untersuchte man mit dem gleichen Verfahren mehr als 20 verschiedene Typen von Knock-out-Mäusen, bei denen man jeweils ein anderes Gen entfernt hatte, und dabei zeigte sich, daß das normale räumliche Lernen sich in manchen Fällen trotz einer stark gestörten LZP in einer oder mehreren Leitungsbahnen des Hippokampus fortsetzen kann. Bisher gibt es allerdings noch keine Knock-out-Tiere, bei denen keine einzige Leitungsbahn des Hippokampus eine LZP aufweist und die dennoch ein normales räumliches Lernverhalten zeigen. Ein solcher Befund wäre aber das Mindeste, wollte man die Hypothese widerlegen, daß die LZP für das Lernen notwendig ist. Und selbst wenn sich ein solches Tier fände, spräche das noch nicht gegen die geringfügig schwächere Hypothese, daß die Tiere sich beim räumlichen Lernen normalerweise der LZP des Hippokampus bedienen.

Für diese Methodik gilt allerdings eine wichtige Einschränkung: Sie berücksichtigt nicht die Plastizität während der Entwicklung, die man bei allen Lebewesen beobachtet. Letztlich kann das Gehirn wahrscheinlich auf vielen Wegen zu einem bestimmten Ergebnis gelangen, und während der Entwicklung könnten durchaus Kompensationsmechanismen ins Spiel kommen, die es möglich machen, daß das räumliche Lernen aufgrund einer entsprechenden neuronalen Codierung an anderer Stelle abläuft. Die in jüngster Zeit entwickelte Gentechnik verspricht Antworten auf manche derartigen Fragen, weil man mit ihrer Hilfe in bestimmten Gehirnbereichen induzierbare Knock-out-Gene herstellen kann. Das Ziel ist ein Tier, bei dem man das fragliche Gen in einer bestimmten Region zu beliebigen Zeitpunkten ausschalten kann. Wie zwei Berichte aus jüngster Zeit zeigen, steht die Verwirklichung dieser Idee dicht bevor. Wissenschaftler im Labor von Susuma Tonegawa am Massachusetts Institute of Technology untersuchten LZP und räumliches Lernen bei einer Maus, deren NMDA-Rezeptor nur aus den Zellen des Bereiches CA1 entfernt war, aus denen des übrigen Gehirns aber nicht. Eine solche umgrenzte Zerstörung des NMDA-Rezeptors ist nicht tödlich, so daß man an diesen Tieren sowohl das räumliche Lernen als auch die LZP untersuchen konnte. Beide waren beeinträchtigt. In einer Studie aus dem Institut von Eric Kandel an der Columbia University erzeugte man Mäuse, die eine mutierte Form einer Proteinkinase des Hippokampus produzierten. Bei dieser Mutante war das räumliche Lernen stark beeinträchtigt, und die LZP war verändert. Die Stimulation mit einem Tetanus von 10 Hz, die bei normalen Mäusen die LZP hervorruft, führte hier statt dessen zu einer Senkung der LZP. Die Wissenschaftler wandten einen verblüffenden neuen Kunstgriff an: Die Expression der mutierten Kinase konnte unterdrückt werden, wenn man dem Tier ein bakterielles Antibiotikum injizierte. In diesem Fall kam es in Hippokampus zur LZP, und bei den Aufgaben zum räumlichen Lernen wurde die normale Leistung wiederhergestellt. Diese spannenden neuen Experimente lieferten bisher die stichhaltigsten Belege, daß das Gehirn sich mindestens für eine Form der Erinnerung der LZP bedient – nämlich für diejenige, die Ratten brauchen, um sich in der Welt zurechtzufinden.

Aus dieser Beschreibung der Beziehung zwischen LZP und Gedächtnis ergibt sich eine ganz klare Erkenntnis: Der eindeutige Beweis einer Kausalbeziehung wird schwer zu erbringen sein. Aber auf der anderen Seite muß man fragen: Wenn es nicht die LZP ist, was ist es dann? Mit Sicherheit ist es die durch LZP verstärkte Aktivierung der Synapsen, die mir unwiderstehlich Mark Twains Bemerkung über den Autor der Ilias einfallen läßt: Wenn es nicht Homer war, dann muß es ein anderer altgriechischer Dichter gleichen Namens gewesen sein.

Weiterführende Literatur

Bliss, T. V. P. und Collingridge, G. L.: *A synaptic model of memory: long-term potentiation in the hippocampus.* In: *Nature 361*, 31-39, 1993.

Kandel, E. R. und Hawkins, R. D.: *Molekulare Grundlagen des Lernens.* In: *Spektrum der Wissenschaft*, November 1992, S. 66.

Morris, R. G. M.: *Learning, memory and synaptic plasticity: cellular mechanisms, network architecture and the recording of attended experience.* In: *The Lifespan Development of Individuals. Behavioural, Neurobiological and Psychosocial Perspectives*, S. 139-160. Cambridge University Press 1996.

Rose, S. P. R.: *The Making of Memory.* Bantam 1992.

6

DIE ALTERUNG DES GEHIRNS: IST GEISTIGER VERFALL UNAUSWEICHLICH?

A. David Smith

Omnia fert aetas, animum quoque; saepe ego longas
cantando puerum memini me condere soles:
nunc oblita mihi tot carmina …

Alles nimmt uns die Zeit, auch das Gedächtnis; ich weiß noch,
wie mich als Knabe oft singend die Sommersonne gebettet.
Jetzt sind so viele Lieder vergessen …
Vergil, Hirtengedicht 9 (Übers. J. u.a. Götte)

Hatte Vergil recht? Stimmt es wirklich, daß der Verfall unserer geistigen und kognitiven Funktionen ein unvermeidlicher Teil des Älterwerdens ist? Daß unter älteren Menschen ein größerer Anteil an Demenz leidet, der extremsten Form kognitiver Beeinträchtigung, ist gut belegt, und einer verbreiteten Ansicht zufolge werden wir mit zunehmendem Alter vergeßlicher, aber was sagen die Fachleute? Manche von ihnen vertreten einen extremen Standpunkt: Danach ist der Verfall der Kognition im Alter nicht nur unvermeidlich, sondern er geht auch auf einen Krankheitsprozeß zurück, in den meisten Fällen auf die Alzheimer-Krankheit. So sagte der Nobelpreisträger Carleton Gajdusek 1994: »Die Alzheimer-Krankheit ist eine beschleunigte Form der normalen Alters-Amyloidose [Ansammlung von Amyloidprotein] im Gehirn. Wenn wir lange genug leben, bekommen wir alle die Alzheimer-Krankheit.« Auf der anderen Seite kennt fast jeder von uns Menschen im neunten und zehnten Lebensjahrzehnt, die über ein bemerkenswert gutes Gedächtnis verfügen. Können demnach manche Menschen der Alzheimer-Krankheit entgehen? In diesem Kapitel werden wir uns mit der Vorstellung beschäftigen, daß der Verfall der Kognition möglicherweise kein unausweichlicher Bestandteil des Älterwerdens ist, sondern einen Krankheitsprozeß widerspiegelt, von dem wir in höherem Alter mit größerer Wahrscheinlichkeit betroffen sind. Und wenn die Beeinträchtigung der Kognition eine Krankheitsfolge ist, müßte man eigentlich Wege finden können, um das Wesen dieser Krankheit zu erkennen und sie folglich zu verhüten. Um älteren Menschen für längere Zeit ein lebenswertes Leben bei körperlichem und geistigem Wohlbefinden zu ermöglichen, ist es nicht unbedingt notwendig, den Alterungsprozeß in seiner Gesamtheit zu verstehen.

Das Ausmaß des gesellschaftlichen Problems

Gemessen an dem Zeitraum, seit es Menschen auf der Erde gibt, ist unsere durchschnittliche Lebenserwartung in relativ kurzer Zeit von 25 auf über 70 Jahre gestiegen. Die wichtigsten Faktoren, die zu dieser höheren Lebenserwartung beigetragen haben, waren Verbesserungen der wirtschaftlichen Situation der Familien sowie der Ernährung und der medizinischen Versorgung, insbesondere die Entdeckung von Medikamenten zur Infektionsbekämpfung. Man braucht nur daran zu denken, daß der Komponist Gustav Mahler (geb. 1860) in seiner Familie eines von 14 Kindern war und daß sechs seiner Geschwister schon im Kindesalter an Infektionskrankheiten starben. Mahler selbst erlag mit 51 Jahren einer Blutvergiftung durch Streptokokken, die man heute mit Antibiotika heilen würde. Wenn wir eine einzige biologische Entdeckung des zwanzigsten Jahrhunderts benennen sollten, die der Menschheit den größten Nutzen gebracht hat, so würden wir vermutlich die Erkenntnis anführen, daß Penicillin bakterielle Infektionen bekämpfen kann. Diesen Nachweis führten Howard Florey und seine Kollegen 1941 in Oxford, nachdem Alexander Fleming zuvor die bakterientötende Wirkung des Penicillins entdeckt hatte.

Solche Entwicklungen verhalfen aber nicht nur der Mehrheit der Menschen zu einem längeren Leben mit Leistungsfähigkeit und Gesundheit, sondern sie ließen auch die Zahl derer wachsen, die an Alterskrankheiten leiden. Eine solche Krankheit ist die Demenz, deren Häufigkeit sich vom 60. Lebensjahr an ungefähr alle fünf Jahre verdoppelt. In den Ländern der Europäischen Union und Nordamerikas stellt die Demenz bereits eine erhebliche Belastung für das staatliche Gesundheitswesen dar, denn hier ist etwa eine unter 60 Personen in der Gesamtbevölkerung betroffen – das sind etwa sechs Millionen Menschen in der EU und fünf Millionen in Nordamerika. Die jährlichen Kosten wurden für die USA auf etwa 100 Milliarden Dollar und für Großbritannien auf etwa drei Milliarden Pfund geschätzt. Man hat die Demenz auch als »lautlose Epidemie« bezeichnet, weil staatliche Stellen dem Problem trotz seiner Ausmaße so wenig Aufmerksamkeit geschenkt haben. So wandte beispielsweise der britische Medical Research Council 1992 nur etwa ein Prozent seiner Mittel für die Erforschung der Alzheimer-Krankheit auf, die für die meisten Fälle von Demenz verantwortlich ist, während für die AIDS-Forschung etwa der zehnfache Betrag ausgegeben wurde. Ähnlich sind die Verhältnisse auch in den USA: Dort fließen die Mittel der National Institutes of Health zu etwa zehn Prozent in die AIDS-Forschung, während die Erforschung der Demenz bei älteren Menschen nur auf einen Anteil von knapp drei Prozent kommt.

Die Demographie liefert alarmierende Voraussagen. In den Ländern der OECD wird der Anteil der Personen über 60 Jahren zwischen 1990 und 2030 um etwa 75 Prozent wachsen, wobei der Anstieg mit fast 100 Prozent in Japan am höchsten sein wird. Man kann also damit rechnen, daß auch die Zahl der Fälle von Demenz entsprechend zunehmen wird. Da die Bevölkerungszahl in der EU den Voraussagen zufolge mit rund 370 Millionen ungefähr konstant bleiben wird, kann man für das Jahr 2030 mit über zehn Millionen Fällen von Demenz rechnen.

In Japan ist die Situation so beunruhigend, daß die dortige Regierung bereits einen Plan (den »New Gold Plan«) entwickelt hat, um sich auf den Anstieg der Kosten für die Pflege älterer Menschen vorzubereiten. Im Jahr 1950 waren nur fünf Prozent der japanischen Bevölkerung älter als 65 Jahre, im Jahr 2020 dagegen wird diese Gruppe einen Anteil von über 25 Prozent ausmachen. Man hat bereits besondere Steuern eingeführt, um die steigenden Kosten für Pensionen zu finanzieren, aber hinsichtlich der voraussichtlichen Zunahme der Demenz kann man wenig unternehmen. Es besteht nur die Hoffnung, daß beträchtlich höhere finanzielle Mittel für die neurologische Grundlagenforschung und ein neues Institut unter der Leitung von Professor Masao Ito irgendwann zu neuen medikamentösen Behandlungsformen führen werden. Die Strategie dieser Grundlagenforschung wird von der Antwort auf eine entscheidende Frage abhängen: *Ist die Demenz ein unvermeidlicher Teil der natürlichen Alterungsvorgänge?* Wenn das der Fall ist, muß man den gesamten Alterungsprozeß aufklären, um eine vernünftig begründete neue Pharmakotherapie zu entwickeln.

Können Neuropsychologen uns sagen, ob die Beeinträchtigung der Kognition ein Teil der normalen Alterung ist?

Aus zahlreichen vergleichenden Studien zur kognitiven Leistungsfähigkeit älterer und jüngerer Menschen hat sich insgesamt die Erkenntnis ergeben, daß bestimmte höhere kognitive

Funktionen mit dem Alter zunehmend beeinträchtigt sind. Die Befunde sind in Tabelle 1 zusammengefaßt. Wichtig ist dabei, daß derartige Untersuchungen in ihrer großen Mehrzahl als »Querschnittuntersuchungen« angelegt sind: Man vergleicht eine Gruppe älterer mit einer Gruppe jüngerer Menschen. Aus solchen Vergleichen den Schluß zu ziehen, es komme mit dem Alter zu einer »Abnahme« der kognitiven Funktionen, ist nicht korrekt; man kann nur sagen, daß die beiden Gruppen sich in ihrer Leistung unterscheiden, das heißt, die Älteren zeigen im Vergleich mit den Jüngeren ein »Defizit«. Doch könnte es für die unterschiedliche Leistung der beiden Gruppen in Kognitionstests außer dem Alter auch viele andere Gründe geben. Woher wissen wir zum Beispiel, daß die älteren Personen nicht auch früher, als sie so alt waren wie die Probanden der jetzigen jüngeren Gruppe, eine geringere kognitive Leistung hatten? Immerhin wurden sie viel früher geboren, als Umweltfaktoren wie die Ernährung unter Umständen ganz anders waren. Vielleicht hatten sie also niedrigere Ausgangswerte und es hat überhaupt keine Abnahme mit dem Alter stattgefunden. Diese Situation – man spricht von »Kohorteneffekt« – ist ein wesentliches Problem bei derartigen Untersuchungen. Viel besser – gleichzeitig aber auch viel schwieriger – wäre es, wenn man dieselbe Personengruppe über viele Jahre hinweg beobachten

Tab. 1: Geistige Funktionen und Alterung in der Beschreibung der Neuropsychologen

gut erhalten	Abnahme im Alter
sensorisches Gedächtnis	deklaratives sekundäres Gedächtnis Ausführungsfunktionen
atives primäres Gedächtnis	prozedurales Gedächtnis – klassische Konditionierung
prozedurales Gedächtnis – assoziative Aktivierung	visuell-räumliche Funktionen
prozedurales Gedächtnis – visuell Sprache – Phonologie, Wortschatz, Syntax	Sprache – Leistung in semantischen Intelligenztests

würde. Nur dann könnte man einen Rückgang der kognitiven Fähigkeiten nachweisen, indem man bei einzelnen Personen über längere Zeit die Veränderungen der Leistungsfähigkeit betrachtet. Aber auch das Design von Längsschnittuntersuchungen hat seine Probleme. Angenommen, man findet bei mehreren Personen im Laufe der Zeit eine Abnahme der kognitiven Fähigkeiten: Woher wissen wir dann, daß dieser Rückgang nicht auf einen beginnenden Krankheitsprozeß zurückzuführen ist? Um dieser Schwierigkeit aus dem Weg zu gehen, wird bei den meisten Querschnitt- und Längsschnittuntersuchungen sorgfältig darauf geachtet, Personen mit den geringsten Anzeichen einer Krankheit auszuschließen. So sorgt man zum Beispiel mit standardisierten Reihenuntersuchungsverfahren dafür, daß Personen mit Demenz nicht einbezogen werden. Aber diese Tests sind so angelegt, daß man mit ihnen nur eine ausgeprägte Demenz erkennen kann; die allerersten Stadien einer solchen Krankheit erkennen sie jedoch nicht. Bei einer Längsschnittuntersuchung müssen aber diejenigen Personen herausgefunden werden, die sich möglicherweise in dem frühesten, symptomarmen Stadium der Demenz befinden, und wie man das bewerkstelligen soll, wissen wir bisher nicht

Ist die Alzheimer-Krankheit ein unvermeidlicher Bestandteil des Älterwerdens?

Die Alzheimer-Krankheit ist die häufigsten Ursache für Beeinträchtigungen der Kognition bei älteren Menschen, und einer verbreiteten Ansicht zufolge ist sie ein unvermeidlicher Teil des Älterwerdens, das heißt, wir bekommen sie alle, wenn wir nur lange genug leben. Nach dieser Vorstellung altert das Gehirn bei manchen Menschen schneller als bei anderen, so daß sie früher von der Alzheimer-Krankheit betroffen sind. Solche Vorstellungen entstanden aufgrund der Pionierarbeiten, die Garyl Blessed, Bernard Tomlinson und Martin Roth in den sechziger Jahren in Newcastle durchführten. Sie fanden die für die Alzheimer-Krankheit charakteristischen mikroskopischen Veränderungen (die Ablagerung von Plaques aus Amyloidprotein überall im Gehirn und die »Knäuel« aus kleinen Fasern in einzelnen Neuronen) – allerdings in geringerem Ausmaß – auch im Gehirn von Personen, die anscheinend während ihres ganzen Lebens über eine normale Kognition verfügt hatten. Daraufhin äußerten Roth und Kollegen die Vermutung, es gebe einen kontinuierlichen Übergang von der normalen Alterung zur Alzheimer-Krankheit, und der Unterschied sei nur quantitativ. Für diese Ansicht spricht auch der Befund, daß die Häufigkeit der Amyloidplaques im Gehirn mit dem Alter zunimmt, und zwar besonders deutlich nach dem 60. Lebensjahr. Wir dürfen aber »Häufigkeit« nicht mit »Dichte« verwechseln. Daß die Zahl der Personen mit Amyloidplaques im Gehirn im Alter zunimmt, steht außer Zweifel, aber wie sich in neueren Untersuchungen gezeigt hat, bleibt die Dichte dieser Plaques bei einer Person, die sie besitzt, während des ganzen Lebens gleich. Die auch von Gajdusek vertretene Auffassung, die Dichte der Amyloidplaques im Gehirn nehme mit dem Alter kontinuierlich zu, bis nach Überschreiten eines Schwellenwertes schließlich die Alzheimer-Krankheit ausbricht, ist also möglicherweise nicht richtig.

Notwendig ist daher eine biologische »Zustandsmarkierung« für die Alzheimer-Krankheit, mit deren Hilfe wir den Verlauf der Krankheit während des Lebens verfolgen können. Dann könnte man die Veränderungen dieser Markierung mit denen vergleichen, die beim normalen Altern eintreten. Bisher hat man keinen Weg gefunden, um die Ablagerung der Amyloidplaques oder der neurofibrillären Knäuel im Gehirn zu Lebzeiten zu verfolgen: Beide sind Merkmale, die der Pathologe erst nach dem Tod beurteilen kann. Wie sich allerdings im Rahmen des Oxford Project to Investigate Memory and

Ageing (OPTIMA) gezeigt hat, können Bilder der Gehirnstruktur, die durch Computertomographie (CT) gewonnen worden, einen solchen »Zustandsmarker« liefern. Wir entschlossen uns, den Teil des Gehirns zu untersuchen, in dem man nach dem Tod die größte Dichte der neurofibrillären Knäuel findet: den mittleren Teil des Schläfenlappens. Dieser winzige Abschnitt macht nur zwei Prozent des Volumens der gesamten Hirnrinde aus, aber zu ihm gehört der Hippokampus, eine Struktur, die für das Gedächtnis bekanntermaßen von entscheidender Bedeutung ist (siehe die beiden vorangegangenen Kapitel). Außerdem sind die Neuronen im mittleren Teil des Schläfenlappens mit fast allen anderen Teilen der Hirnrinde verbunden. Jeder Schaden in diesem Bereich wird sich also wahrscheinlich auch auf die Funktion vieler anderer Gehirnteile auswirken. Wie man in den Computertomogrammen erkennt, ist der mittlere Teil des Schläfenlappens bei Patienten, die an Demenz leiden und später an der Alzheimer-Krankheit sterben, deutlich kleiner als bei gleichaltrigen Personen ohne Beeinträchtigung der Kognition (Abb. 1). Der kleinere mittlere Bereich des Schläfenlappens wird also wahrscheinlich zu einem brauchbaren Hilfsmittel für die Diagnose der Alzheimer-Krankheit zu Lebzeiten des Betroffenen werden.

Warum ist der mittlere Teil des Schläfenlappens bei der Alzheimer-Krankheit kleiner? Wie wir zeigen konnten, besteht eine gute Korrelation zwischen dem Ausmaß der Atrophie und der Dichte der neurofibrillären Knäuel, die man nach dem Tod im Hippokampus findet. Wahrscheinlich bewirken die Knäuel im Innern der Neuronen, daß diese schließlich absterben; damit verschwinden auch ihre Fortsätze, die Zahl der synaptischen Verbindungen nimmt ab und das Gewebevolumen verringert sich. Durch Messung der Größe des mittleren Bereiches des Schläfenlappens läßt sich also indirekt die Entwicklung pathologischer Veränderungen feststellen. Das führte uns zu drei Erklärungsmöglichkeiten für die geringere Größe im mittleren

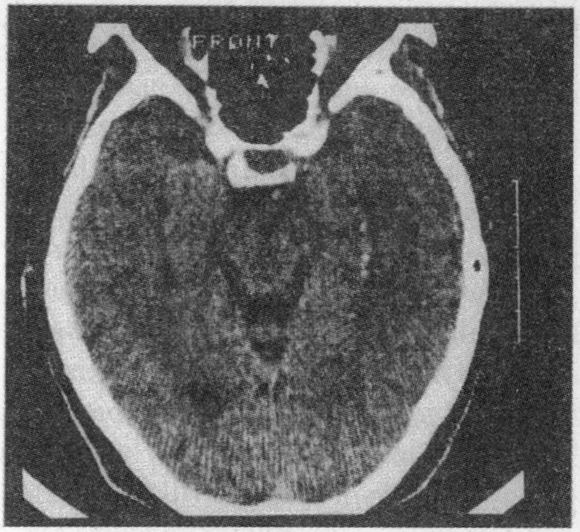

a)

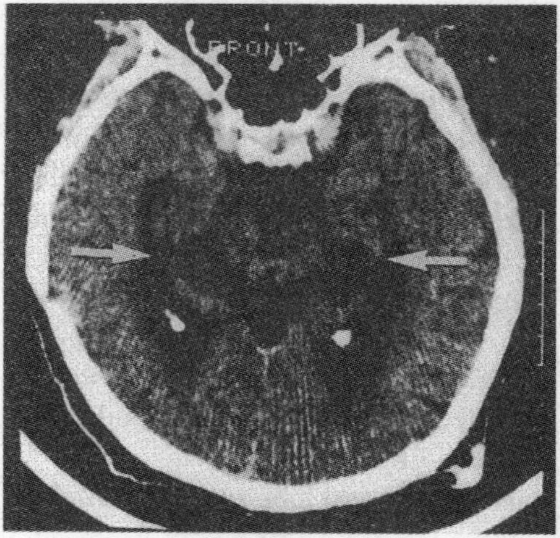

b)

Abb. 1: Computertomogramme entlang der Längsachse des Schläfenlappens. a) Gesunder 80jähriger Mann mit überprüfter Kognitionsfunktion. Die histopathologische Untersuchung des Gehirns nach dem Tod zeigte keine erkennbaren pathologischen Veränderungen. b) 62jährige Patientin mit klinisch diagnostizierter Demenz. Die histopathologische Untersuchung bestätigte die Diagnose der Alzheimer-Krankheit. Deutlich ist der verkleinerte mittlere Bereich des Schläfenlappens zu erkennen (Pfeile).

Teil des Schläfenlappens bei Personen mit Alzheimer-Krankheit (Abb. 2):

1. Die pathologischen Veränderungen entwickeln sich stetig über viele Jahre hinweg, wobei dieser Vorgang bei Personen mit der Alzheimer-Krankheit schneller verläuft; oder
2. Personen mit der Alzheimer-Krankheit werden bereits mit einem dünneren mittleren Teil des Schläfenlappens geboren, der dann ebenso schnell schrumpft wie bei Gesunden; oder
3. der mittlere Teil des Schläfenlappens athrophiert sehr schnell, als würde dieser Vorgang durch ein Ereignis im Gehirn ausgelöst.

Wir verfolgten die Veränderungen im mittleren Teil des Schläfenlappens über mehrere Jahre hinweg durch Reihen-CT-Aufnahmen und konnten zeigen, daß dieser Teil des Gehirns bei gesunden Personen mit guten kognitiven Fähigkeiten mit zunehmendem Alter allmählich kleiner wird, und zwar um 1 bis 1,5 Prozent im Jahr. Bei Patienten mit Alzheimer-Krankheit jedoch schrumpft der mittlere Teil des Schläfenlappens auffallend schnell, nämlich um etwa 15 Prozent im Jahr, was für die dritte Hypothese spricht. Für diese Auffassung spricht auch eine unabhängige Studie aus Dänemark. Im Verlauf der normalen Alterung gehen im Hippokampus einige Neuronen zugrunde, aber bei der Alzheimer-Krankheit findet dieser Neuronenverlust in einem ganz anderen Teil des Hippokampus statt, in dem sich bei der normalen Alterung kein Rückgang der Neuronenzahl nachweisen läßt. Die beste Korrelation besteht zwischen den Symptomen der Alzheimer-Krankheit, der Dichte der neurofibrillären Knäuel im mittleren Teil des Schläfenlappens und dem Verlust synaptischer Verbindungen in der Hirnrinde. Da die Neuronen im mittleren Teil des Schläfenlappens ihre Fortsätze in viele Teile der Hirnrinde entsenden, ist

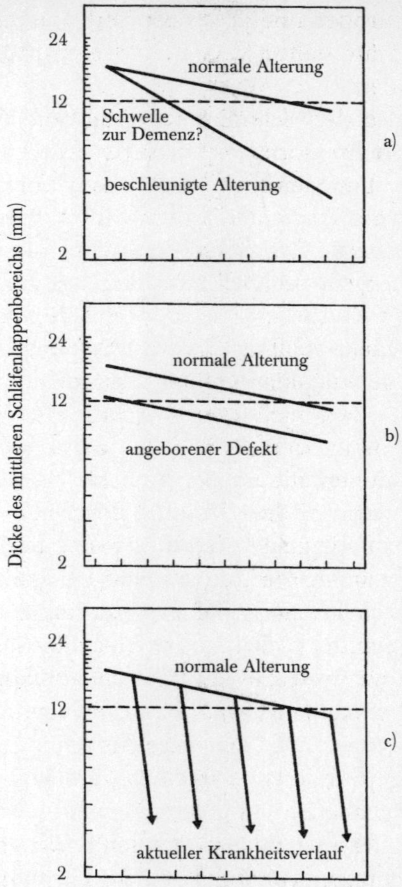

Abb. 2: Hypothetische Wege, auf denen der mittlere Teil des Schläfenlappens bei Personen mit Alzheimer-Krankheit schrumpfen könnte. a) Die normale altersentsprechende Verkleinerung dieses Gehirnbereichs ist beschleunigt. b) Personen, die später die Alzheimer-Krankheit bekommen, werden bereits mit einem dünneren mittleren Teil des Schläfenlappens geboren; dieser schrumpft mit normaler Geschwindigkeit. c) Im Gehirn von Patienten mit Alzheimer-Krankheit spielt sich irgendein Vorgang ab, der zu beschleunigter Schrumpfung führt.

der Tod dieser Neuronen und damit der Verlust ihrer Fortsätze eine Teilursache dafür, daß sich die Zahl der synaptischen Verbindungen verringert.

Wir können also den Schluß ziehen, daß die Alzheimer-Krankheit sich von der normalen Alterung unterscheidet und nicht einfach eine beschleunigte Form dieses Vorganges darstellt. Die pathologischen Veränderungen im mittleren Teil des Schläfenlappens sind anscheinend die Folge irgendeines Ereignisses im Gehirn, das im höheren Alter mit zunehmender Wahrscheinlichkeit eintritt, aber nicht unausweichlich ist. Dieser Befund weckt neue Hoffnungen, die Alzheimer-Krankheit in absehbarer Zeit aufzuklären und behandeln zu können, denn wir brauchen dazu nicht den gesamten Alterungsprozeß zu verstehen; vielmehr können wir nach den biochemischen Veränderungen fahnden, die mit der Atrophie verbunden sind, und nach den Faktoren, die den pathologischen Prozeß in Gang setzen. Wenn wir geklärt haben, welche Mechanismen die Nervenzellen zum Absterben veranlassen, können wir in einem nächsten Schritt chemische Ansatzpunkte identifizieren und Medikamente entwickeln, die auf die betreffenden Stellen wirken und den Tod der Neuronen verhindern. Auf diese Weise könnte man eine Therapie für Patienten im frühen Stadium der Alzheimer-Krankheit entwickeln und dann darauf hoffen, den Krankheitsverlauf hinauszögern oder zum Stillstand bringen zu können.

Noch wichtiger wäre es, die auslösenden Faktoren zu identifizieren, die den ganzen Vorgang in Gang setzen. Genau wie andere verbreitete Krankheiten, beispielsweise Krebs und Herzerkrankungen, so ist wahrscheinlich auch die Alzheimer-Krankheit ein multifaktorielles Geschehen, das heißt, es müssen mehrere Auslöser zusammentreffen, damit das »katastrophale Ereignis« im mittleren Teil des Schläfenlappens seinen Lauf beginnt. Bei einigen dieser Auslöser wird es sich um genetische Faktoren handeln. Das bedeutet aber nicht, daß bestimmte

Gene darüber bestimmen, ob jemand die Alzheimer-Krankheit bekommt, wie es bei der familiären Form des Leidens der Fall ist. Diese Ursache ist sehr selten: Sie macht weltweit vielleicht nur fünf Prozent aller Fälle aus. Bei der häufigeren, nichtfamiliären Form lassen bestimmte Gene das Erkrankungsrisiko ansteigen, aber diese Gene allein lösen die Krankheit nicht aus. Dazu müssen weitere Risikofaktoren hinzukommen – möglicherweise andere Gene, aber auch Faktoren aus dem Organismus selbst und aus der Umwelt. Eine Wissenschaftlergruppe an der Duke University in North Carolina unter der Leitung von Allen Roses entdeckte 1993 einen bedeutsamen genetischen Risikofaktor für die Alzheimer-Krankheit: Es handelt sich um eine verbreitete Variante des Proteins Apolipoprotein E. Für Personen mit der Variante E4, die man bei ungefähr 15 Prozent der Weißen europäischer Abstammung findet, besteht ein etwa fünffach erhöhtes Risiko, die Alzheimer-Krankheit zu bekommen. Wie sich weiter herausstellte, bietet E2, eine erheblich seltenere Variante, ihren Trägern anscheinend einen Schutz vor der Krankheit. Diese beiden Varianten der häufigsten Form, E3, unterscheiden sich von dieser jeweils nur durch eine einzige Aminosäure in der Proteinkette. Derzeit sucht man nach den molekularen Ursachen der beobachteten Effekte, denn wenn man weiß, wie diese Proteine wirken, dann, so die Hoffnung, könnte man auch neue Medikamente zur Behandlung der Alzheimer-Krankheit entwickeln. Niemand sollte aber beunruhigt sein, wenn er erfährt, daß er das Gen für das Apolipoprotein E4 besitzt: Wie sich in Studien gezeigt hat, kommt dieses Gen auch bei vielen älteren Menschen mit völlig normaler Kognition vor, und andererseits ist es bei etwa 35 Prozent aller Personen mit der Alzheimer-Krankheit nicht vorhanden.

Die Suche nach nichtgenetischen Risikofaktoren für die Alzheimer-Krankheit wird dadurch erschwert, daß man zu Lebzeiten kaum eine genaue Diagnose stellen kann. Deshalb sollte man die vorhandenen epidemiologischen Studien mit großer

Tab. 2: Risikofaktoren für die Alzheimer-Krankheit anhand epidemiologischer Befunde

Alter
Kopfverletzungen mit Gehirnerschütterung
Herzinfarkt (Frauen)
Arteriosklerose
Östrogenmangel (Frauen)
geringe Schulbildung
Mangelernährung/Resorptionsstörungen

Vorsicht interpretieren. Eines ist völlig sicher: Hohes Alter ist ein wichtiger Risikofaktor. Welcher Aspekt des Alterungsprozesses die Gefahr steigen läßt, weiß man nicht. Weitere mutmaßliche Risikofaktoren sind in Tabelle 2 aufgeführt, aber alle müssen noch in weiteren Studien bestätigt werden, vorzugsweise an verstorbenen Patienten, bei denen sich eine sichere histopathologische Diagnose stellen läßt. Solche Untersuchungen sind sehr wichtig, denn der Nachweis nichtgenetischer Risikofaktoren könnte die Entwicklung von Maßnahmen ermöglichen, die das Risiko für die Alzheimer-Krankheit in der gesamten Bevölkerung sinken lassen (siehe unten).

Die Abgrenzung zwischen gesundem und pathologischem Altern

Rowe und Kahn äußerten 1987 die Ansicht, es sei nützlich, zwischen »normalem« und »gesundem« Altern zu unterscheiden. Als »normal« definierten sie den Alterungsprozeß, wie er in der Gesamtbevölkerung abläuft; sie gingen aber davon aus, daß er nicht einheitlich ist: Eine Untergruppe altert gesund, das heißt ohne Verfall der Kognition, eine andere dagegen leidet an pathologischen Veränderungen, die mit kognitiven Beeinträchtigungen verbunden sind. Betrachtet man also die Bevölkerung insgesamt, scheint der Verfall der Kognition mit dem Alter zuzunehmen, aber wenn man Personen mit ersten Anzeichen der Alzheimer-Krankheit und anderen pathologischen Veränderungen rigoros ausschließt, findet man bei einer Mehrheit möglicherweise keinerlei bedeutsamen Verfall.

Diese Hypothese stimmt mit den zuvor beschriebenen Befunden der OPTIMA-Studie überein. Da die Alzheimer-Krankheit die Folge eines Vorganges im Gehirn ist, über den einerseits genetische Risikofaktoren und andererseits auch die Umwelt mitbestimmen, können wir die Indizien für einen Verfall der Kognition bei älteren Menschen, wie ihn die Neuropsychologen beschrieben haben (siehe Tabelle 1), einer erneuten Überprüfung unterziehen. Tatsächlich handelt es sich bei fast allen »Verfallserscheinungen«, die in der rechten Spalte der Tabelle aufgeführt sind, um charakteristische Merkmale der Alzheimer-Krankheit im Frühstadium. Die Alzheimer-Krankheit ist aber nicht der einzige pathologische Prozeß, der die kognitive Leistung beeinträchtigen kann: Die zweithäufigste Ursache des geistigen Verfalls sind Erkrankungen der Blutgefäße im Gehirn. Vielleicht sind die verschiedenen Beeinträchtigungen der Kognition, die von den Neuropsychologen bei älteren Menschen nachgewiesen wurden, zu einem großen Teil auf die Frühstadien dieser beiden Krankheitsbilder zurückzuführen. Mit den Methoden, die normalerweise zur Diagnose der Demenz dienen, wären diese Frühstadien demnach nicht nachgewiesen worden.

In der Praxis lautet die schwierige Frage: Wie erkennt man diejenigen Personen, bei denen der Alterungsprozeß die ersten pathologischen Züge aufweist? Unseren Feststellungen zufolge zeigt der mittlere Teil des Schläfenlappens bei ungefähr zwölf Prozent der gesunden älteren Menschen (im Alter über 70 Jahren) eine schnelle Atrophie, auch wenn mit den üblichen Tests auf Demenz keine Veränderung der kognitiven Leistung festzustellen ist. Dieser Befund legt die Vermutung nahe, daß man mit einer jährlichen computertomographischen Untersuchung, bei der die Größe des mittleren Teils des Schläfenlappens gemessen wird, unter gesunden älteren Menschen diejenigen herausfinden kann, bei denen sich voraussichtlich die klinischen Symptome der Alzheimer-Krankheit einstellen werden. Möglicherweise ließe sich eine Leistungsabnahme auch mit empfindlicheren kognitiven Tests nachweisen; diese Frage wird derzeit untersucht. Wenn man die Krankheit mit bildgebenden Verfahren und neuropsychologischen Tests tatsächlich frühzeitig nachweisen kann, sollte man alle Risikopersonen auf diese Weise untersuchen, damit man möglichst früh mit einer medikamentösen Therapie beginnen kann, die dann noch aussichtsreicher ist.

Wie läßt sich gesundes Altern erreichen?

Kann die Gesellschaft insgesamt oder der einzelne irgend etwas tun, um die Aussichten auf ein gesundes Altern zu verbessern? Wie man an den zuvor erörterten Befunden erkennt, sollte die Gesellschaft dazu beitragen, Gefäßerkrankungen und die Alzheimer-Krankheit soweit wie möglich zu verhüten, um so den Anteil derer zu vermindern, bei denen sich infolge solcher Krankheiten eine Demenz einstellt.

Bemerkenswert ist in diesem Zusammenhang, daß mehrere in Tabelle 2 aufgeführte Risikofaktoren für die Alzheimer-Krankheit den entsprechenden Risikofaktoren für Gefäßerkrankungen ähneln. Damit erhebt sich die Frage, ob Maßnahmen zur Vorbeugung von Gefäßerkrankungen auch zur Verhütung der Alzheimer-Krankheit beitragen können. Insbesondere muß geklärt werden, ob auch Risikofaktoren aus der Umwelt beteiligt sind, denn diese lassen sich beeinflussen. Eine der ältesten derartigen Ideen besagt, Belastung mit Aluminium sei ein Risikofaktor für die Alzheimer-Krankheit (Anlaß war die Tatsache, daß man in den für die Krankheit charakteristischen anormalen Gehirnstrukturen Aluminiumansammlungen findet), aber sie ist nicht stichhaltig begründet; die Anhäufung von Aluminium ist offenbar keine Ursache, sondern eine Folge der Erkrankung. Daß es aber tatsächlich Risikofaktoren aus der Umwelt gibt, läßt ein anderer Befund vermuten: Demenz und klinisch diagnostizierte Alzheimer-Krankheit sind bei Japanern, die in Hawaii leben, wesentlich häufiger als in der Bevölkerung Japans. Beide Bevölkerungsgruppen sind praktisch aus dem gleichen Genpool hervorgegangen, und das läßt auf einen Umwelteinfluß schließen.

Aufgrund epidemiologischer Untersuchungen wurde die Vermutung geäußert, es gebe einen Zusammenhang zwischen einer geringen Vitamin-C-Aufnahme und der Entstehung von Kognitionsstörungen. Wie sich in jüngster Zeit durch die OPTIMA-Untersuchung gezeigt hat, besteht tatsächlich eine enge Verbindung zwischen einer niedrigen Konzentration der Vitamine Folsäure und B12 im Blut und einer gesicherten Alzheimer-Erkrankung. Es wird sehr wichtig sein zu klären, ob es sich hier wirklich um einen Kausalzusammenhang handelt, ob also Vitaminmangel tatsächlich zur Entstehung der Alzheimer-Krankheit beiträgt. Um diese Frage zu beantworten, sind umfangreiche Studien erforderlich, bei denen man die Ernährung von Personen mit einem erhöhten Risiko für die Alzheimer-Krankheit über viele Jahre hinweg mit Vitaminen ergänzt.

Sollte sich tatsächlich herausstellen, daß Vitaminmangel eindeutig ein Risikofaktor ist, ließe sich die Häufigkeit der Alzheimer-Krankheit bei älteren Menschen durch entsprechende Ernährungsergänzungen vermindern. Eine solche Vorbeugungsmaßnahme könnte für viele Millionen Menschen gewaltige Auswirkungen haben und ist der Aussicht, auf den Ausbruch der Krankheit zu warten und die Patienten dann zu behandeln, bei weitem vorzuziehen. Da es sich aber bei der Alzheimer-Krankheit um ein multifaktorielles Geschehen handelt, wird die Beseitigung eines einzelnen Risikofaktors wahrscheinlich nur bei einem Teil der Risikopersonen das Fortschreiten der Krankheit verhüten. Auch für Frauen, die nach den Wechseljahren eine Hormonersatztherapie erhalten, besteht nachgewiesenermaßen ein geringeres Erkrankungsrisiko als bei solchen, die keine Hormone einnehmen; es könnte sich also herausstellen, daß ein hoher Östrogenspiegel ebenfalls gegen die Krankheit schützt. Demnach ist es möglicherweise notwendig, neben der Nahrungsergänzung auch ein Hormonpräparat zu verschreiben. Aber von solchen optimistischen Aussichten sind wir noch weit entfernt: Zunächst einmal müssen die Risikofaktoren aus der Umwelt eindeutig nachgewiesen werden; und zweitens muß man in großangelegten Interventionsstudien untersuchen, ob sich die Krankheitshäufigkeit mit solchen Eingriffen tatsächlich vermindern läßt.

Der rätselhafteste aller Risikofaktoren, über die schon einmal berichtet wurde, ist das Bildungsniveau. In mehreren Studien aus unterschiedlichen Gegenden der Erde fand man einen Zusammenhang zwischen einem geringen Bildungsniveau und einem erhöhten Risiko für geistigen Verfall. Keine dieser Studien wurde durch histopathologische Diagnosen untermauert, und deshalb können wir nicht mit Sicherheit ausschließen, daß es sich nicht um methodische Fehler beim Nachweis der Demenz handelt. Dennoch wurde die Vermutung geäußert, durch Ausbildung könne im Gehirn eine »Reserve« entstehen, so daß es länger dauert, bis sich ein Verfall der Kognition zeigt. Einige experimentelle Befunde stimmen mit dieser Hypothese überein: So läßt sich die Dichte der synaptischen Verbindungen in der Hirnrinde bei jungen Tieren durch eine abwechslungsreiche Umgebung beeinflussen. Heißt das, daß wir unser Schicksal bis zu einem gewissen Grade selbst in der Hand haben? Cicero macht in seiner berühmten Abhandlung über das Alter einige Vorschläge, was der einzelne tun kann, um seine Aussichten auf ein gesundes Altern zu verbessern. Insbesondere vertritt er die Ansicht, man solle das Gehirn in vollem Umfang nutzen, und er selbst lernte zum Beispiel in seinen letzten Lebensjahren noch Griechisch. Er schreibt, es sei wichtig, das Gehirn ständig zu trainieren:

Nach Art der Pythagoreer überdenke ich, um mein Gedächtnis zu üben, jeden Abend alles, was ich tagsüber gesprochen, gehört und getan habe. Auf solche Weise kann man den Geist üben, ihn »auf Trab halten«.

Es ist schon verblüffend: Mittlerweile wird Ciceros Vision durch moderne Studien bestätigt. Bei älteren Menschen, denen man regelmäßig einfache kognitive Aufgaben stellt, beispielsweise das Ausfüllen von Kreuzworträtseln und das Zusammensetzen von Puzzlespielen, zeigt sich eine über mehrere Monate anhaltende Verbesserung der Kognitionsleistung. Auch regelmäßige körperliche Aktivität, die Pflege zwischenmenschlicher Beziehungen und ein selbstbestimmtes Leben tragen zum gesunden Altern bei. Eine Studie aus Südfrankreich legt sogar die Vermutung nahe, daß bei Personen, die Reisen machen, gesellschaftlichen Umgang pflegen oder sich mit Tätigkeiten wie Stricken oder Gartenpflege beschäftigen, drei Jahre später die Wahrscheinlichkeit, an Demenz zu leiden, geringer ist. Wenn sich solche Befunde bestätigen, können wir als einzelne und als Gesellschaft eindeutig etwas dafür tun, um gesund zu leben, und so auch die Lebensqualität für die zunehmende Zahl älterer Menschen in der Bevölkerung verbessern. Die fatalistische Sichtweise, wonach geistiger Verfall eine unausweichliche Begleiterscheinung des Älterwerdens ist, müssen wir aufgeben.

Weiterführende Literatur

Olshansky, S. J., Carnes, B. A. und Cassel, C. K.: *The aging of the human species.* In: *Scientific American 268*, 46-52, 1993.

Rowe, J. W. und Kahn, R. L.: *Human aging: usual and successful.* In: *Science 237*, 143-149, 1987.
Schaie, K. W.: *The course of adult intellectual development.* In: *American Psychologist 49*, 304-313, 1994.
Schneider, E. und Rowe, J. (Hrsg.): *Handbook of tbe Biology of Aging*, 4. Aufl. Academic Press, 1995.
Smith, A. D. und Jobst, K. A.: *Use of structural imaging to study the progression of Alzheimer's disease.* In: *British Medical Bulletin 52*, 575-586, 1996.

7

WARUM ES NIE EINE ÜBERZEUGENDE THEORIE DER SCHIZOPHRENIE GEBEN WIRD

Richard Bentall

Meine Theorie der Schizophrenie ist die beste, die es gibt, aber das heißt nicht viel.
Paul Meehl, 1996

Seit ungefähr hundert Jahren ist es derart üblich geworden, Geistesgestörtheit einfach als Erkrankung anzusehen, daß man sie kaum noch anders betrachten kann. Manche Kritiker haben zwar diesen Denkansatz in Frage gestellt (das gilt insbesondere für den amerikanischen Psychiater Thomas Szasz, der fand, daß man geistige Störungen nicht als Krankheiten bezeichnen sollte, solange man nicht biologisch eine krankhafte Veränderung nachweisen kann), aber das hatte langfristig keinen großen Einfluß. Was im neunzehnten Jahrhundert mit der Absicht der Irrenärzte begann, die Geistesgestörtheit in das Gebiet der allgemeinen Medizin einzubeziehen, ist heute zu einem ganz gewöhnlichen Sprachgebrauch geworden. Ohne nachzudenken sprechen wir von »Geisteskrankheiten«, von »Patienten« in der Psychiatrie und von ihrer »Therapie« durch Ärzte und Krankenschwestern.

Wie nicht anders zu erwarten, hat sich die Auffassung der Wissenschaftler und Ärzte, die biologische Theorien vertraten, auch in der Erforschung der Ursachen geistiger Störungen durchgesetzt. Diese Forscher gehen davon aus, daß man die verwirrenden Verhaltensweisen, die in den psychiatrischen Kliniken zu beobachten sind, einer kleinen Anzahl von Krankheiten zuordnen kann und daß diese Krankheiten sich dann mit unterschiedlichen pathologischen Vorgängen im Zentralnervensystem erklären lassen. Die Begeisterung für diese Denkweise wurde in regelmäßigen Abständen durch die Schlagworte prominenter Psychiater wieder angefacht; sie sollten die Gläubigen bei der Stange halten und die Bedeutung alternativer Ansätze, die psychologische oder soziale Faktoren stärker betonen, herunterspielen. Ein Leitartikel des »Journal of Mental Science« (heute »British Journal of Psychiatry«) behauptete im Jahr 1858: »Geistesgestörtheit ist ausschließlich eine Krankheit des Gehirns. Der Arzt ist heute der verantwortliche Betreuer der Irren und muß es auch immer bleiben.« Genau das gleiche Vorurteil über die Erklärung psychiatrischer Störungen drückte sich 1989 in einem Editorial der Fachzeitschrift »Psychological Medicine« aus, das aus der Feder des amerikanischen Psychiaters Samuel Guze stammt. Er meinte: »So etwas wie eine zu biologische Psychiatrie kann es nicht geben.« Natürlich hat die gewaltige Weiterentwicklung der neurowissenschaftlichen Grundlagenforschung auch für die biologische Untersuchung psychiatrischer Störungen wichtige Anregungen geliefert, beispielsweise durch die Entdeckung der Neurotransmitter und durch die Erfindung neuer bildgebender Verfahren für das Gehirn. Aber bei der Anwendung dieser Entdeckungen auf dem Gebiet der Psychiatrie ging man immer davon aus, daß psychiatrische Störungen grundsätzlich biologischen Ursprungs sind und in vielerlei Hinsicht den Krankheiten ähneln, die man in der Organmedizin behandelt – immerhin hätte sich 1858 niemand etwas von Neurotransmittern und bildgebenden Verfahren träumen lassen.

In diesem Kapitel möchte ich einige Annahmen der biologischen Psychiatrie in Frage stellen; dazu befasse ich mich mit der Erforschung der »Schizophrenie«, einer psychiatrischen

Störung, die mehr als jede andere zum Gegenstand biologischer Forschungsarbeiten wurde und die auch im Mittelpunkt meiner eigenen beruflichen Laufbahn stand. Ich werde nicht versuchen, die große Bedeutung biologischer Untersuchungen des Verhaltens im allgemeinen und des anormalen Verhaltens im besonderen zu leugnen. Ich möchte aber zeigen, daß solche Forschungsarbeiten nur dann dazu beitragen können, das – normale oder gestörte – Verhalten zu verstehen, wenn man sie in den Zusammenhang einer geeigneten psychologischen Aufklärung des fraglichen Verhaltens stellt. Ohne einen solchen Zusammenhang ist die biologische Forschung von ihrem Ansatz her kaum weiter fortgeschritten als die Phrenologie, jene Pseudowissenschaft des neunzehnten Jahrhunderts, die aufgrund der Annahme, in der Schädelform müsse sich die Form des Gehirns widerspiegeln, einen Zusammenhang zwischen der Persönlichkeit und Vorsprüngen am Kopf herstellte.

Als ich mich Mitte der achtziger Jahre zum ersten Mal mit der Schizophrenie befaßte, war es ein wenig ungewöhnlich, daß ein Psychologe sich für die schwereren Formen psychiatrischer Störungen interessierte. Damals nahm man allgemein an, die Symptome der Schizophreniepatienten seien der psychologischen Analyse nicht zugänglich, die Störung sei genetisch angelegt, und die zugrundeliegende Krankheit des Zentralnervensystems sei mit ziemlicher Sicherheit biochemischer Natur (als wahrscheinlichste Ursache galt eine anormale Funktion der Gehirnteile, die den Neurotransmitter Dopamin enthalten). Außerdem nahm man an, entscheidende neue Erkenntnisse über die Schizophrenie könne man nur mit neuen Methoden der Gehirnuntersuchung und durch die weitere Aufklärung der Struktur des menschlichen Genoms gewinnen. (Ich kam sogar eines Tages nach Hause und sah eine Fernsehsendung, in der behauptet wurde, »Wissenschaftler« hätten das Gen für Schizophrenie entdeckt; daraufhin fragte ich mich für kurze Zeit, ob ich als Psychologe nicht lieber etwas anderes erforschen sollte!) In den zehn Jahren, die seither vergangen sind, hat man mit diesen Verfahren faszinierende neue Einblicke in die Arbeitsweise des Gehirns gewonnen, aber was sie für die Aufklärung der Schizophrenie zu versprechen schienen, haben sie nicht gehalten. Wie ich hier darlegen werde, war mit einem solchen Fehlschlag zu rechnen. Und ich werde auch begründen, warum es nach meiner Vermutung nie eine überzeugende Theorie der Schizophrenie geben wird: Es liegt daran, daß schon der Begriff der Schizophrenie als solcher nicht schlüssig ist.

Kraepelin, Bleuler, Jaspers und Schneider: Wie wir dazu kamen, uns über Schizophrenie Gedanken zu machen

Durch eine psychiatrische Station zu gehen, kann ein verwirrendes Erlebnis sein, auch wenn der Besucher selbst nicht an psychiatrischen Störungen leidet. Die Patienten sitzen herum und warten auf ihre Medikamente, während überlastete Krankenschwestern sich in ihrem Dienstzimmer mit Papierkrieg herumschlagen oder sich um die Bewältigung der vielen persönlichen Krisen bemühen, die den Krankenhausalltag ausmachen. Wer sich nicht auskennt, ist wahrscheinlich verblüfft über die breite Palette entsetzlicher Erlebnisse, von denen viele Patienten berichten. Viele dieser Kranken leiden an extremen Gefühlen – meist handelt es sich um Depressionen, Ängste, Panikanfälle oder Verwirrung, manchmal aber auch um extreme Fröhlichkeit. Andere berichten, sie hörten Stimmen (akustische Halluzinationen), oder sie haben bizarre Überzeugungen (Wahnideen), zum Beispiel werden sie von angeblichen Geheimorganisationen verfolgt (Paranoia oder Verfolgungswahn) oder sie besitzen übermenschliche Macht (Größenwahn). Manche Patienten erscheinen auch emotional und im

Verhalten »ausgebrannt« – sie sitzen unter Umständen schweigend und ausdruckslos stundenlang da und sind unfähig oder unwillig, auf die Menschen um sich herum zu reagieren. Therapeutisch scheint in der Regel nicht viel zu geschehen.

Der Psychopathologe – das ist der Experte für die Phänomene, die man manchmal (mangels eines besseren Wortes) unter dem Begriff »Geistesgestörtheit« zusammenfaßt – hat die Aufgabe, solche Verhaltensweisen und Erlebnisse zu verstehen. Die herkömmlichen Erklärungsansätze gehen von zwei Annahmen aus: erstens, daß man die Geistesgestörtheit in eine kleine Zahl von Krankheitsbildern einteilen kann (von denen eines die Schizophrenie ist), und zweitens, daß die Ausdrucksformen oder »Symptome« der Geistesgestörtheit nicht unter dem Gesichtspunkt der Psychologie des betroffenen Individuums zu verstehen sind. Diese Annahmen wurden von den ersten Psychiatern, deren Schriften die Denkweise der heutigen Psychiatrie am stärksten beeinflußt haben, ausdrücklich so formuliert.

Mitte und Ende des neunzehnten Jahrhunderts gingen die Psychiater von der durchaus vernünftigen Vorstellung aus, es könne in der Aufklärung der Geistesgestörtheit keine Fortschritte geben, solange man die Störungen, die sie bei ihren Patienten beobachteten, nicht angemessen einordnen konnte. Für geistige Störungen wurden verschiedene Klassifikationssysteme vorgeschlagen, aber den größten Einfluß gewann ein System, das der deutsche Psychiater Emil Kraepelin aufstellte und dessen sich bis heute die meisten Fachleute bedienen.

Fotos von Kraepelin zeigen einen bärtigen Mann mit finsterem Gesicht. Er wurde im höheren Alter zu einem glühenden deutschen Nationalisten und schrieb sentimentale Gedichte über sein Vaterland. Seine Methode zur Einteilung geistiger Störungen wurde einerseits von seinem Bruder beeinflußt, einem Botaniker, der sich mit der Klassifikation von Pflanzenarten befaßte, andererseits aber auch von dem Psychologen

Wilhelm Wunt, bei dem Kraepelin eine Zeitlang studierte und der nachdrücklich darauf hinwies, wie notwendig eine genaue Beschreibung geistiger Zustände sei. Kraepelin faßte diese Ideen zusammen und gelangte zu der Annahme, eine genaue Untersuchung der bei einer geistigen Störung jeweils gemeinsam auftretenden Symptome werde ein funktionierendes diagnostisches Klassifikationssystem möglich machen, und mit seiner Hilfe werde man die biologischen Anomalien aufklären, die man für die Ursache der Geistesgestörtheit hielt:

Nach unseren Erfahrungen in der inneren Medizin zu urteilen, ist es eine vernünftige Annahme, daß ähnliche Krankheitsprozesse auch zur ähnlichen Krankheitsbildern, einer ähnlichen pathologischen Anatomie und der gleichen Ätiologie führen. Besäßen wir also über eines dieser drei Gebiete – pathologische Anatomie, Symptomatologie oder Ätiologie – umfassende Kenntnisse, so hätten wir sofort eine einheitliche Standardklassifikation der Geisteskrankheiten. Ein ähnlich umfassendes Wissen über eines der beiden anderen Gebiete würde uns nicht nur ebenfalls eine einheitliche Standardklassifikation liefern, sondern alle diese Einteilungen würden auch genau übereinstimmen. (Kraepelin 1907)

Deshalb machte Kraepelin genaue Aufzeichnungen über die Symptome, die seine Patienten schilderten, und auch über ihr weiteres Schicksal. Er nahm an, unterschiedliche Krankheitsprozesse würden sich jeweils als Kombination von Symptomen zeigen, die gemeinsam auftraten und zu unterschiedlichen Folgen führten. Im Jahr 1896 äußerte er auf der Grundlage solcher Beobachtungen die Ansicht, es gebe nur zwei große Formen geistiger Störungen: die *Dementia praecox* und die *manisch-depressive Erkrankung*.

Die Dementia praecox erhielt ihren Namen, weil man sie für eine Art degenerativer Gehirnerkrankung (Demenz) hielt, die offenbar schlimme Folgen hatte und sich fast immer in der späten Jugend oder im frühen Erwachsenenalter einstellte (praecox = vorzeitig). Die Betroffenen litten an schwerem geistigem Verfall, von dem sie sich nie wieder erholten, sowie an Denkstörungen, bizarren Überzeugungen oder Wahnideen und Halluzinationen. Die manische Depression dagegen (als deren Sonderfall die einfache oder monopolare Depression galt) war durch extreme Stimmungsschwankungen (Depression oder Euphorie) gekennzeichnet und hatte in der Regel eine relativ günstige langfristige Prognose.

Der Schweizer Psychiater Eugen Bleuler schlug 1911 vor, den Begriff Dementia praecox durch *Schizophrenie* zu ersetzen. Zu dieser Ansicht war er unter anderem deshalb gelangt, weil er den Eindruck hatte, Kraepelins Beschreibung der Krankheit sei fehlerhaft: Nicht alle Patienten, die an Schizophrenie litten, waren beim ersten Auftreten der Krankheit noch jung (oft war das allerdings der Fall), und die Prognose war häufig nicht so düster, wie Kraepelin behauptet hatte (Bleuler merkte allerdings ebenfalls an, er habe noch nie einen Patienten kennengelernt, der von dem Leiden völlig genesen sei). Er schlug den neuen Begriff »Schizophrenie«, der seither alle Drehbuchschreiber in Hollywood durcheinanderbringt, nicht deshalb vor, weil die Patienten eine Persönlichkeitsspaltung erlebten, sondern weil die verschiedenen Facetten des geistigen Lebens – Wahrnehmung, Denken, Gefühle – offenbar mit dem Fortschreiten der Krankheit voneinander getrennt werden.

Hatte Kraepelin den geistigen Verfall als Hauptmerkmal der Dementia praecox bezeichnet, so meinte Bleuler, man solle vier recht unauffällige Symptome, die seitdem als »Bleulers vier A« bezeichnet werden, als grundlegend ansehen: ungeordnete *Affekte* (Gefühle), *Ambivalenz, Autismus* und eine Lockerung der *Assoziationen.* Er ging zwar von einem biologischen Ursprung der Schizophrenie aus, versuchte aber diese Symptome zu verstehen, indem er einige einfache Erkenntnisse über die Kognitionsprozesse im Menschen (die er von ihrem Wesen her für assoziativ hielt) mit Vorstellungen aus der Psychoanalyse kombinierte.

Bemerkenswert ist, daß weder Kraepelin noch Bleuler die offenkundigsten Ausdrucksformen der Geistesgestörtheit – nämlich Halluzinationen und Wahnvorstellungen – als Kernsymptome der Schizophrenie betrachteten. Erst später wiesen zwei andere deutsche Psychiater, nämlich Karl Jaspers und Kurt Schneider, zum ersten Mal auf die große Bedeutung dieser Symptome hin. Jaspers, der nicht nur Psychiater, sondern auch ein angesehener Philosoph war, bemühte sich um eine eindeutige Abgrenzung zwischen alltäglichen Einstellungen und Erlebnissen einerseits und den offenkundig bizarren Überzeugungen und Haltungen der Schizophreniepatienten andererseits. Nach seiner Ansicht gab es einen grundsätzlichen Unterschied zwischen *unverständlichen* Überzeugungen oder Erlebnissen, das heißt solchen, die vor dem Hintergrund von Persönlichkeit und Herkunft unbegreiflich waren, und den verständlichen Überzeugungen und Erlebnissen gesunder Menschen. Während verständliche Überzeugungen und Erlebnisse unter psychologischen Gesichtspunkten begreiflich waren, galt das nicht für unverständliche Überzeugungen und Erlebnisse wie Wahnideen und Halluzinationen, das heißt, diese waren nur mit einer Störung der Gehirnfunktion zu erklären. Seine Überlegungen ähneln ein wenig einer Abgrenzung, die manche modernen Philosophen wie beispielsweise Dan Dennett vornehmen: Sie unterscheiden zwischen dem »intentionalen Standpunkt« (wenn wir der Ansicht sind, das Verhalten oder die Erfahrungen eines Menschen ließen sich durch frühere geistige Zustände erklären) und dem »Gestaltungsstandpunkt« (wenn wir der Ansicht sind, Verhalten und Erfahrungen seien am besten unter dem Gesichtspunkt der Mechanismen im Gehirn zu verstehen). Nach Dennetts Beobachtungen ist es ganz natürlich, daß man auf den Gestaltungsstandpunkt zurückfällt, wenn Verhalten vom intentionalen Standpunkt aus unbegreiflich ist: Gerade weil wir ein Verhalten nicht verstehen, nehmen wir an, es müsse durch einen Defekt im Gehirnapparat zustande kommen.

Schneider befaßte sich aus weniger philosophischen Gründen mit positiven Symptomen. Er versuchte, die Schizophrenie genauer zu definieren, und beschrieb zu diesem Zweck *elf Symptome ersten Ranges*, jedes davon eine Form der Halluzination (zum Beispiel, daß der Erkrankte Gedanken laut ausgesprochen hört oder daß er Stimmen hört, die in der dritten Person über ihn sprechen), Wahnideen (z.B. eine wahnhafte Wahrnehmung, bei der die betroffene Person plötzlich aus etwas Gesehenem oder Gehörtem eine bizarre Schlußfolgerung zieht) oder die Erfahrung von Machtlosigkeit (z.B. die Überzeugung, die eigenen Gefühle würden von anderen verursacht oder gelenkt). Jedes dieser Symptome reichte nach Schneiders Ansicht für eine Diagnose der Krankheit aus. Seine Methode erfreute sich unter anderem deshalb großer Beliebtheit, weil diese Symptome sehr viel einfacher nachzuweisen waren als Bleulers vier As.

Die heutigen Diagnosehandbücher der Psychiater, beispielsweise die vierte Auflage des »Diagnostic and Statistic Manual« (kurz DSM-IV, erschienen 1994) der American Psychiatric Association und die zehnte Auflage der »International Classification of Diseases« der Weltgesundheitsorganisation (ICD-10, erschienen 1992) übernehmen Kraepelins Unterscheidung zwischen Schizophrenie und manisch-depressiver Erkrankung, aber wie Schneider legen sie das größte Gewicht auf Halluzinationen und Wahnideen (die manchmal auch positive Symptome genannt werden) und nicht auf die negativen Symptome oder Defizite, die Kraepelin betonte.

Die wahre Ursache der Schizophrenie, bitte melden!

Wie der Philosoph Ian Hacking deutlich gemacht hat, kann die Idee von *der* Ursache so fesselnd sein, daß sie das kritische Denken über diagnostische Kategorien lähmt. Sobald man uns eine kausale Erklärung (und sei sie auch noch so wenig plausibel) für irgendeine diagnostische Einheit anbietet, nehmen wir ganz selbstverständlich an, daß diese diagnostische Einheit irgendeine Basis in der Realität hat. Natürlich ist das geistige Leben sehr kompliziert, und deshalb wäre es unsinnig zu erwarten, daß selbst genau definierte Krankheiten die Folge eines einzigen kausalen Geschehens sind. Ted Honderich, ein anderer Philosoph, hat darauf hingewiesen, daß schon einfache physikalische Vorgänge wie das Anzünden eines Streichholzes das Produkt komplexer kausaler Umstände sind: Das Streichholz muß nicht nur mit einer bestimmten Kraft an einer rauhen Oberfläche gerieben werden, sondern es muß auch eine bestimmte chemische Zusammensetzung haben und muß vor dem Anzünden an einem trockenen Ort aufbewahrt worden sein. Psychiatrische Störungen, davon können wir ausgehen, sind im Vergleich dazu noch wesentlich komplexer und umfassen sicherlich Wechselbeziehungen zwischen biologischen, psychologischen und gesellschaftlichen Vorgängen.

In den hundert Jahren, seit Kraepelin die Schizophrenie zum ersten Mal beschrieb, hat man die Erforschung ihrer Ursache energisch vorangetrieben. Trotz der weitverbreiteten Annahme, die Schizophrenie müsse durch einen relativ genau festgelegten Aspekt in der biologischen Entwicklung eines Menschen bestimmt werden und nicht durch einen Teil seiner Lebenserfahrung, haben einige Autoren andere Ansichten geäußert. So hat die Forschung seit den dreißiger Jahren unter anderem gezeigt, daß eine unerwartet große Zahl derer, die an Schizophrenie leiden, in Innenstädten wohnen. Andere klinische Studien aus den sechziger Jahren schienen darauf hinzuweisen, daß Schizophreniepatienten häufig aus Familien stammen, in denen auch andere Angehörige sich in ihrer gegenseitigen Kommunikation seltsam oder ungeordnet verhalten. Aber Erklärungen für die Schizophrenie, die sich ausschließlich auf eine streßbelastete Umgebung oder Familiendynamik berufen, haben die Prüfung der Zeit nicht besonders gut bestanden. Wie man mittlerweile weiß, ziehen Personen mit schweren psychiatrischen Störungen, die meist arbeitslos und arm sind, häufig in innerstädtische Wohngegenden, wo die Mieten erschwinglich sind. Zwar gibt es gute Belege, daß die Atmosphäre in einer Familie den Verlauf der meisten psychiatrischen Erkrankungen beeinflussen kann (den Patienten geht es in der Regel besser, wenn nahe Verwandte sie akzeptieren und zwanglos mit ihnen umgehen, und schlechter, wenn die Verwandten sehr kritisch oder übermäßig beschützend sind), aber nichts weist darauf hin, daß familiäre Schwierigkeiten allein die verheerenden Symptome erklären könnten, die zur Diagnose der Schizophrenie führen.

Dieses offenkundige Versagen der psychologischen Forschung könnte auf den ersten Blick als Ermutigung für die Biologen erscheinen, aber den biologischen Theorien der Schizophrenie ist es nicht viel besser ergangen. Seit den dreißiger Jahren scheinen genetische Untersuchungen für die Vorstellung zu sprechen, daß die Schizophrenie erblich ist. Eineiige Zwillinge sind zum Beispiel mit größerer Wahrscheinlichkeit konkordant für die Schizophrenie (das heißt, wenn bei einem Zwillinge die Krankheit diagnostiziert wurde, besteht eine hohe Wahrscheinlichkeit, daß die gleiche Diagnose auch bei dem anderen gestellt wird) als zweieiige Zwillinge. Da eineiige Zwillinge genau die gleichen Gene besitzen, während das bei zweieiigen nicht der Fall ist, scheint dieser Befund für eine genetische Anlage zu sprechen. Leider waren aber die ersten Studien schlecht angelegt: Man wandte zum Beispiel sehr lockere diagnostische Kriterien an, und die Ärzte, von denen die Diagnose gestellt wurde, wußten, ob die Zwillinge eineiig oder zweieiig waren. Später gelangte man mit strengeren wissenschaftlichen Methoden zu einer viel niedrigeren Schätzung für den Beitrag, den die Vererbung beim Ausbruch der Schizophrenie leistet. Außerdem tritt die Schizophrenie in Familien sehr unregelmäßig auf; das läßt vermuten, daß es kein einzelnes Gen für die Krankheit gibt und daß sie im Hinblick auf ihre genetischen Grundlagen uneinheitlich ist (das heißt, daß die Gene bei manchen Patienten eine wichtigere Rolle spielen als bei anderen). Dennoch sind manche Wissenschaftler von dem genetischen Ansatz nach wie vor begeistert. Einer von ihnen ist Tim Crow: Wie er im nächsten Kapitel darlegen wird, besteht nach seiner Ansicht ein Zusammenhang zwischen dem genetischen Beitrag zur Schizophrenie und der Sprachentwicklung sowie der Spezialisierung der rechten und linken Gehirnhälfte auf unterschiedliche Funktionen. Seine Behauptung stützt sich auf die seltsame Beobachtung in einer Studie der Weltgesundheitsorganisation, daß die Häufigkeit (das heißt die Zahlen neuer Fälle je Zeiteinheit) der Schizophrenie weltweit gleich ist. Dieser Befund wurde jedoch von einigen Epidemiologen in Frage gestellt: Nach ihrer Ansicht war die Studie der WHO von ihrer Anlage her nicht geeignet, kulturelle Unterschiede im Auftreten psychiatrischer Störungen nachzuweisen.

Ähnliche Meinungsverschiedenheiten bestehen auch über Theorien der Schizophrenie, die von einer Erkrankung des Gehirns ausgehen. Wie man in den fünfziger Jahren zufällig entdeckte, scheint das Antihistaminikum Chlorpromazin bei schwer gestörten Schizophreniepatienten die Symptome zu unterdrücken. In weiteren Studien stellte sich dann heraus, daß auch mehrere ähnliche Wirkstoffe, die man heute zusammenfassend als Neuroleptika bezeichnet, Psychosen mildern, und das führte zur Suche nach Mechanismen, durch die dieser therapeutische Effekt zustande kommt. In Tierversuchen zeigte sich, daß alle damals verfügbaren wirksamen Antipsychotika im Gehirn die Rezeptoren für den Neurotransmitter Dopamin blockieren. Wie man zur gleichen Zeit beobachtete, lösen Wirkstoffe, welche die Wirkung des Dopamins nachahmen (Dopamin-Agonisten) und zur Behandlung der Parkinson-Krankheit dienen, manchmal auch Wahn und Halluzinationen aus. Das führte zu der überzeugenden Theorie, Schizophrenie werde durch eine Art Überaktivität des Dopaminsystems verursacht.

Leider hat aber auch die zweifellos elegante Dopamintheorie die Prüfung durch die Zeit nicht besser bestanden als die Theorien, die Umwelt oder Gene für die Schizophrenie verantwortlich machten. Zwar helfen Medikamente, die den Effekt des Dopamins blockieren, einer beträchtlichen Zahl von Patienten mit schweren psychiatrischen Störungen, aber ein erheblicher Anteil Betroffener spricht nicht darauf an. Und selbst wenn diese Präparate wirksam sind, dürfte das nicht an einem spezifischen Effekt auf das Dopaminsystem liegen. Die Suche nach Belegen für eine anormale dopaminerge Funktion im Gehirn von Schizophreniepatienten (z.B. durch Messung des Dopaminspiegels im Gehirn oder indem man die Zahl der Dopaminrezeptoren ermittelte) führte zu widersprüchlichen Befunden. In Experimenten mit den neuen bildgebenden Verfahren zeigte sich kein Zusammenhang zwischen dem Ausmaß der Rezeptorenblockade durch Antipsychotika und dem Nutzen, den die Patienten davon hatten. Und schließlich wurden in letzter Zeit neue Antipsychotika wie Clozapin entwickelt, die offenbar sehr unspezifisch auf das Gehirn wirken und die Dopaminrezeptoren nicht besonders nachhaltig blockieren.

Natürlich kann man das Gehirn auch auf andere Weise untersuchen. In Studien mit den bildgebenden Verfahren fand man im Gehirn mancher Schizophreniepatienten anormale Strukturen. Es handelte sich zwar in den einzelnen Untersuchungen um unterschiedliche Anomalien, am häufigsten beobachtete man jedoch eine Vergrößerung der flüssigkeitsgefüllten Gehirnventrikel. Erweiterte Ventrikel fand man aber auch bei einem Teil der Patienten, bei denen man eine manische Depression diagnostiziert hatte, das heißt, diese Abweichung ist vermutlich weder spezifisch für die Schizophrenie noch notwendig für ihre Entstehung. In neuropsychologischen Tests, die bekanntermaßen Gehirnschäden erkennbar machen, zeigten viele Schizophreniepatienten ebenfalls schlechte Leistungen, aber bei den Defiziten, die man im einzelnen beobachtete, gab es offenbar zwischen den Patienten große Unterschiede.

Wie angesichts der Schwierigkeiten bei der genetischen, biochemischen und neurologischen Forschung nicht anders zu erwarten, wurden die Theorien der Schizophrenie im Laufe der Zeit immer exotischer. In den 70er Jahren waren für kurze Zeit Ernährungstheorien im Schwange – der Biochemiker und Nobelpreisträger Linus Pauling sprach sich dafür aus, Schizophreniepatienten mit hochdosierten Vitaminen zu behandeln. Vorübergehend zog man auch die Nierendialyse als Behandlungsmethode für Schizophrenie in Betracht, weil man vermutete, im Blut angesammelte Giftstoffe könnten die Krankheit verursachen. Die neuesten biologischen Theorien, die vielleicht durch die Erforschung von Infektionskrankheiten wie AIDS angeregt wurden, bringen Viren ins Spiel. Für Menschen, die im Frühjahr geboren werden, besteht offenbar eine geringfügig größere Gefahr, Schizophrenie zu bekommen, als für solche, die zu anderen Jahreszeiten zur Welt kommen. Das gab Anlaß zu der Vermutung, eine winterliche Virusinfektion bei Schwangeren könne beim Fetus geringfügige neurologische Schäden verursachen, die im Erwachsenenalter als Schizophrenie manifestiert werden könnte. Die vielleicht seltsamste derartige Theorie stammt von den beiden amerikanischen Epidemiologen E. Fuller Torrey und Robert Yolken: Sie stellen die Behauptung der Weltgesundheitsorganisation in Frage, wonach Schizophrenie in allen Gegenden der Welt mit der gleichen

Häufigkeit vorkommt, und äußern die Vermutung, das Schizophrenie-Virus könne von Hauskatzen auf werdende Mütter übertragen werden. (Nach ihren Befunden ist die Schizophrenie in denjenigen Ländern am häufigsten, in denen Katzen als Haustiere gehalten werden.)

Man möge es dem skeptischen Beobachter verzeihen, wenn er angesichts einer derart breiten Palette offenkundig widersprüchlicher Theorien verwirrt ist und sich fragt, ob es in den hundert Jahren, seit Kraepelin die Krankheit zum erstenmal beschrieb, tatsächlich große Fortschritte bei der Aufklärung der Schizophrenie und ihrer Ätiologie gegeben hat. Immerhin wurde fast jeder Faktor, der bekanntermaßen das Verhalten der Menschen beeinflußt, irgendwann einmal als *die* Ursache der Schizophrenie herausgegriffen. Natürlich ist es möglich, daß Schizophrenie als Krankheit einfach viel schwerer zu verstehen ist als andere – beispielsweise die Parkinson-Krankheit und verschiedene Arten von Krebs –, bei denen die Wissenschaft beträchtliche Fortschritte gemacht hat. Angesichts der vielen widersprüchlichen Befunde in der Schizophrenieforschung liegt aber eher die Vermutung nahe, daß Patienten, bei denen eine Schizophrenie diagnostiziert wurde, in Wirklichkeit an vielen unterschiedlichen Störungen leiden und daß die Schwierigkeit nicht in den Methoden liegt, mit denen man die Schizophrenie erforscht, sondern in dem Begriff als solchem.

Gibt es wirklich so etwas wie »Schizophrenie«?

Wenn wir wissen wollen, ob der Begriff der Schizophrenie für klinische Zwecke oder für die Forschung nützlich ist, müssen wir ihn zwei verschiedenen Prüfungen unterwerfen: auf *Zuverlässigkeit* und auf *Gültigkeit.* Bei der ersten geht es um die Frage, inwieweit Ärzte sich darauf einigen können, bei wem die Diagnose zutrifft, und die zweite hat damit zu tun, in welchem Umfang die mit unterschiedlichen Mitteln gewonnenen Diagnosen übereinstimmen (ob also beispielsweise Symptome in der angenommenen Weise gemeinsam vorkommen, ob sie eine bestimmte Prognose haben und ob sie auf eine bestimmte Behandlung ansprechen). Zuverlässigkeit ist eine notwendige, allein aber nicht hinreichende Bedingung für die Gültigkeit. Eine Diagnose kann nicht gültig sein, ohne zunächst einmal zuverlässig zu sein, sie kann aber auch zuverlässig sein, ohne daß sie gültig wäre. (Man betrachte zum Beispiel die höchst zuverlässige Diagnose der Bentall-Krankheit, die folgende »Symptome« zeigt: von Natur aus rote Haare, während der letzten drei Jahre im Sommer mehr als dreimal so viele Erkältungen wie im Winter, und mehr als drei CDs von Pink Floyd in der Plattensammlung des Patienten. Wir könnten uns alle darauf einigen, wer an der Bentall-Krankheit leidet und wer nicht, aber niemand würde ernsthaft in Betracht ziehen, auch nur einen winzigen Bruchteil staatlicher Forschungsmittel auf die Aufklärung ihrer Ursachen zu verwenden.)

In den sechziger und siebziger Jahren stellten viele Fachleute die Zuverlässigkeit der Diagnose »Schizophrenie« in Frage, und zwar aus zwei Gründen: Erstens hatten Untersuchungen ergeben, daß die Ärzte oft unterschiedlicher Meinung darüber waren, wer an Schizophrenie litt und wer nicht. Und zweitens zeigte sich, daß die Diagnose in Nordamerika wesentlich häufiger gestellt wurde als in Westeuropa. Solche Bedenken führten zur Entwicklung von Diagnosehandbüchern (z.B. DSM-IV und ICD-10), in denen ganz genau festgelegt war, welche Symptome für die Diagnose der Schizophrenie gegeben sein müssen. Wenn Ärzte das gleiche Diagnosehandbuch verwenden, sind sie zweifellos in der Regel auch einer Meinung darüber, ob jemand an Schizophrenie leidet oder nicht. Allerdings muß man sich klarmachen, daß die in den Handbüchern dargelegten Kriterien nicht aufgrund empirischer Forschung bestimmt wurden: Sie sind eigentlich psychiatrische Überlieferung, die durch Kommissionen angesehener Psychiater zur Institution gemacht wurde. Zwischen den verschiedenen Diagnosehandbüchern bestehen oft nur geringe Übereinstimmungen, und das führte den britischen Psychiater Ian Brockington zu der Einschätzung, die ärztlichen Meinungsverschiedenheiten über die Schizophrenie sei durch ein »Geplapper aus genauen, aber unterschiedlichen Formulierungen desselben Begriffes« verdrängt worden.

Auch die Belege für die Gültigkeit der Diagnose »Schizophrenie« sind für die herkömmliche Sichtweise nicht tröstlicher. Wie bereits erwähnt, kann man sich dieser Frage unter anderem dadurch nähern, daß man überlegt, ob die Symptome der Schizophrenie gemeinsam auftreten, wie Kraepelin und Bleuler es angenommen hatten. Komplizierte statistische Analysen der Symptome, die von einer großen Zahl von Patienten aufgezeichnet wurden, haben übereinstimmend gezeigt, daß das nicht der Fall ist. Neuere Studien weisen darauf hin, daß es bei der Schizophrenie mindestens drei, vielleicht aber auch noch mehr relativ unabhängige Gruppen von Symptomen gibt. Halluzinationen und Wahnideen treten in der Regel gemeinsam auf (auch das ist allerdings nicht immer der Fall). In ganz ähnlicher Weise können auch die negativen Symptome oder Mangelsymptome wie Teilnahmslosigkeit, Verlust von Gefühlen und sozialer Rückzug gemeinsam auftreten. Zu einem weiteren Symptomenkomplex gehören offenbar auch Aufmerksamkeitsstörungen, bizarre Gedanken und eine Beeinträchtigung der Sprache. Viele Patienten erleben also eine Kombination aus Symptomen, die man normalerweise der Schizophrenie zuordnet, und anderen, die in der Regel als Zeichen einer manischen Depression gelten. Deshalb verwendet man heute häufig den Begriff *schizoaffektive Störung* für Patienten, die nicht eindeutig in eine von Kraepelins beiden Diagnosekategorien passen.

Auch was die Gültigkeit von Voraussagen angeht, entspricht die Diagnose der Schizophrenie keinen anerkannten Maßstäben. Während Kraepelin und in geringerem Maße auch Bleuler die Prognose der Krankheit pessimistisch sahen, zeigen moderne Studien, daß es hier eine gewaltige Schwankungsbreite gibt. In den Industrieländern wird etwa ein Drittel der Patienten wieder völlig gesund, ein weiteres Drittel bleibt dauernd oder fast dauernd krank und das letzte Drittel zeigt einen mittleren Verlauf, der durch einen Wechsel zwischen Krankheit und normaler oder annähernd normaler Gesundheit gekennzeichnet ist. Antipsychotika machen die Symptome zweifellos für viele Patienten erträglicher, aber es gibt keine Hinweise, daß es den Patienten heute langfristig besser ergeht als zu Kraepelins Zeit. Seltsamerweise haben wir aber stichhaltige Belege, daß die Patienten in Ländern der dritten Welt eine bessere Prognose haben als in den Industrienationen; diesen Unterschied führt man gewöhnlich darauf zurück, daß die Familien in der dritten Welt lockerer mit psychiatrischen Krisen umgehen.

Die letzte Prüfung für den Wert einer Diagnose, die vor allem für die klinische Praxis von großer Bedeutung sein dürfte, ist die Voraussage darüber, inwieweit Patienten auf eine Behandlung ansprechen. Die Diagnose sollte dem Arzt Auskunft darüber geben, welche Therapiemethode wirkt und welche nicht. Seit der Entdeckung des Chlorpromazins nahm man allgemein an, bei Schizophrenie seien Neuroleptika die Mittel der Wahl, und andere Wirkstoffe, beispielsweise Lithiumcarbonat, eigneten sich am besten für manische Depressionen. In Wirklichkeit sprechen aber manche Schizophreniepatienten auch auf Lithiumcarbonat an, und bei manchen Patienten mit manischen Depressionen wirken Neuroleptika. In einer Studie, die in den achtziger Jahren am Northwick Park Hospital in Großbritannien durchgeführt wurde, teilte man psychotische Patienten unabhängig von der jeweiligen Diagnose nach dem Zufallsprizip in vier Gruppen ein, die jeweils ein Neuroleptikum, Lithiumcarbonat, beide Wirkstoffe oder ein Plazebo erhielten. Wie sich herausstellte, sprachen sie symptomspezifisch, nicht aber diagnosespezifisch auf die Medikamente an: Halluzinationen und Wahnideen ließen sich mit Neuroleptika besser behandeln, ganz gleich, wie die primäre Diagnose lautete; Patienten mit extremen Stimmungsschwankungen dagegen sprachen besser auf Lithiumcarbonat an, und auch hier spielte die primäre Diagnose keine Rolle.

Es scheint also, als sei die Schizophrenie eine Krankheit, die nicht aus bestimmten Symptomen besteht, keine bestimmte Prognose hat und auf keine bestimmte Behandlung anspricht. Da ist es kein Wunder, daß die Forschung noch keine bestimmte Ursache dingfest gemacht hat.

Können wir ohne eine Diagnose der Schizophrenie leben?

Wenn es stimmt, was diese Funde vermuten lassen, und wenn der Begriff der Schizophrenie demnach nicht dazu beiträgt, die Geistesgestörtheit zu verstehen, warum wird die Diagnose dann dennoch weiterhin gestellt? Das liegt unter anderem daran, daß Ärzte und Wissenschaftler sich nur schwer mit der Vorstellung abfinden können, ein Begriff, in den man so viel Mühe investiert hat, solle bedeutungslos sein. Oder, wie ein junger Psychiater einmal protestierend zu mir sagte: »Die Diagnose der Schizophrenie muß nützlich sein ... schließlich benutzen wir sie nach wie vor.« Mit einer ganz ähnlichen Argumentation könnte man natürlich auch die Astrologie verteidigen. Tatsächlich besteht zwischen Kraepelins Psychiatrie und astrologischen Hypothesen eine bemerkenswerte Ähnlichkeit. In beiden Fällen nimmt man allgemein an, ein diagnostischer Begriff (»Schizophrenie«, »Waage«) müsse etwas Wichtiges über eine Person und zukünftige Ereignisse aussagen. Und in beiden Fällen sind Belege, die für eine solche Fähigkeit zu Erklärungen und Voraussagen sprechen, verblüffenderweise nicht vorhanden.

Ein zweiter Grund, warum Ärzte und Wissenschaftler den Begriff der Schizophrenie nicht aufgeben wollten, liegt in der Tatsache, daß es keine Alternative zur bisherigen Einschätzung von Geistesgestörtheit gibt. Die biologisch-medizinische Betrachtungsweise psychiatrischer Störungen hat sich so allgemein durchgesetzt, daß die Wissenschaftler das Verhalten und die Erfahrungen von Psychiatriepatienten kaum in Begriffe fassen können, es sei denn, sie bedienten sich dieser oder jener diagnostischen Kategorie. Deshalb nimmt man allgemein an, die Fachleute hätten keine andere Wahl, als bei Kraepelins System zu bleiben, bis man eine bessere Methode der psychiatrischen Klassifikation entdeckt.

Es gibt aber zu Kraepelins Denkansatz eine logische Alternative, die keine Entdeckung eines neuen Diagnosesystems erfordert. Wir können die Diagnose ganz und gar aufgeben! Statt sich mit Psychiatriepatienten zu befassen, die aufgrund weitgefaßter diagnostischer Kategorien in Gruppen eingeteilt wurden, könnte man sie auch anhand der tatsächlichen Probleme untersuchen, mit denen sie in die psychiatrische Klinik kommen. Schließlich klagen sowohl die Patienten als auch ihre Freunde und Angehörigen kaum einmal über Schizophrenie – sie leiden vielmehr unter bestimmten beunruhigenden Verhaltensweisen oder Erlebnissen: Sie hören zum Beispiel Stimmen, fühlen sich verfolgt oder haben Schwierigkeiten, eine berufliche Tätigkeit oder Beziehungen zu anderen Menschen aufrechtzuerhalten. Solche Verhaltensweisen und Erlebnisse werden von den Psychiatern als *Symptome* bezeichnet, und sie, nicht die bedeutungslosen diagnostischen Kategorien, könnten und sollten im Mittelpunkt der Forschung stehen.

Seit etwa zehn Jahren befaßt sich eine ganze Reihe von Fachleuten mit derartigen Untersuchungen. Im Rest dieses Kapitels möchte ich einige dieser Arbeiten beschreiben, und dabei konzentriere ich mich auf meine eigenen Studien über Wahn und Halluzinationen.

Den Verfolgungswahn verstehen

Die psychologische Erforschung der Wahnideen ging in neuerer Zeit von der Annahme aus, daß Wahnvorstellungen (zum Beispiel »Es gibt eine Verschwörung gegen mich, an der sowohl die CIA als auch die Königliche Familie beteiligt sind.«) im wesentlichen von den gleichen Vorgängen beeinflußt werden, die auch normale, nicht von Wahnvorstellungen geprägte Überzeugungen beeinflussen (zum Beispiel »Wenn ich dieses Kapitel für Steven Rose nicht in den nächsten Tagen fertig habe, wird er nie mehr ein Wort mit mir reden, und das wird meiner Karriere schaden.«). Abb. 1 zeigt ein einfaches Modell der Faktoren, die mitwirken, wenn wir uns Überzeugungen zu eigen machen und aufrechterhalten; dieses Schema habe ich buchstäblich auf die Rückseite eines Briefumschlages gezeichnet, als ich mit meinen Forschungsarbeiten zu diesem Thema begann. Es ist ein sehr grobes Modell, und jeder Kognitionspsychologe, der etwas auf sich hält, würde es zweifellos als hoffnungslos unzulänglich zurückweisen, aber wir können mit seiner Hilfe dennoch Spekulationen darüber anstellen, was möglicherweise abläuft, wenn sich bei jemandem eine Überzeugung entwickelt, die allen anderen Menschen bizarr und ganz offensichtlich anormal erscheint.

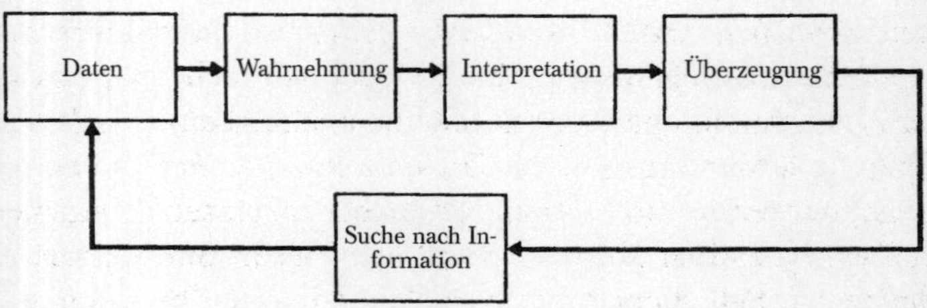

Abb. 1: Ein nicht ganz ernst gemeintes »Sonderangebot« für den Erwerb von Überzeugungen. Es macht deutlich, welche Vorgänge vermutlich zur Entstehung normaler und wahnhafter Überzeugungen beitragen. (Aus R. P. Bentall, in: Reconstructing Schizophrenia, Hrsg. R. P. Bentall, Routledge 1990, S. 23-60.)

Das Modell legt die Vermutung nahe, daß wir unsere Überzeugungen nicht einfach aus einer Art metaphysischem Hut zaubern können, sondern daß sie sich ganz im Gegenteil meist auf reale Vorgänge in der Umwelt gründen. Wenn wir wichtige Daten aus unserer Umgebung wahrgenommen und uns mit ihnen befaßt haben, können wir bestimmte Rückschlüsse über ihre Bedeutung ziehen. Falls wir wirklich rationale Wissenschaftler sind, könnten wir anschließend nach weiteren Informationen suchen, die mit unseren Überzeugungen zu tun haben, aber die meisten verfügbaren Befunde weisen darauf hin, daß normale Menschen hier auf recht irrationale Weise vorgehen. (Nach den Beobachtungen von Wissenschaftsphilosophen in der Nachfolge Poppers entspricht es am ehesten der Logik, wenn man zunächst nach Indizien sucht, die eine Theorie möglicherweise widerlegen können. Da man eine Theorie eindeutig widerlegen, aber niemals eindeutig beweisen kann, sollten negative Belege eigentlich besonders überzeugend sein. Wie sich jedoch in wissenschaftlichen Untersuchungen gezeigt hat, suchen normale Menschen – vorausgesetzt, sie bemühen sich überhaupt um weitere Indizien – gezielt nach Daten, die ihre Theorien bestätigen.)

In jedem derartigen Stadium können ungewöhnliche Ereignisse zur Entstehung von Überzeugungen beitragen, die unmittelbar in die psychiatrische Klinik führen. Oder, wie es in einem alten Witz heißt: »Nur weil ich paranoid bin, bedeutet das nicht, daß niemand hinter mir ist.« Zwar wurde die Hypothese, daß Patienten mit paranoiden Ideen manchmal tatsächlich zum Opfer von Verfolgung geworden sind, von den Fachleuten nie ernst genommen, aber zumindest manchen Einzelfallberichten zufolge entstehen Verfolgungsideen meist in Situationen, in denen die Betroffenen sich machtlos oder als Opfer anderer Personen fühlen. Ein Beispiel erlebten wir bei unseren Arbeiten in Liverpool mit einer Frau, die im Rahmen unseres Forschungsprojektes von meiner Assistentin Sue Kaney untersucht wurde. Die Frau beklagte sich, der örtliche Professor für Gynäkologie mache sie zu einer Aktentasche. Diese Wahnvorstellung erschien uns vollkommen unbegreiflich, bis wir erfuhren, daß sie an einer seltenen gynäkologischen Erkrankung litt, die von diesem Professor erforscht wurde.

Anomalien der Wahrnehmungsfähigkeit können zu Wahnvorstellungen beitragen, weil sie die betroffene Person mit Eindrücken konfrontieren, die scheinbar eine ungewöhnliche Erklärung erfordern. Für dieses Prinzip gibt es in der psychiatrischen Literatur viele Beispiele, aber am eindeutigsten zeigt es sich vielleicht in der *wahnhaften Personenverkennung.* In der häufigsten derartigen Wahnvorstellung glaubt der Patient, eine oder mehrere Personen seines Umfeldes seien durch fremde Eindringlinge, Doppelgänger oder Roboter ersetzt worden. Das Krankheitsbild wurde zum ersten Mal 1923 von dem französischen Psychiater Capgras beschrieben. Neuropsychologische Untersuchungen, insbesondere durch Andy Young in Cambridge und Haydn Ellis in Cardiff, weisen darauf hin, daß bei Capgras' Patienten die neuropsychologischen Mechanismen zur Erkennung von Gesichtern gestört sind. Diese Mechanismen sind bei den Primaten hoch entwickelt, denn das Erkennen von Gesichtern ist eine Fähigkeit, die beträchtlich zum Überleben beiträgt. Weil diese Mechanismen bei Capgras' Patienten nicht richtig funktionieren, haben sie das beängstigende Gefühl, die Menschen um sie herum sähen zwar richtig aus, seien ihnen aber nicht vertraut. In der Wahnvorstellung kann man zumindest teilweise eine Reaktion auf dieses Erlebnis sehen.

Meine eigenen Forschungsarbeiten konzentrierten sich zu einem großen Teil auf die Frage, was für Schlußfolgerungen Patienten mit paranoiden Wahnvorstellungen ziehen. Wir Menschen beschäftigen uns ja ständig damit, *Dinge zu erklären.* Wir erklären anderen, was uns zustößt, und wenn keine anderen in der Nähe sind, erklären wir uns selbst die Dinge, die mit uns geschehen. Nach den Feststellungen von Martin Seligman und seinen Kollegen in den USA kommt jeweils auf ein paar hundert Wörter der normalen Sprache eine Aussage (mit dem Fachbegriff Attribuierung genannt, das heißt ursächliche Zuschreibung), die ausgesprochen oder unausgesprochen das Wort *weil* enthält. Nach ihren Behauptungen gehören solche Erklärungen zu drei verschiedenen Grundkategorien, nämlich der *Internalität* (ob die Ursache etwas an der Person selbst, an anderen Menschen oder an den Umständen ist), der *Stabilität* (ob die Ursache in Zukunft unvermeidlich vorhanden sein wird), und der *Globalität* (ob die Ursache entweder alle oder nur einige Bereiche im Leben der betreffenden Person beeinflussen wird). Nach den Forschungsergebnissen von Seligman und seinen Kollegen stellt sich wahrscheinlich eine Depression ein, wenn wir negative Ereignisse (beispielsweise wenn das Manuskript unserer neuesten Arbeit von einer wichtigen Fachzeitschrift abgelehnt wird) auf interne, stabile und globale Ursachen (z.B.: »Ich bin dumm.«) zurückführen und nicht auf solche, die in einer oder mehreren Hinsichten abweichen (»Ich habe mir nicht genug Mühe gegeben.«; »Der Redakteur ist ein gemeiner Schuft.«).

In den Untersuchungen, die meine Kollegen und ich mit verschiedenen Methoden vornahmen und die mittlerweile von anderen Wissenschaftlern wiederholt wurden, stellte sich heraus, daß Patienten mit Verfolgungswahn – ähnlich wie solche mit Depressionen – dazu neigen, negative Ereignisse auf ungewöhnlich stabile und globale Ursachen zurückzuführen. Anders als depressive Patienten schreiben sie solche Ereignisse aber auch im Übermaß äußeren Ursachen zu (sie wurden angeblich von anderen Menschen oder Umständen verursacht), statt sie mit inneren Ursachen (Selbstvorwürfen) zu begründen (Abb. 2). Diese Tendenz, Erfolg für sich selbst zu verbuchen und die Schuld für Versagen anderswo zu suchen (Sozialpsychologen sprechen vom »self-serving bias«), ist zwar auch bei normalen Menschen vorhanden, aber in sehr viel geringerem Umfang als bei paranoiden Patienten.

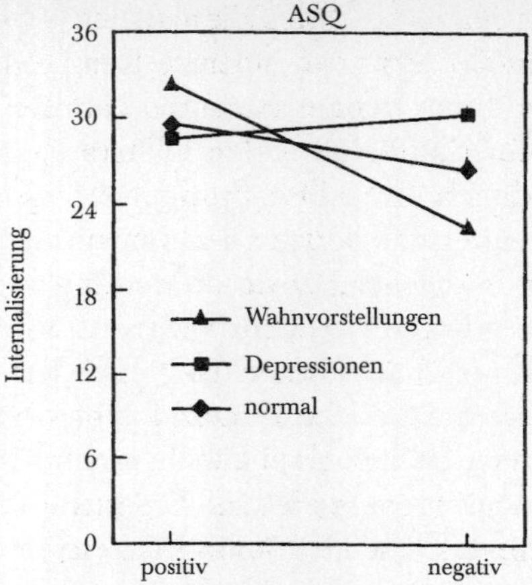

Abb. 2: Internalisierungleistung für positive (z.B. Reichwerden) und negative Ereignisse (z.B. Arbeitslosigkeit) bei gesunden Menschen sowie bei Personen mit Wahnvorstellungen uund Depressionen, bewertet mit dem Attributional Style Questionnaire (ASQ). Die Versuchspersonen sollten überlegen, was die wahrscheinlichste Ursache der Ereignisse war. Eine hohe Internalisierungsleistung besagt, daß die Personen sich selbst die Schuld gaben, ein niedriger Wert zeigt, daß sie eher andere Menschen oder äußere Umstände dafür verantwortlich machen. Patienten mit Depressionen sehen die Ursache für negative Ereignisse eher bei sich selbst als für positive. Normale Personen dagegen lassen eine »self-serving bias« erkennen. Bei Patienten mit Wahnvorstellungen ist dieses Phänomen noch erheblich stärker ausgeprägt – sie beherrschen meisterhaft die Kunst, anderen die Schuld zu geben, wenn etwas schiefgeht; Erfolge dagegen schreiben sie sich selbst zu. (Daten aus S. Kaney und R. P. Bentall, British Journal of Medical Psychology 62, S. 191-198, 1989.)

Das »self-serving bias« gilt nach allgemeiner Ansicht als Mechanismus, mit dem normale Menschen ihr Selbstwertgefühl steuern. Wenn wir problematische Erfahrungen auf äußere Ursachen zurückführen (»Steven Rose ist ein strenger Zuchtmeister.«), können wir uns in peinlichen Situationen viel leichter wohl fühlen, als wenn wir uns selbst die Schuld geben (»Ich hätte das Kapitel früher fertig haben sollen.«). Deshalb liegt die Vermutung nahe, daß das übermäßige »self-serving bias« der paranoiden Patienten ein Schutzsystem ist, das die Betroffenen davor bewahrt, negative Überzeugungen über sich selbst zu hegen.

In der klinischen Praxis zeigt sich diese Schutzfunktion häufig daran, wie paranoide Patienten über bestimmte Versagenserlebnisse sprechen. Einer meiner Patienten kam beispielsweise kürzlich eine halbe Stunde zu spät zur Therapie und führte folgende Entschuldigung an: »Das Problem war, daß ich in meinen Terminkalender geschaut und gesehen habe, daß ich um drei Uhr kommen sollte. Aber der Mann da unten auf der Straße, der mir die Gedanken in meinen Kopf setzt, wollte, daß ich zu spät komme; deshalb ist er in meinen Kopf gegangen und hat meine Erinnerung an die Uhrzeit auf halb vier verändert.« Erst nachdem ich ihm erklärt hatte, ich sei auch nicht immer pünktlich, vor allem wenn ich mich gestreßt fühlte, gelangte er zu der Einsicht, auch er könne die richtige Uhrzeit vergessen haben, weil er unter Streß litt. Ich hatte ihm das Vorbild eines »verzeihlichen Fehlers« geliefert, und nun konnte auch er akzeptieren, daß er es einfach nicht geschafft hatte, rechtzeitig zu kommen.

Die Ergebnisse von Forschungsarbeiten mit meinen Kollegen Peter Kinderman und Sue Kaney stützten die Hypothese, daß paranoide Patienten ein empfindliches Selbstwertgefühl haben. Wie wir mit naheliegenden, einfachen psychologischen Maßnahmen festgestellt haben, sehen paranoide Patienten nach ihren eigenen Aussagen kaum Unterschiede zwischen sich selbst und ihren Idealen. In raffinierteren Untersuchungen reagieren sie jedoch so, als hätten sie ein wesentlich negativeres Bild von sich selbst. Die in diesen Studien angewandten Methoden sind recht kompliziert, und deshalb möchte ich hier nur ein Beispiel nennen. Es stammt aus einer Untersuchung von Peter Kinderman. Paranoide Versuchspersonen sollten in einer Liste mit positiven und negativen Adjektiven ankreuzen, wie gut sie sich selbst beschrieben fühlten. Dabei stellte sich erwartungsgemäß heraus, daß sie wesentlich mehr positive als negative Wörter auswählten. Dann legte Kinderman den Patienten dieselben Wörter in unterschiedlichen Farben gedruckt vor, und diesmal sollten sie nur auf die Farben achten, die Bedeutung der Wörter aber ignorieren. In einem solchen Test, der nach seinem Erfinder als Stroop-Test bezeichnet wird, ist die Benennung der Farben viel schwieriger, wenn die Wörter einen großen emotionalen Eindruck machen und damit die Aufmerksamkeit des Lesers fesseln. (Unter solchen Bedingungen kommt es zum Konflikt zwischen der Benennung der Farbe und dem fast unwiderstehlichen Drang, das Wort selbst zu lesen.) Wie erwartet, war die Benennung der Farben bei paranoiden Patienten genau wie bei solchen mit Depressionen, aber anders als bei gesunden Menschen, stark verlangsamt – insbesondere bei den negativen Adjektiven. Im Zusammenhang mit den bereits beschriebenen Befunden über die Attribuierung sprechen diese Ergebnisse für die Hypothese, daß paranoide Wahnvorstellungen das Produkt des (vielleicht mehrfach wiederholten) Versuchs sind, andere für die eigenen Schwächen verantwortlich zu machen, und das Motiv für diesen Versuch wiederum ist ein äußerst zerbrechliches Selbstwertgefühl.

Eine solche Erklärung wirft zwar Licht auf die geistigen Mechanismen, wie Wahnvorstellungen erzeugt werden, aber sie besagt natürlich sehr wenig über die Bedeutung weiter entfernter ätiologischer Faktoren. Um sie zu verstehen, müssen wir mehr über den Ursprung der anormalen Attribuierung wissen, die man bei Patienten mit Wahnvorstellungen beobachtet. Es gibt bisher nur wenige Forschungsergebnisse über diese Fragen, aber einige Indizien sprechen für zwei Möglichkeiten.

Erstens gibt es bei Patienten mit Depressionen Hinweise, daß eine bestimmte Art, Attribuierungen vorzunehmen, gehäuft in den gleichen Familien auftritt. Das legt die Vermutung nahe, daß solche Patienten ihre anormalen Attribuierungen erlernt haben. Bei paranoiden Patienten gibt es zwar keine Befunde, die unmittelbar mit diesem Thema zu tun haben, aber man kann sich ohne große Schwierigkeiten familiäre Verhältnisse vorstellen, die dazu beitragen, daß jemand die Schuld systematisch auf andere schiebt.

Eine zweite, ebenso interessante Möglichkeit bestünde darin, daß paranoide Attribuierungen zum Teil durch eher grundlegende Störungen der Kognition verursacht werden. Angenommen, Sie begegnen einem Freund, der Sie im Vorübergehen nicht zur Kenntnis nimmt. Die meisten normalen Menschen finden in einer solchen Situation irgendeine Entschuldigung für den Freund. Man könnte sich zum Beispiel vorstellen, daß er sich nicht wohlfühlt, daß er gerade mit eigenen Sorgen beschäftigt ist, oder daß er einen besonders schlechten Tag hat. Um eine solche Attribuierung vorzunehmen, muß man sich darum bemühen, die Welt aus der Sicht des Freundes zu betrachten. Oder, um die ziemlich irreführende Terminologie der Entwicklungspsychologen zu benutzen, die sich mit dieser besonderen Form des Mitgefühls beschäftigt haben: Man muß über den Freund eine *abstrakte Theorie* haben. Fehlt eine solche Fähigkeit, kann man sich leicht vorstellen, daß paranoiden Patienten in solchen Situationen nur noch zwei Wahlmöglichkeiten bleiben: Entweder geben sie sich selbst die Schuld (wogegen sie einen sehr starken Widerwillen haben), oder sie führen das Verhalten des Freundes auf ein bestimmtes Persönlichkeitsmerkmal zurück (»Er ist ein Mensch, dem man nicht trauen kann!«). Mit dieser Möglichkeit stimmen auch Befunde überein, zu denen Chris Frith und seine Kollegen am Institute of Neurology in London gelangten: Danach dürfte es für paranoide Patienten besonders schwierig sein, sich in den Geisteszustand eines anderen hineinzuversetzen.

Halluzinationen verstehen

Ähnliche Fortschritte wie bei der Aufklärung des Wahns machte man auch bei den Halluzinationen. Die Forschung konzentrierte sich dabei zum größten Teil auf die akustischen Halluzinationen (Stimmenhören), weil Patienten, bei denen eine Schizophrenie diagnostiziert wurde, am häufigsten über diese Art von Sinnestäuschungen berichten. Allerdings wurde die Ansicht, daß Halluzinationen – akustische oder andere – unbedingt als Begleiterscheinung einer geistigen Erkrankung gelten sollen, durch zwei relativ neue Befunde in Frage gestellt.

Erstens sieht es so aus, als ob die Patienten Halluzinationen je nach dem Kulturkreis, dem sie angehören, unterschiedlich erleben und damit umgehen. In der Kultur der Ureinwohner Hawaiis zum Beispiel kommt es relativ häufig vor, daß man verstorbene Angehörige sieht. Selbst in den Studien der Weltgesundheitsorganisation zur Häufigkeit der Schizophrenie (die allerdings darauf hinweisen, daß die Symptome der Schizophrenie auf der ganzen Welt die gleichen sind) beobachtete man, daß in Entwicklungsländern viel häufiger über visuelle Halluzinationen berichtet wird als in den Industrienationen.

Interessanter aber ist vielleicht eine Entdeckung aus den letzten Jahren: Selbst in den Industrieländern erleben viele Menschen Halluzinationen, ohne sich jemals um psychiatrische Hilfe zu bemühen. Wie sich bei vielen Umfragen übereinstimmend gezeigt hat, kommt das Hören von Stimmen weitaus häufiger vor, als es selbst den großzügigsten Schätzungen für die Häufigkeit der Schizophrenie entspricht. Marius Romme, ein in Maastricht ansässiger Psychiater, hat in den Niederlanden sogar eine nationale Organisation für Menschen gegründet, die Stimmen hören, und viele von ihnen führen ein vollkommen zufriedenes Leben. (Romme griff mich einmal auf sehr freundliche Weise an, weil ich mich bemühte, eine psychologische Behandlungsmethode für Halluzinationen zu entwickeln. Menschen, die Stimmen hören, so seine Begründung, seien in einem gewissen Sinn eine Parallele zu den Homosexuellen in den fünfziger Jahren – sie brauchten keine Heilung, sondern eher eine Befreiung.)

Psychiatriepatienten erleben oft Halluzinationen mit negativem oder unerfreulichem Inhalt, und deshalb begeben sie sich in Behandlung. Wie bei den Wahnvorstellungen betrifft der Inhalt in der Regel die Beziehungen des Patienten zu anderen Menschen oder sein Unbehagen mit sich selbst. Ich werde nie vergessen, wie einer meiner ersten Patienten meine Aufmerksamkeit sehr nachdrücklich auf diesen Punkt lenkte. Er berichtete mir, seine Stimme wiederhole immer wieder den Satz: »Laß den verkrüppelten Idioten Krebs bekommen!« Er sagte, er habe keine Ahnung, wer der »verkrüppelte Idiot« sein könne, aber für mich lag die Antwort auf der Hand: Mein Patient saß nämlich im Rollstuhl, weil er seine Beine nicht mehr gebrauchen konnte, nachdem er in Selbstmordabsicht aus dem Fenster gesprungen war. (Später erfuhr ich, daß seine Mutter an Krebs gestorben war und daß er sich große Vorwürfe machte, weil er sich in ihren letzten Tagen angeblich nicht genug um sie gekümmert hatte.)

In der Frage nach den psychologischen Mechanismen, die zum Stimmenhören beitragen, hat die Forschung in den letzten Jahren zu einem gewissen Konsens geführt. Jeder normale Mensch hat eine innere Stimme, deren er sich bedient, wenn er denkt und sein Verhalten steuert. Dieser innere Dialog dient dazu, unser Handeln zu überwachen, Pläne für die Zukunft zu schmieden und zu entscheiden, was wir tun wollen. In der Regel läuft der Dialog lautlos ab, die meisten Menschen sprechen allerdings auch laut mit sich selbst, wenn sie allein sind oder unter Streß stehen. Aber selbst wenn wir lautlos in Worten denken, lassen sich mit einem empfindlichen Elektromyographen (EMG) kleine Bewegungen der Stimmbänder nachweisen. In diesem Phänomen, *Subvokalisation* (lautloses Sprechen) genannt, spiegelt sich die Tatsache wider, daß das Denken in Worten buchstäblich ein inneres Selbstgespräch ist.

Die Subvokalisation hat man elektromyographisch auch bei Psychiatriepatienten nachgewiesen, die Stimmen hören. Mit dieser Beobachtung stimmen die Ergebnisse von Studien überein, die Philip McGuire und Mitarbeiter am Institute of Psychiatry in London mit dem bildgebenden Verfahren der Einzelphotonen-Emissionstomographie (SPET) durchführten: Wie sich dabei herausstellte, sind in der linken Gehirnhälfte die für Sprache verantwortlichen Zentren aktiv, wenn Patienten Stimmen hören. Außerdem blockieren Tätigkeiten wie lautes Lesen, die in der Regel die inneren Zwiegespräche hemmen, meist auch akustische Halluzinationen. Diese Beobachtungen sind ein stichhaltiges Indiz, daß Menschen, die Stimmen hören, fälschlicherweise ihre inneren Zwiegespräche für fremde oder äußere Stimmen halten.

Die Gründe, warum manche Menschen einen solchen Fehler machen und dann Stimmen hören, sind nicht genau geklärt. Möglicherweise leiden sie an einer Art grundlegendem Defekt in den Gehirnmechanismen, die zwischen eigenen Handlungen und Wahrnehmungen unterscheiden. Diese Hypothese mag zwar plausibel erscheinen, aber Studien, mit denen wir sie überprüfen wollten, lieferten einigermaßen zweideutige Ergebnisse. Klar ist aber, daß die Ansichten einer Person über die Herkunft einer inneren Stimme dadurch beeinflußt werden können, mit welchen Ereignissen die Person in der Wirklichkeit rechnet: Die Menschen sehen Gespenster, weil sie daran glauben. Wie sich beispielsweise in Experimenten gezeigt hat, kann man bei Patienten mit Halluzinationen das Urteil über die (innere oder äußere) Quelle wahrgenommener Ereignisse stark durch Suggestion beeinflussen. Wenn man gesunden Menschen sagt, sie sollten die Augen schließen, und sie würden dann eine bekannte Melodie hören (zum Beispiel »White Christmas«), so behauptet ein kleiner Prozentsatz von ihnen, sie hätten die Melodie gehört, obwohl sie gar nicht gespielt wurde. In mehreren Studien, darunter auch eine von meinen Kollegen und mir, hat sich immer wieder gezeigt, daß Psychiatriepatienten und gesunde Menschen, die über frühere

Halluzinationen berichten, für diesen Effekt besonders anfällig sind.

Diese Beobachtung läßt auch die scheinbaren kulturellen Unterschiede im Erleben von Halluzinationen sinnvoller erscheinen. Die Vorstellungen darüber, was für Ereignisse voraussichtlich »real« oder »imaginär« sein werden, sind stark mit kulturellen Werten und Gebräuchen verknüpft; die Bewohner der Industrieländer sind zum Beispiel eher materialistisch und glauben viel weniger leicht, daß ihre Vorfahren als Geister Wirklichkeit werden, als Menschen aus manchen anderen Kulturkreisen. Wenn Überzeugungen und Erwartungen zu Halluzinationserlebnissen beitragen, erscheint auch der offenkundige Zusammenhang zwischen Halluzinationen und Wahn plausibler: Dann ist es vielleicht nicht verwunderlich, daß Patienten mit Wahnideen besonders anfällig für Halluzinationserlebnisse sind.

Verrücktheit hat doch einen Sinn, oder warum Jaspers (vorwiegend) unrecht hatte

Wie ich in dem historischen Überblick am Anfang dieses Kapitels erwähnt habe, gründen sich die heutigen Erklärungen für Geistesgestörtheit auf zwei Grundannahmen: Erstens geht man wie Kraepelin davon aus, daß Geistesgestörtheit sich in eine kleine Anzahl von Krankheitsbildern unterteilen läßt, und zweitens ist man mit Jaspers der Ansicht, man könne die »Symptome« der Geistesgestörtheit nicht im Rahmen der Psychologie des Betroffenen verstehen. Mit der ersten dieser beiden Annahmen, so hoffe ich, habe ich mich angemessen auseinandergesetzt. Zum Abschluß dieses Kapitels möchte ich nun auch im Zusammenhang mit der zweiten einige Gedanken darlegen.

Karl Jaspers behauptete, man könne psychotische Erlebnisse nicht als Produkt der Erfahrungen des Patienten verstehen. Diese Annahme führt zu der Behauptung, psychotischen Erlebnissen fehle die echte Intentionalität. Unter *Intentionalität* versteht man dabei das *Worum* (»worum geht es?«), das die normalen Geisteszustände mit der Welt verknüpft, in der wir leben. Nach dieser Sichtweise beziehen sich Patienten, bei denen eine Schizophrenie diagnostiziert wurde und die dann eine Wahnvorstellung äußern oder über eine Halluzination berichten, in Wirklichkeit auf überhaupt nichts. Oder, mit den Worten des angesehenen Psychiatriehistorikers German Barrios: Wahnvorstellungen sind »leere Sprachhandlungen, deren Informationsgehalt sich weder auf die Umwelt noch auf das Ich bezieht. Sie sind kein symbolischer Ausdruck von irgend etwas.« Wenn wir uns dieser Meinung anschließen, gibt es natürlich keine andere Möglichkeit, als mögliche biologische Ursachen für diese leeren Sprachhandlungen nachzuweisen.

Die meisten Psychologen, die sich mit psychotischen Symptomen befassen, haben Jaspers' Analyse stillschweigend übernommen, und deshalb wurden die von ihnen verwendeten psychologischen Tests in der Regel so gestaltet, daß man damit *Kognitionsdefekte* nachweisen kann – grobe Fehler bei der Aufmerksamkeit und der Informationsverarbeitung, wie man sie erwartet, wenn das Gehirn an einer ausgeprägten Funktionsstörung leidet. Solche Tests verwenden emotional neutrale oder sogar sinnlose Materialien als Reize. In vielen Untersuchungen sollten sich die Patienten zum Beispiel an Zahlenreihen erinnern, wobei ablenkende Reize entweder vorhanden waren oder fehlten; auf diese Weise sollte gezeigt werden, daß Schizophreniepatienten ihre Aufmerksamkeit nur unter Schwierigkeiten auf Ereignisse in ihrer Umwelt richten können.

Kognitionsdefekte spielen zwar für psychotische Symptome zweifellos eine Rolle, aber viele in den vorangegangenen Abschnitten beschriebenen Methoden waren dazu gedacht, *kogni-*

tive Vorurteile oder *inhaltsspezifische Informationsverarbeitungs- und Denkmechanismen* nachzuweisen. Mit solchen Verfahren vergleicht man die Reaktion der betreffenden Personen auf bestimmte Reize – sie sollen zum Beispiel sowohl auf positive Ereignisse (Erfolge) als auch auf negative Vorgänge (Versagen) achten, sich daran erinnern oder sie deuten. Ein Lebewesen, das über Intentionalität verfügt, muß mit unterschiedlichen Arten von Information unterschiedlich umgehen können, je nachdem, welche Bedeutung sie für das Individuum hat. Eine Messung des *kognitiven Vorurteils* liefert deshalb Hinweise darauf, ob bestimmte psychiatrische Symptome auf Intentionalität hinweisen.

Aus meinem bisherigen Bericht über die psychologische Erforschung von Wahn und Halluzinationen sollte deutlich geworden sein, daß die Intentionalität zumindest bei der Mehrzahl psychotischer Patienten nicht beeinträchtigt ist. Damit stimmt auch die Beobachtung überein, daß der von den Patienten ausgedrückte Inhalt der Wahnideen und Halluzinationen fast immer mit der Stellung des Betroffenen in seinem gesellschaftlichen Umfeld oder mit umfassenden existentiellen Themen zu tun hat. Wenn man die Intentionalität psychotischer Symptome erkennt, ergeben sich mindestens zwei wichtige Folgerungen.

Die erste betrifft die Therapie. Andere psychiatrische Störungen, in denen sich bekanntermaßen eine inhaltsspezifische Informationsverarbeitung widerspiegelt – beispielsweise die Depression, die durch bevorzugte Aufmerksamkeit für negative Informationen über das Ich, die Welt und die Zukunft sowie entsprechende Erinnerungen charakterisiert ist –, sprechen bekanntlich auf eine psychologische Behandlung an, bei der die Patienten aufgefordert werden, den Inhalt ihrer eigenen Gedanken kritisch in Frage zu stellen. Im Gegensatz zu der bei biologisch orientierten Psychiatern weit verbreiteten Ansicht, wonach man Wahn und Halluzinationen am besten mit Neuroleptika behandelt, weisen neuere Studien aus Großbritannien darauf hin, daß auch hier eine psychologische Therapie nützlich sein kann. Eine solche Behandlung erfordert von dem Therapeuten großes Fingerspitzengefühl, denn es kann sehr schwierig sein, Patienten, die von ihrem ganzen Wesen her zu Angst und Mißtrauen neigen, zur Mitarbeit zu bewegen. Dennoch haben mehrere kleinere Untersuchungen vielversprechende Ergebnisse geliefert, und zur Zeit laufen umfangreichere Studien.

Ebenso wichtig sind die Ergebnisse der psychologischen Untersuchung psychotischer Symptome, die darauf hinweisen, daß man alle bei Psychiatriepatienten beobachteten biologischen Anomalien unter dem Gesichtspunkt der jeweiligen Symptome bei den einzelnen Patienten und der beteiligten psychologischen Vorgänge verstehen muß. Da diese Symptome zumindest teilweise Übertreibungen kognitiver Eigentümlichkeiten sind, die oft auch im Alltagsleben zu Denkfehlern führen, wird man keine ganz saubere Trennlinie zwischen »uns«, den Gesunden, und »denen«, die nicht gesund sind, ziehen können.

Weiterführende Literatur

Bentall, R. P. (Hrsg.): *Reconstructing Schizophrenia.* Routledge 1990. Dieses Werk mehrerer Autoren enthält eine kritische Erörterung über die Geschichte des Schizophreniebegriffs, die Probleme der psychiatrischen Diagnose, die Genetik der Schizophrenie und die Erforschung neuer Therapiemethoden. Es ist mittlerweile ein wenig veraltet, aber eine grundlegende Neubewertung der hier gezogenen Schlußfolgerungen ist nach meiner Ansicht nicht erforderlich.

Bentall, R. P.: *Deconstructing the concept of schizophrenia.* In: Journal of Mental Health 2, 223-338, 1993. Dieser Artikel faßt die in dem vorliegenden Kapitel skizzierten Argumente gegen den Schizophreniebegriff zusammen und nennt Literaturangaben für die meisten von mir erörterten Studien. Er findet sich in einer Sonderausgabe des »Journal of

Mental Health«, die den unterschiedlichen Ansichten über die Schizophrenie gewidmet ist; die weiteren Artikel – zwei von Medizinern und einer von einem Psychologen, der einen psychotischen Zusammenbruch erlitt – enthalten gegensätzliche Beschreibungen über die Diagnose und ihre Bedeutung.

Boyle, M. Schizophrenia: *A Scientific Delusion.* Routledge 1990. Dieses Buch bietet eine kritisch-historische Beschreibung des Schizophreniebegriffs und wirft vielfach die gleichen Fragen auf wie meine eigenen Arbeiten.

Reider, O.: *The origin of our confusion about schizophrenia.* In: Psychiatry 37, 197-208, 1974. Eine klassische Kritik am Schizophreniebegriff.

Eine genauere Beschreibung der psychologischen Erforschung von Halluzinationen und Wahn findet sich in folgenden Veröffentlichungen:

Bentall, R. P.: *The illusion of reality: a review and integration of psychological research on hallucinations.* In: Psychological Bulletin 1107, 82-95, 1990. Der Artikel ist zwar ein wenig veraltet, gibt aber einen einigermaßen umfassenden Überblick über die Erforschung der Halluzinationen.

Bentall, R. P.: *Cognitive biases and abnormal beliefs: towards a model of persecutory delusions.* In: The Neuropsychology of Schizophrenia (Hrsg. A. S. David und J. Cutting), S. 337-360, Lawrence Erlbaum 1994. Dieses Kapitel beschreibt recht detailliert die wissenschaftliche Literatur über den Wahn. Weitere Kapitel des Buches enthalten eher konventionelle biologische Darstellungen der Schizophrenie.

Über die Schizophrenieforschung wurden zahlreiche allgemeine Übersichten veröffentlicht. Die meisten sind dicke, teure Werke mehrerer Autoren, und die psychologischen Ansätze kommen darin zu kurz. Ein neueres Werk, das ebenfalls diese Eigenschaften hat, ansonsten aber gut geschrieben und einigermaßen vollständig ist, ist:

Hirsch, S. R. und Weinberger, D. R. (Hrsg.): *Schizophrenie.* Blackwell 1995.

8

KERNSYMPTOME DER SCHIZOPHRENIE ALS SCHLÜSSEL ZUR EVOLUTION DES MODERNEN HOMO SAPIENS

Tim J. Crow

Etwa ein Prozent aller Menschen leiden irgendwann im Laufe ihres Lebens an einer »schizophrenen« Krankheit. Solche Personen ziehen sich meistens zurück und sind sozial isoliert, haben Halluzinationen (besonders charakteristisch ist das Hören von Stimmen) und Wahnideen (Überzeugungen, an denen sie trotz gegenteiliger Belege festhalten) und können ihre Gedanken nur schwer formulieren. Außerdem ist bei den Betroffenen häufig die Fähigkeit, Gefühle auszudrücken oder auch nur zu erleben, stark beeinträchtigt. Solche Symptome sind meist von Dauer und treten immer wieder auf; sie sind mit einem größeren (mindestens um das Zwanzigfache erhöhten) Selbstmordrisiko, einer erheblichen Minderung der Erwerbsfähigkeit sowie der Zerstörung gesellschaftlicher und familiärer Beziehungen verbunden.

Was ist die Ursache dieser Symptome? Inwieweit kann man von einer Krankheit sprechen? Auf welchem Gebiet – Soziologie, Psychologie oder Genetik – sollte man nach den Antworten auf solche Fragen suchen? Ist Schizophrenie ein einheitliches Krankheitsbild, das auf einen einzigen kausalen Faktor zurückzuführen ist? Kann man damit rechnen, einen solchen Faktor in der Umwelt zu finden, oder findet er sich in der betroffenen Person selbst? Können wir darauf hoffen, ihn zu beseitigen, beispielsweise durch gesundheitspolitische Maßnahmen oder ein Eugenik-Programm?

Ist Schizophrenie etwas Einheitliches?

Um auf solche Fragen eine schlüssige Antwort zu geben, muß man das Problem auf eine ganz bestimmte Weise formulieren. Es gibt in der Tat ernsthafte Zweifel, ob »Schizophrenie« wirklich eine eigenständige, abgegrenzte Kategorie ist. Wie im vorangegangenen Kapitel erörtert wurde, hat diese Vorstellung ihren Ursprung eindeutig in Kraepelins Unterscheidung zwischen Dementia praecox und manisch-depressiver Erkrankung. Einerseits, so Kraepelins Argumentation, herrschen bei manchen Betroffenen Stimmungsschwankungen (Depressionen oder Euphorie) vor, während man in den psychotischen Symptomen (Wahn und Halluzinationen) eine passende, möglicherweise aber sekundäre Begleiterscheinung der Stimmungsschwankungen sehen kann. Diese Erkrankungen faßte Kraepelin unter der Überschrift des manisch-depressiven Irreseins zusammen, bei dem man in der Regel mit einer vollständigen Genesung rechnen kann. Auf der anderen Seite stehen Störungen, bei denen die psychotischen Phänomene nicht auf diese Weise zu verstehen sind. Solche Leiden bezeichnete er als Dementia praecox (mit Ausbruch meist im jüngeren Alter) und Paraphrenie (wenn sie im höheren Alter einsetzen); hier ist die Prognose weniger gut. Bis vor kurzem wurde die Einteilung in Dementia praecox und manisch-depressive Erkrankung (»schizophrene« und »affektive« Psychosen) kaum in Frage gestellt. Man kann sogar behaupten, daß sie die Grundlage für praktisch alle modernen psychiatrischen Klassifikationssysteme darstellen und einen starken Einfluß auf unsere Vorstellungen von der Ätiologie ausüben. Die Schizophrenie, wie man die Dementia praecox seit Bleuler nennt, und die affektiven (manisch-depressiven) Psychosen gelten allgemein als unterschiedliche Krankheitsbilder mit jeweils eigenen Symptomen, Therapieverfahren und Prognosen. Und daraus folgt auch, daß sie eine unterschiedliche Ätiologie aufweisen.

Aber schon Kraepelin selbst hatte Zweifel. Er schrieb, man könne kaum zuverlässig zwischen manisch-depressiver Erkrankung und Dementia praecox unterscheiden. Kein erfahrener Psychiater werde leugnen, so Kraepelin weiter, daß man in beunruhigend vielen Fällen trotz sorgfältiger Beobachtung keine sichere Diagnose stellen könne. Da man also auch nach seiner Ansicht nicht zufriedenstellend zwischen den beiden Krankheiten unterscheiden konnte, äußerte er den Verdacht, das Problem könne von vornherein falsch formuliert sein.

Zwar ist nicht zu leugnen, daß es zwischen den verschiedenen psychotischen Erkrankungen tiefgreifende Unterschiede gibt und daß zwischen der Form der Erkrankung und der Prognose ein Zusammenhang besteht – für psychotische Störungen mit affektiven Merkmalen ist die Prognose im allgemeinen besser als bei solchen, denen diese Eigenschaften fehlen. Diese Verallgemeinerung ist Kraepelins Vermächtnis, aber daß man eine Einteilung in Kategorien vornehmen kann, ist keineswegs nachgewiesen. Häufig kommen »schizoaffektive« Erkrankungen vor, und da es für ihre Unterteilung keine Regeln gibt, stellen sie Kraepelins Zweiteilung in Frage.

Ein ununterbrochenes Spektrum psychotischer Erkrankungen

Die Schizophrenie selbst ist ein schwer faßbares Gebilde – das zeigt sich daran, daß über ihre Definition keine Einigkeit besteht. Im Jahr 1982 wandten Jean Endicott und ihre Kollegen unterschiedliche Kombinationen von Diagnosekriterien auf eine Gruppe von 46 Patienten an, die zumindest einer dieser Definitionen entsprachen und in das Psychiatric Institute in New York eingewiesen wurden. Nach den großzügigsten Kriterien litten 44 Patienten an Schizophrenie, nach den strengsten dagegen waren es nur sechs. Solche Befunde rechtfertigen durchaus eine gesunde Skepsis gegenüber der Vorstellung von einem »Krankheitsbild«. Wie sich aber bei näherem Hinsehen zeigt, sind die Unterschiede zwischen den Kriterienkombinationen in dieser Studie zu einem großen Teil darauf zurückzuführen, daß sie ein bestimmtes Krankheitsbild in unterschiedlichem Ausmaß den Kategorien der »schizoaffektiven« und »affektiven« Psychosen zuordneten. Nach den weitgefaßten Kriterien gehören mehr Patienten in die Kategorie der »Schizophrenie« und weniger zu den anderen Diagnosen; mit strengeren Kriterien weist man die Fälle, die dann nicht unter die Überschrift »Schizophrenie« gehören, den Kategorien der »schizoaffektiven« oder sogar »affektiven« Psychosen zu. Die Grenzen zwischen den Kategorien sind willkürlich gezogen. Die Befunde passen eher zu der Vorstellung, daß es ein Kontinuum psychotischer Erkrankungen gibt, das von den eher »verständlicheren« manisch-depressiven Psychosen bis zu den weniger verständlichen schizophrenen Erkrankungen reicht.

Welche Folgerungen ergeben sich, wenn ein solches Kontinuum von Psychosen existiert? Die Vorstellung von Kategorien paßt sicher ohne weiteres zu einer äußeren, aus der Umwelt stammenden Ursache; ein Kontinuum dagegen weist eher darauf hin, daß es sich bei der Störung um eine dem Individuum immanente Streuungskomponente handelt – also um einen Extremfall der Streuung bei der normalen Bevölkerung. Man könnte sich nun vorstellen, daß ein solches Kontinuum sich nur schwer untersuchen läßt, aber dieses Problem ist zu überwinden. Es gibt eine Reihe von Symptomen (die man auch als Kernsymptome oder Symptome erster Ordnung bezeichnet), mit deren Hilfe man den charakteristischen Kern des schizophrenen Krankheitsbildes definieren kann. Diese Symptome legen zwar keine Kategorie fest, die sich eindeutig von psychotischen Erkrankungen ohne solche Merkmale unterscheidet, aber die Kernsymptome definieren eine Schwelle, die entscheidende Erkenntnisse über die Verteilung von Psychosen in der Bevölkerung ermöglicht.

Zu den Kernsymptomen gehören:

1. Das Hören von Stimmen, die über den Betroffenen in der dritten Person sprechen, oder das Hören der laut ausgesprochenen eigenen Gedanken;
2. bestimmte Überzeugungen, welche die eigenen Gedanken betreffen, zum Beispiel, daß es sich nicht um die eigenen Gedanken handelt, sondern daß sie von einem anderen in den Kopf eingeschleust werden, daß Gedanken aus dem eigenen Kopf herausgenommen werden oder daß andere die eigenen Gedanken erfahren.

Ein wichtiges Merkmal ist die Unbegreiflichkeit solcher Symptome. Wer selbst noch nie etwas Ähnliches erlebt hat, kann sich nur schwer vorstellen, wie es sich anfühlt, wenn Gedanken »in den Kopf eingeschleust werden«. Schließlich sind die Gedanken sozusagen definitionsgemäß etwas Eigenes. Aber solche Erlebnisse sind sehr häufig Gegenstand der Beschreibungen und Beschwerden von Betroffenen mit ganz unterschiedlicher Herkunft und Lebensgeschichte.

In den Krankheitserscheinungen spiegelt sich offenbar eine Art Verlust der Grenze zwischen Ich und Außenwelt wider, oder vielleicht auch genauer zwischen dem Ich und anderen Menschen. Entscheidend ist, daß die Symptome mit dem Zusammenhang zwischen Denken und Sprache zu tun haben.

Die Zehn-Länder-Häufigkeitsstudie der Weltgesundheitsorganisation

Nun kann man fragen, wie häufig solche Phänomene vorkommen und ob sie je nach den Umweltverhältnissen unterschiedlich sind. Am vollständigsten wird diese Frage von der Zehn-Länder-Häufigkeitsstudie der WHO aus dem Jahr 1992 beantwortet. In zehn Zentren mit sehr unterschiedlicher Bevölkerung – in Japan, Indien, Nordeuropa und Hawaii – wurde ein Gebiet für die Erfassung definiert, und dann ermittelte man, in welchen Einrichtungen dort sich Personen befinden könnten, die zum erstenmal psychotische Symptome erleben. Mit standardisierten Befragungsmethoden konnten die Autoren in den einzelnen Zentren zuverlässige Anamnesen erheben und Diagnosen stellen.

Die Ergebnisse sind heilsam. Bei einer »weit gefaßten« Definition der Schizophrenie (sie umfaßte sowohl die Diagnosen durch die Krankenhausärzte als auch die der Wissenschaftler bei Anwendung lockerer Kriterien) zeigten sich deutliche Häufigkeitsunterschiede zwischen den einzelnen Zentren; waren die Kriterien dagegen enger definiert und insbesondere auf die Kernsymptome ausgerichtet, verringerten sich die Unterschiede zwischen den Zentren so weit, daß sie in diesem Vergleich nicht mehr signifikant waren.

Gäbe es zwischen den Bevölkerungsgruppen echte Häufigkeitsunterschiede, würde man bei Anwendung enger gefaßter Kriterien damit rechnen, daß diese Unterschiede noch größer werden. Aber das ist nicht der Fall. In Wirklichkeit werden sie geringer (und die Schwankungsbreite vermindert sich). Dieser Befund stimmt eigentlich nur mit einer zweiten Interpretation überein: Danach ist die Häufigkeit in allen Bevölkerungsgruppen gleich groß, und die Unterschiede bei Anwendung weitgefaßter Diagnosekriterien ergeben sich daraus, daß die Schwelle jeweils anders gesetzt wird.

Anscheinend tritt die Schizophrenie in Bevölkerungsgruppen, die in sehr unterschiedlichen geographischen, klimatischen, industriellen und gesellschaftlichen Verhältnissen leben, mit gleicher Häufigkeit auf. Die Symptome erster Ordnung waren nützlich, weil man dies mit ihrer Hilfe nachweisen konnte. Die Symptome definieren einen Schweregrad oder ein Ausmaß an Unverständlichkeit, bei dem eine Person, die sie zum erstenmal erlebt, mit großer Wahrscheinlichkeit psychiatrische

Hilfe oder eine ähnliche Dienstleistung in Anspruch nimmt, so daß sie von der Studie der WHO erfaßt wird.

Das ist eine problematische Schlußfolgerung. Wenn die Schizophrenie von der Umwelt unabhängig ist, unterscheidet sie sich deutlich von verbreiteten körperlichen Krankheiten wie koronarer Herzkrankheit, Diabetes und Arthritis. In diesen Leiden spiegeln sich Wechselbeziehungen zwischen genetischen Faktoren und Umwelteinflüssen wider, und zwar auf eine Weise, wie es bei der Schizophrenie nicht der Fall ist. Schizophrenie scheint für alle Bevölkerungsgruppen gleich charakteristisch zu sein. Sie ist eine Krankheit (vielleicht sogar *die* Krankheit) der gesamten Menschheit.

Wie alt ist die Schizophrenie-Mutation?

Wenn die Schwankungsbreite bei diesen psychologischen Phänomenen genetisch bedingt ist, kann man fragen: Wie alt ist die Schizophrenie-Mutation? Entweder muß die Mutation (das heißt die genetische Abweichung) oder der Mechanismus, der sie entstehen läßt, älter sein als die Aufspaltung der Bevölkerungsgruppen, in denen sie heute vorkommt. Angesichts der Tatsache, daß die japanische, indische und nordeuropäische Bevölkerung schon seit Jahrtausenden (vermutlich seit mindestens 10 000 Jahren) getrennt sind, handelt es sich eindeutig um eine alte Mutation. Bedenkt man außerdem, daß die Schizophrenie mit praktisch den gleichen Symptomen auch bei den Ureinwohnern Australiens vorkommt, die sich schon vor mindestens 50 000 Jahren von den übrigen Vertretern des modernen *Homo sapiens* getrennt haben, muß die genetische Abweichung sogar sehr alt sein – eigentlich muß sie sich schon vor oder während der Evolution zum modernen *Homo sapiens* ereignet haben, einem Vorgang, der sich nach heutiger Kenntnis vor 137 000 bis 250 000 Jahren irgendwo in Ostafrika abgespielt hat.

Auch eine zweite Frage ergibt sich aus den Ergebnissen der WHO-Studie: Wer (außer den Betroffenen selbst) trägt die Veranlagung zur Schizophrenie in sich? Diese Frage ist von Bedeutung für genetische Kopplungsuntersuchungen (mit denen man versucht, ein oder mehrere Gene zu lokalisieren), aber sie wurde im Zusammenhang mit der Eugenik auch von jenen gestellt, nach deren Ansicht man eine solche Disposition in der Bevölkerung ausmerzen sollte. Solche Meinungen haben einen entsetzlichen historischen Vorläufer, denn sie bildeten das Vorspiel für den Völkermord der Nazis während des Zweiten Weltkrieges.

Die Studie der WHO erhellt diese Fragen. Einen einfachen Zusammenhang in dem Sinne, daß ein Teil der Bevölkerung ein Gen trägt, das bei den übrigen fehlt, kann es nicht geben: Würde ein solcher Anteil existieren, bestünde kein Grund, warum er in verschiedenen Bevölkerungsgruppen, die über bedeutende Zeiträume hinweg getrennt waren, gleichbleiben sollte. Vielmehr würde man zwischen diesen Bevölkerungsgruppen Schwankungen erwarten, die entweder durch unterschiedliche Selektion oder durch genetische Drift entstehen. Statt dessen muß man eine andere Schlußfolgerung ziehen: Die Schwankungsbreite, zu der auch die Veranlagung zur Schizophrenie gehört, beschränkt sich nicht auf eine Untergruppe, sondern sie zieht sich offenbar quer durch die Gesamtbevölkerung.

Ein weiteres seltsames, bisher nicht erklärtes Merkmal ist neben der Verteilung in der Bevölkerung auch das Alter bei Ausbruch der Krankheit. Psychosen treten während der gesamten fortpflanzungsfähigen Lebensjahre auf (und zwar bei Männern im Durchschnitt zwei bis drei Jahre früher als bei Frauen). Da dies gleichzeitig der gesündeste Lebensabschnitt ist, in dem die Wahrscheinlichkeit körperlicher Erkrankungen am geringsten ist, lenkte auch diese Tatsache die Aufmerksamkeit auf die einzigartige Stellung psychotischer Krankheiten. Da eine solche Erkrankung mit einem Nachteil bei der Fortpflanzung verbunden ist (die Betroffenen bekommen seltener Nachwuchs als die Bevölkerung insgesamt), ergibt sich ein entscheidender Widerspruch: Wenn die Krankheit genetisch bedingt ist, warum verschwinden die betreffenden Gene dann nicht durch Selektion aus der Bevölkerung?

Sprache und Psychosen: ein gemeinsamer Ursprung in der Evolution?

Wir brauchen also eine Theorie für ihre Evolution, die sich auf natürliche Selektion gründet, das heißt eine Theorie für den Ursprung der genetischen Schwankungsbreite und des damit verbundenen Vorteils. Mit welcher Funktion könnte diese Schwankungsbreite zusammenhängen? Welcher Vorteil könnte den Nachteil wettmachen, der mit der Schizophrenie verbunden ist? Bei den Betroffenen selbst ist der Vorteil eindeutig nicht vorhanden, und nach dem zuvor dargelegten Gedankengang kommt er auch nicht den Verwandten ersten Grades zugute. Wenn die Neigung zur Schizophrenie ein Teil der Schwankungsbreite ist, die sich durch die gesamte Bevölkerung zieht, und wenn sie sich bis auf den Ursprung des modernen *Homo sapiens* zurückverfolgen läßt, kann man sich nur schwer der Schlußfolgerung verschließen, daß diese genetischen Schwankungen in Verbindung mit der Funktion stehen, die unsere Spezies kennzeichnet: mit der Sprache.

Die Sprache hat als Kommunikationsmittel eine Reihe von Eigenschaften, die sie von ihren Vorläufern bei den Primaten unterscheiden. Der Linguist de Saussure wies darauf hin, daß der Zusammenhang zwischen einem Zeichen (Wort) und dem Objekt, das es bezeichnet, willkürlich gewählt ist. Wir können dafür sorgen, daß Wörter das bedeuten, was sie nach unserem Willen bedeuten sollen. Meerkatzen (eine Art von Kleinaffen) verfügen über ein System, mit dem sie anderen Meerkatzen die

Begriffe »Adler«, »Leopard« oder »Schlange« mitteilen können, aber sie tun das mit festgelegten Zeichen. In der Sprache der Menschen, darauf hat Chomsky hingewiesen, ist eine unendlich große Zahl von Sätzen möglich, und doch kann ein kompetenter Sprecher dieser Sprache jeden richtig gebildeten Satz beim ersten Hören verstehen. Die Sprachfähigkeit ist das entscheidende Merkmal des *Homo sapiens*, aber es gibt für sie nur in begrenztem Umfang archäologische Belege. Indizien für die Fähigkeit zur Repräsentation, wie sie sich zum Beispiel in den Felsmalereien zeigt, reichen nicht weiter als 50 000 Jahre zurück, sind aber in allen bewohnten Gebieten der Erde verbreitet. Wie die Komplexität der Sprache, so scheint auch die Repräsentationsfähigkeit nur dem *Homo sapiens* eigen zu sein, und zwar relativ gleichmäßig in allen Bevölkerungsgruppen. In beiden Fähigkeiten spiegeln sich unterschiedliche Aspekte einer einzigen genetische Veränderung wieder, die dem Kommunikationspotential des menschlichen Gehirns zugrunde liegt. Sprache, so scheint es, muß ihren Ursprung in der Veränderung (der »Speciation« oder dem »Artbildungsereignis«) haben, die den modernen *Homo sapiens* entstehen ließ; sie muß der Grund sein, warum unsere Spezies sich im Gegensatz zu allen früheren Primaten oder Hominiden über die ganze Welt ausgebreitet hat, wobei die Bevölkerungszahl sich stark vermehrte, und warum sie die Umwelt so abgewandelt hat, daß die Existenz vieler tausend anderer Arten bedroht ist.

Neotenie in der Evolution des Menschen

In den zwanziger Jahren äußerte Bolk zum erstenmal die Vermutung, der *Homo sapiens* könne sich durch Neotenie entwickelt haben, das heißt: Eigenschaften, die bei früheren Arten für die Kindheit typisch waren, blieben bis ins Erwachsenenalter erhalten. Auf diese Weise kann man erklären, warum Schädel und Gesichtsform eines Menschen denen eines jungen und nicht eines ausgewachsenen Schimpansen ähneln. Das sagt aber noch nichts darüber aus, warum die Reifung des Menschen sich im Vergleich zu früheren Primatenarten immer stärker verzögert hat. Vergleicht man die Größenzunahme des Gehirns relativ zum Körperwachstum bei Makaken, Schimpansen und Menschen, so findet man einen bemerkenswert ähnlichen Ablauf. Unterschiedlich ist aber der Höhepunkt dieser Entwicklung; er wird bei Menschen später als beim Schimpansen erreicht, und der Schimpanse erreicht ihn wiederum später als der Makake. Irgendein Selektionsfaktor hat den Zeitpunkt der Reife hinausgezögert, und das hatte zur Folge, daß das Gehirn bei Menschen größer wurde. Vielleicht bleibt auch die Plastizität des Säuglingsgehirns länger erhalten. Welche Eigenschaften des Gehirns auch der Selektion unterliegen mögen: Körperlich hat sie zur Folge, daß die Physiognomie des Säuglings bis ins Erwachsenenalter beibehalten wird.

Wenn die Selektion auf die relativ einfachen genetischen Mechanismen wirkt, die über den Zeitpunkt der Reife bestimmen, wäre das eine Erklärung für die schnelle Zunahme der Gehirngröße bei den Hominiden. Im Laufe dieser Entwicklung könnte eine »Protosprache« entstanden sein; die Evolution der natürlichen Sprache mit willkürlich gewählten Symbolen und unbegrenzter Kombinationsfähigkeit folgte erst später. Der Übergang läßt sich offenbar nur mit einer recht plötzlichen Veränderung erklären. Und es erscheint durchaus plausibel, daß das Artbildungsereignis für den modernen *Homo sapiens* diese Veränderung war.

Asymmetrie

Seit den Arbeiten von Paul Broca und Marc Dax in den sechziger Jahren des 19. Jahrhunderts weiß man, daß die Sprach-

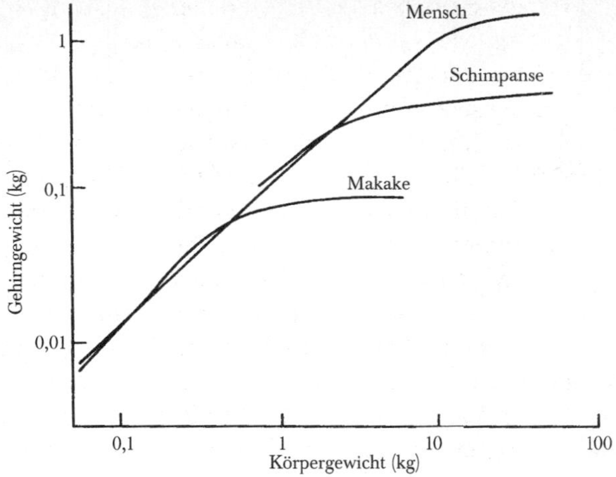

Abb. 1: Die Zunahme von Gehirn- und Körpergewicht vom Makaken über den Schimpansen bis zum Menschen. (Nach Holt et al., in: Fetal and Post-natal Cellular Growth Hormones and Nutrition, Hrsg. D. B. Cheek, John Wiley 1975, S. 23-44.)

fähigkeit oder irgendein Bestandteil von ihr in einer Gehirnhälfte angesiedelt ist, und zwar meist in der linken. Die Sprache ist die wichtigste Funktion, für die im Gehirn eine einseitige Gewichtung besteht. Aber es gibt für diese Funktion in der Bevölkerung auch einen Polymorphismus. Bei der großen Mehrheit ist die Sprachfähigkeit zwar in der linken Hemisphäre lokalisiert, aber bei manchen Menschen (die in ihrer Mehrzahl Linkshänder sind) liegt sie in der rechten. Wenn das Gleichgewicht zwischen den beiden Hälften des menschlichen Gehirns ein entscheidender Faktor für seine Funktionsfähigkeit ist, kann ein einziges Gen, das die relative Entwicklungsgeschwindigkeit der beiden Hemisphären beeinflußte, in der Evolution eine entscheidende Rolle gespielt haben.

Marian Annett postulierte 1978 ein einzelnes Gen namens rs für einen »Rechtsverschiebungs-Faktor«; dieses Gen übt demnach eine additive Wirkung aus: Ist es als einfache Gendosis vorhanden (Genotyp rs +/–), bevorzugt es die linke Gehirnhälfte, so daß diese für die Sprachfähigkeit dominant ist und die betreffende Person zum Rechtshänder wird. Fehlt es (Genotyp rs –/–), werden Händigkeit und Dominanz der Gehirnhälften nach dem Zufallsprinzip bestimmt, und bei einer doppelten Gendosis (Genotyp rs +/+) wird die Person ein ausgeprägter Rechtshänder. Diese Theorie erklärt sehr gut, warum die Händigkeit in Familien weitergegeben wird. Michael Corballis entwickelte die Vorstellung im Zusammenhang mit der Evolution der psychischen Fähigkeiten und des Sprachvermögens der Menschen weiter. Der umstrittenste Aspekt in Annetts Hypothese ist aber die Vermutung, der Rechtsverschiebungs-Faktor könne im heterozygoten Zustand einen Vorteil bieten – demnach wären homozygote Personen (+/+ und –/–) gegenüber den heterozygoten (+/–) im Hinblick auf ihre kognitiven Fähigkeiten im Nachteil.

Meine Kollegen und ich analysierten im Rahmen der National Child Development Survey (NCDS) die relative Geschicklichkeit der rechten Hand bei 12 000 Kindern im Alter von elf Jahren. Die Ergebnisse sprechen stark für die genannte Hypothese. Die Geschicklichkeit der Hand ist ein höchst bedeutsamer, bestimmender Faktor sowohl für das verbale und nichtverbale Verhalten als auch für mathematische Fertigkeiten und Lesefähigkeit. Wie Annetts Theorie voraussagt, sind ausgeprägte Rechtshänder im Nachteil, aber auch am linkshändigen Ende des Spektrums sind jene, die sich am Punkt der »Hemisphären-Unentschiedenheit« befinden und mit beiden Händen gleichermaßen geschickt sind, im Nachteil gegenüber denen, die eindeutig Linkshänder sind oder sich irgendwo rechts von dem Punkt der gleichen Geschicklichkeit beider Hände befinden.

Annetts Hypothese und die genannten Befunde geben Anlaß zu den nachstehenden Schlußfolgerungen:

1. Ein einziges hypothetisches Gen (der »Rechtsverschiebungs-Faktor«) bestimmt in hohem Maß über die kognitiven Fähigkeiten.
2. Dieses Gen unterliegt wahrscheinlich weiterhin der entwicklungsgeschichtlichen Selektion.

Unter den Versuchspersonen in der NCDS befanden sich 22 Kinder, die mit elf Jahren an dem Test der Geschicklichkeit der Hände teilnahmen und später an Schizophrenie erkrankten (nachgewiesen durch die Diagnose der Kernsymptome). Sie befanden sich gegenüber den übrigen Teilnehmern an der Studie dichter am Punkt der Hemisphären-Unentschiedenheit. Es scheint also, als sei die Neigung zur Schizophrenie mit einer unzureichenden oder verspäteten Ausprägung der Dominanz einer Gehirnhälfte verbunden. Parallel zu diesem Mangel an Funktions-Asymmetrie gibt es auch Hinweise auf das Fehlen oder die mangelnde Entwicklung der anatomischen Asymmetrie (zum Beispiel im Umfang des Gehirns), die man im Gehirn der meisten Menschen findet. Die Gefahr, daß sich Symptome einer Schizophrenie einstellen, ist nach meiner Überzeugung an ein Gehirn gebunden, dessen Hälften sich in Anatomie und Physiologie weniger eindeutig unterscheiden.

Kernsymptome als Anomalien in der Spezialisierung der Gehirnhälften

Die Vorstellung, daß Psychosen durch eine mangelnde Differenzierung der Gehirnhälften entstehen, hat eine Reihe von Vorläufern, die bis ins 19. Jahrhundert zurückreichen. A. L. Wigan vertrat in seinem 1844 erschienenen Buch »A New View of Insanity: The Duality of Mind« die Ansicht, in den beiden Gehirnhälften könnten gleichzeitig »getrennte, eigenständige Denkprozesse ablaufen ...«, und außerdem sei »jede Gehirnhälfte zu eigenständigen, getrennten Willensäußerungen fähig, wobei es sich häufig um entgegengesetzte Willensäußerungen handelt«. Er befaßte sich mit der Idee, die Wechselwirkungen zwischen den beiden in ihren Funktionen getrennten Hemisphären seien die tiefere Ursache für die Symptome der Geistesgestörtheit. Mediziner wie Crichton Browne (1879) und Southard (1915), die vom Gedankengut der Evolutionslehre beeinflußt waren, vertraten die Auffassung, schwere geistige Erkrankungen seien eine Störung der dominanten oder linken Gehirnhälfte. Auch Flor-Henry unterstützte diese Ansicht aufgrund seiner Beobachtungen an den Psychosen, die mit einer Epilepsie einhergehen können. Die Befunde aus der NCDS-Studie dagegen stimmen mit der Hypothese überein, daß die Schizophrenie keine Krankheit der einen oder anderen Gehirnhälfte ist, sondern eine Störung der Wechselwirkungen zwischen beiden, wobei sich insbesondere keine eindeutige Dominanz durchsetzt. Julian Jaynes berichtet in seinem Buch »Der Ursprung des Bewußtseins durch den Zusammenbruch der bikameralen Psyche«, das erstmals in den siebziger Jahren erschien, es könne sich bei der Schizophrenie um die Rückkehr zu einem früheren Bewußtseinszustand (der »bikameralen Psyche«) handeln, bei dem die Gehirnhälften weniger stark differenziert sind und die Wechselwirkungen zwischen ihnen (die den »Willen« der sozialen Gruppe widerspiegeln) als »Stimmen« wahrgenommen werden.

Nach Ansicht von Henry Nasrallah gehört zur Integration der beiden Hemisphären normalerweise auch, »daß in der verbal ausdrucksfähigen Hemisphäre (meist der linken) alle bewußten Wahrnehmungen von Gedanken, Absichten und Gefühlen gehemmt werden, die sie tatsächlich von dem anderen (rechten) Bewußtsein erhält und an dieses sendet«. Diese Funktion ist bei der Schizophrenie gestört, und das hat zur Folge, daß das Bewußtsein in der linken Gehirnhälfte den Einfluß einer »äußeren« Kraft bemerkt, bei der es sich in Wirklichkeit um die rechte Gehirnhälfte handelt. Auf diese Weise, so Nasrallah, kommt es zu den Schneiderschen Wahnvorstellungen wie dem Gefühl, Gedanken würden eingeschleust, sowie zu Rückzugstendenzen und Passivität.

Vor dem Hintergrund der hier entwickelten Hypothese, wonach Schizophrenie und Sprache in der Evolution ihren gemeinsamen Ursprung in dem genetischen Ereignis haben, das den Hemisphären in manchen Aspekten ihrer Funktion eine unterschiedliche Differenzierung ermöglichte, erhalten auch die Symptome erster Ordnung eine neue Bedeutung. Diese Symptome sagen offensichtlich etwas darüber aus, was im einzelnen vorgeht, wenn der beschriebene Mechanismus versagt. Sie zeigen, welche Folgen die unzureichende Spezialisierung der Gehirnhälften hat. Damit liefern sie Hinweise auf die Organisation der Sprachfähigkeit im Gehirn, deren erste Aufgabe darin besteht, die Kommunikation mit anderen Menschen zu ermöglichen. Das erfordert irgendeine Wechselbeziehung zwischen den Hemisphären, und eine Folge dieser Wechselwirkungen sind das Hervorbringen von Sätzen (bei dem die eindeutige Unterscheidung zwischen dem »Ich« und dem »anderen« unabdingbar ist) sowie das Reflektieren über sie in den Gedanken (bei dem diese Unterscheidung unter Umständen noch nicht erfolgt ist). Die Kernsymptome liefern Aufschlüsse darüber, was bei einer Fehlfunktion dieses Mechanismus geschieht. Sie stellen Sprache am Ende ihrer Möglichkeiten dar, und damit sind sie der Schlüssel zu den neurologischen Grundlagen dieser charakteristischen Eigenschaft unserer Spezies.

Ein Locus auf den Geschlechtschromosomen

Nach den zuvor erörterten Überlegungen hängt die genetisch bedingte Neigung zur Psychose mit der Veranlagung für die Asymmetrie des Gehirns zusammen. Zwei Indizienketten sprechen dafür, daß sich auf dem X- und Y-Chromosom ein Gen für Asymmetrie befindet:

1. Bei Personen mit dem Turner-Syndrom (X0) ist die rechte Gehirnhälfte stärker beeinträchtigt, solche mit dem Klinefelter-Syndrom (XXY) und mit der Chromosomenkombination XXX weisen Störungen der linken Hemisphäre auf. Das spricht dafür, daß sich auf dem X-Chromosom ein Gen für das relative Größenwachstum der beiden Gehirnhälften befindet. Da aber normale Männer (XY) nur ein X-Chromosom besitzen, ohne die Defekte wie beim Turner-Syndrom aufzuweisen, muß das Y-Chromosomen ausgleichend wirken.
2. Unter Geschwistern gibt es einen schwachen Zusammenhang zwischen Händigkeit und Geschlecht. Das stimmt mit einem genetischen Modell für die Händigkeit wie dem von Annett überein, das ein erhebliches Zufallselement postuliert.

Solche Befunde legen die Vermutung nahe, daß der Faktor für die Asymmetrie (Rechtsverschiebung) zu der kürzlich beschriebenen Gruppe von Genen gehört, die auf dem X- und Y-Chromosom in homologer Form vorhanden sind. Solche Gene unterlagen offenbar auch in jüngster Zeit einem entwicklungsgeschichtlichen Wandel. Da zwischen den Geschlechtschromosomen keine Rekombination stattfindet, kann sich das Exemplar auf dem Y-Chromosom von seinem Gegenstück auf dem X-Chromosom wegentwickeln, und dieser Unterschied könnte sich auf die Geschlechtsunterschied folgender Eigenschaften auswirken:

a. Asymmetrie der Gehirnhälften (ist bei Männern größer);
b. einseitige Geschicklichkeit der Hände (ist bei Frauen stärker);

c. Verteilung der geistigen Fähigkeiten (Frauen zeigen im Durchschnitt eine größere Wortgewandtheit, bei Männern ist das räumliche Vorstellungsvermögen besser);
d. mittleres Alter beim Ausbruch von Psychosen (erfolgt bei Männern früher);
e. biologische Benachteiligung aufgrund geringerer Fruchtbarkeit bei Psychosen (ist bei Männern größer).

Sexuelle Selektion

Da Abweichungen in der Sequenz eines Gens auf dem Y-Chromosom nur bei Männern der Selektion unterliegen, stellt ein Gen, das auf dem X- und Y-Chromosom homolog ist, ein Ziel für die sexuelle Selektion dar. Da das Gen aber der Annahme zufolge auf beiden Chromosomen homolog ist und demnach dieselbe Funktion erfüllt, rechnet man bei seiner Funktion nicht mit qualitativen, sondern mit quantitativen Unterschieden zwischen den Geschlechtern (zum Beispiel mit den zuvor beschriebenen).

Die sexuelle Selektion beim Menschen wurde in mehreren Studien untersucht. Die Unterschiede zwischen den Geschlechtern, was die Bevorzugung bestimmter Partner angeht, sind in allen Kulturkreisen die gleichen: Intelligenz, Freundlichkeit und eine interessante Persönlichkeit werden bei beiden Geschlechtern geschätzt, aber Männer bewerten die körperliche Anziehungskraft durchweg höher, während den Frauen ebenso einheitlich beim Mann eine gut entwickelte Fähigkeit, den Lebensunterhalt zu verdienen, wichtiger ist. Im Rahmen der Soziobiologie kann man solche Unterschiede mit dem unterschiedlichen Fortpflanzungsinteresse der Geschlechter erklären. Nach dieser Theorie sind die Frauen an einem Partner interessiert, der ihnen gute Gene liefert und sowohl während der Schwangerschaft als auch darüber hinaus in seine Vaterrolle investiert; Männer dagegen suchen nach einer Frau, die wahrscheinlich gesund und fruchtbar ist, und dafür kann körperliche Attraktivität ein Indiz sein. Es ist, als gäbe es eine Diskussion über das beste Alter für die Reifung – wobei die Männer sich eher für ein geringeres, die Frauen dagegen für ein höheres Alter aussprechen –, und diese Diskussion wird mit dem artspezifischen Medium der Sprache geführt. Aus dieser Erklärung erwächst die Voraussage, daß es bei der Fortpflanzung einen durchschnittlichen Altersunterschied zwischen den Geschlechtern geben wird. Was das Alter bei der Eheschließung angeht, findet man in allen Kulturkreisen übereinstimmend einen Geschlechtsunterschied – die Männer sind im Mittel 1,5 bis 2 Jahre älter als die Frauen.

Ein solcher Geschlechtsunterschied könnte auch für die Frage von Bedeutung sein, in welchem Alter das Gehirn ausgereift ist. Zunächst einmal werden die Varianten des Gens auf dem Y-Chromosom im Durchschnitt 1,5 bis zwei Jahre später selektiert als die auf dem X-Chromosom (Abb. 2). Wenn es also mehrere unterschiedliche Allele gibt, würde man für das X- und das Y-Chromosom mit einem unterschiedlichen Variationsspektrum rechnen, was den früheren Einfluß auf die relative Entwicklungsgeschwindigkeit der Gehirnhälften angeht. Und zweitens werden die unterschiedlichen Kriterien der Geschlechter bei der Partnerwahl und/oder die Altersunterschiede bei der Selektion dieser Voraussage zufolge eine Bandbreite der Abweichungen in der normalen Bevölkerung schaffen, die sich in der Bandbreite der Gehirnstrukturen (zum Beispiel Symmetrie/Asymmetrie und Gehirngröße) widerspiegelt. Und weiter kann man voraussagen, daß diese Bandbreite im Zusammenhang mit einem deutlichen Spektrum unterschiedlicher psychologischer Funktionen und Persönlichkeitsstrukturen steht (z.B. soziale Fähigkeiten/Emotionalität). Wenn es sich bei der Eigenschaft, die der Selektion unterliegt, um die Sprachfähigkeit handelt, würde man damit rechnen, daß die Abweichungen sich im Zusammenhang mit irgendeinem Aspekt der Sprache zeigen.

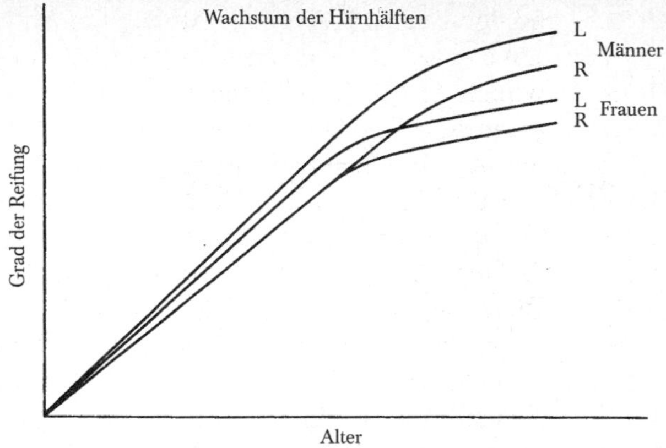

Abb. 2: Hypothetischer Wachstumsverlauf für die Gehirnhälften des Menschen (vgl. Abb. 1). Dabei wird unterstellt, daß der Wachstumsverlauf für die Hirnhälften von dem Gen für den Rechtsverschiebungs-Faktor oder die Hemisphärendominanz festgelegt wird, das in homologer Form auf dem X- und Y-Chromosom vorhanden ist und im Frühstadium der Entwicklung wirkt. Die unterschiedlichen Genotypen sorgen nach Annetts Theorie zusammen mit einem Zufallselement für einen unterschiedlichen Entwicklungsverlauf im Verhältnis der Gehirnhälften untereinander. Das mittlere Ausmaß dieser Asymmetrie bestimmen die jeweiligen Allele auf dem X- und Y-Chromosom, die ihrerseits durch die Wahl des Paarungspartners ausgewählt werden. Die Selektion der Allele des Y-Chromosoms erfolgt dabei im Mittel später als auf die des X-Chromosoms. (Verändert nach T. J. Crow, British Journal of Psychiatry 167, 12-25, 1995.)

Auch die Veranlagung zur Schizophrenie ist dieser Hypothese zufolge ein Element der beschriebenen Bandbreite, und zwar insbesondere dasjenige, das im Zusammenhang mit größerer Symmetrie und der ausbleibenden Entwicklung einer eindeutigen Dominanz für die Sprache in einer Hemisphäre verbunden ist. Wenn die Entwicklungswege schon früh im Leben des Fetus von Genen festgelegt werden, während die Krankheit erst nach Überschreiten einer Schwelle (zum Beispiel für den Ausbruch der Psychose oder für das Auftauchen von Suizid-Vorstufen) sichtbar wird, würde man erwarten, daß dieser Punkt bei Männern früher erreicht ist.

Zusammenfassung

Zwar lassen sich psychotische Krankheiten nur schwer definieren, weil es zwischen ihren Formen kontinuierliche Übergänge und keine klaren Kategorien gibt, aber man kann eine Gruppen von Symptomen (Kernsymptome oder Symptome erster Ordnung) benennen, deren Häufigkeit sich zuverlässig abschätzen läßt. Nach dieser Definition sind schizophrene Erkrankungen »allgegenwärtig, sie tauchen in verschiedenen Kulturkreisen mit ähnlicher Häufigkeit auf, und in den klinischen Merkmalen sind die Ähnlichkeiten zwischen den Kulturen bemerkenswerter als die Unterschiede«, wie die von Jablensky geleitete Studie der WHO abschließend bemerkt. Schizophrene Symptome sind also ein Merkmal aller Bevölkerungsgruppen. Sie müssen genetisch bedingt sein, und die entsprechende Variante muß sich entwickelt haben, bevor der moderne *Homo sapiens* sich über Afrika hinaus verbreitete. Die Abweichung ist mit einem Nachteil für die Fortpflanzung verbunden, denn Personen mit solchen Symptomen haben mit geringerer Wahrscheinlichkeit Nachkommen als die Gesamtbevölkerung; sie unterliegt also ständig der entwicklungsgeschichtlichen Selektion.

Die Sprache, die als Kommunikationssystem keinen eindeutigen Vorläufer hat, ist die entscheidende Eigenschaft, durch die sich der *Homo sapiens* von anderen Primatenarten unterscheidet. Sprache und Psychosen, so die Vermutung, sind untereinander und auch mit dem Artbildungsereignis verwandt, das vor mindestens 137 000 Jahren den modernen *Homo sapiens* entstehen ließ. Aufgrund einer genetischen Veränderung konnten sich die beiden Gehirnhälften mit einer gewissen Eigenständigkeit entwickeln. Die Sprachfähigkeit (die mit einem ihrer wichtigsten Bestandteile in einem dominanten Zentrum einer Gehirnhälfte angesiedelt ist) entwickelte sich durch Selektion, die auf diese Bandbreite der Variationen einwirkte (wobei wahrscheinlich neben der genetischen Komponente auch ein Zufallselement eine Rolle spielte). Die Psychose ist in der Bandbreite das Element, das mit der ausbleibenden Entwicklung von Dominanz für die Sprache in einer der beiden Hemisphären verbunden ist.

Die Kernsymptome – die mangelnde Unterscheidung zwischen den eigenen und von anderen erzeugten Sprachäußerungen sowie zwischen gedachter und gesprochener Sprache – sind vor allem deshalb von Bedeutung, weil sich in ihnen die Organisation der Sprachfunktionen in den Gehirnhälften widerspiegelt. Der genetische Mechanismus, der für die Spezialisierung der Hemisphären sorgt, ist also der Schlüssel, wenn man den Ursprung der Sprache und die Pathogenese der Psychosen aufklären will. Die Befunde, wonach der Faktor für die Dominanz (»Rechtsverschiebung«) zur Gruppe der homologen Gene von X- und Y-Chromosom gehört, bietet eine Erklärung für die Geschlechtsunterschiede von Gehirnsymmetrie, motorischen Fähigkeiten, Sprachgewandtheit und dem Alter beim Ausbruch von Psychosen. Ein solches Gen unterliegt der sexuellen Selektion, und seine Wirkung besteht vielleicht darin, daß es den Höhepunkt der Gehirnreife bei den beiden Geschlechtern bestimmt. Eine solche Form der Evolution entspricht der Rolle der sexuellen Selektion, die Charles Darwin in »Die Abstammung des Menschen« postulierte.

Weiterführende Literatur

Bickerton, D.: *Language and Human Behavior.* University of Washington Press 1995.

Corballis, M. C.: *The Lop-sided Ape: Evolution of the Generative Mind.* Oxford University Press 1991.

Crow, T. J.: *Sexual selection, Machiavellian intelligence and the origins of psychosis.* In: Lancet 342, 594-598, 1993.

Crow, T. J.: *Language and psychosis: common evolutionary origins.* In: Endeavour 20(3), 105-109, 1996.

Crow, T. J.: *Schizophrenia as a failure of hemispheric dominance for language.* In: Trends in Neuroscience 20, 339-343, 1997.

Crow, T. J.: *Is schizophrenia the price that* Homo sapiens *pays for language?* In: Schizophrenia Research 28, 127-141, 1997.

Crow, T. J., Done, D. J. und Sacker, A.: *Cerebral lateralisation is delayed in children who later develop schizophrenia.* In: Schizophrenia Research 22, 181-185, 1996.

Jablensky, A., Sartorius, N., Ernberg, G., Anker, M., Korten, A., Cooper, J. E., Day, R. und Bertelsen, A.: *Schizophrenia: manifestations, incidence and course in different cultures. A WHO ten-country study.* In: Psychological Medicine Supplement 20, 1-97, 1992.

Stringer, C., und McKie, R.: *African Exodus: The Origins of Modern Humanity.* Cape 1996.

9

KANN EIN COMPUTER VERSTEHEN?

Roger Penrose

Verstehen und Berechnen

Ist *Verstehen* eine Qualität, die ein Computer irgendwann einmal erreichen kann? Daß die heutigen Computer viel oder überhaupt etwas von dieser Qualität besitzen, würde kaum jemand behaupten, aber vielfach wird argumentiert, es sei nur eine Frage der Zeit, bis Rechner oder rechnergesteuerte Roboter echte Intelligenz besitzen und demnach wirklich verstehen, was sie tun. Wer die These der künstlichen Intelligenz in ihrer starken Form vertritt – sie wird manchmal auch als *starke KI* bezeichnet –, würde sogar behaupten, *jede* geistige Qualität sei in irgendeiner Form ein Merkmal von Berechnungen[1]. Letztlich, so diese Argumentation, sollte man irgendeinen computergesteuerten Roboter konstruieren können, der alle entscheidenden geistigen Eigenschaften eines Menschen besitzt. Demnach müßte auch jene besondere geistige Qualität, die wir als »Verstehen« bezeichnen, sich irgendwann in die Begriffe einer Form von Berechnungen fassen lassen.

Mit Berechnungen, das muß ich sofort klarstellen, meine ich einfach in mathematischer Idealisierung jene Tätigkeit, zu deren Ausführung die modernen Allzweck-Computer konstruiert

1 Siehe den Aufsatz von Igor Aleksander, Kapitel 10.

sind. Die mathematische Idealisierung besteht dabei vor allem in der Forderung, daß unbegrenzte Speicherkapazität zur Verfügung steht, daß die Maschine keine Fehler macht, und daß man sie so lange wie nötig arbeiten lassen kann. Einen solchen idealisierten Computer nennt man auch *Turing-Maschine*, nach dem Mathematiker Alan Turing, der (zusammen mit dem Logiker Emil Post) diese Vorstellung von einem idealisierten Computer zum erstenmal in formale Begriffe faßte. Eine Sonderform der Turing-Maschine bezeichnet man auch als *universelle Turing-Maschine.* Sie zeichnet sich dadurch aus, daß sie die Tätigkeit jeder beliebigen anderen Turing-Maschine nachahmen kann, wenn man ihr das richtige Programm zur Verfügung stellt. Tatsächlich sind moderne Allzweck-Computer in einem sehr eindeutigen Sinn eine gute Annäherung an die mathematisch idealisierte universelle Turing-Maschine. Deshalb sind theoretische Überlegungen darüber, was (universelle) Turing-Maschinen leisten oder nicht leisten, von unmittelbarer Bedeutung für die Frage, zu welchen Leistungen Computer im Prinzip in der Lage sind.

Daß Computer Tätigkeiten ausführen können, die sich scheinbar stark von der einfachen Ausführung mathematischer Berechnungen unterscheiden, ist heute eine allgemein bekannte Tatsache. Manche Rechner steuern beispielsweise Roboter, die herumlaufen können und dabei Hindernissen ausweichen; andere fangen einen Ball, den man nach ihnen wirft, und bringen ihn zurück. Wieder andere spielen so gut Schach, daß nur noch sehr wenige menschliche Spieler höher einzustufen sind. Aber bei allen diesen Tätigkeiten sind die Rechenapparate letztlich nach wie vor Turing-Maschinen, auch wenn sie locker (»von unten nach oben«) programmiert wurden, so daß sie durch Erfahrungen lernen können und nicht nach streng (»von oben nach unten«) organisierten algorithmischen Verfahren dazu konstruiert sind, für bestimmte Probleme eindeutige Lösungen zu liefern.

Gibt es Grenzen für die Leistungen der Turing-Maschinen? Die Antwort lautet: ja. Bestimmte Kategorien mathematischer Probleme lassen sich bekanntlich nicht ausschließlich durch Berechnungsverfahren lösen. Dennoch würden viele Menschen – beispielsweise die Vertreter der Ansicht, man könne alle geistigen Vorgänge der Menschen in den Begriffen von Computermodellen verstehen (starke KI) – behaupten, die gleichen Probleme seien auch für einen menschlichen Mathematiker nicht lösbar. Es läßt sich aber mit ganz eindeutigen mathematischen Argumenten zeigen, daß die menschliche Qualität des »Verstehens« von ihrem Wesen her überhaupt nichts mit Berechnungen zu tun hat. Und das Verstehen ist eine Qualität, die für die Beurteilung jeder mathematischen Beweisführung unentbehrlich ist.

Nun könnte man argumentieren, es sei doch für jeden, der sich mit der Gestaltung oder Nutzung von Computerprogrammen beschäftigt, vollkommen »offensichtlich«, daß das Verstehen von seinem Wesen her kein Berechnen ist. Die Qualität des Verstehens ist in einem gewissen Sinn eine *Ergänzung* von Berechnungen. Eine Berechnung, die nicht von Verstehen begleitet ist, hat eigentlich keinen Wert. Man muß wissen, wozu die Berechnung *dient* und warum sich aus einem bestimmten Ergebnis der Berechnung eine bestimmte Folgerung ergeben soll. Manchmal gibt es einen Tauschhandel zwischen Verstehen und Berechnen. Indem wir in ein Problem mehr Verstehen investieren, kommen wir möglicherweise um eine Riesenmenge von Berechnungen herum; und umgekehrt kann die Verarbeitung gewaltiger Zahlenmengen oder das Durcharbeiten zahlreicher verschiedener Möglichkeiten in manchen Fällen das tiefere Verständnis für ein Problem ersetzen.

Dennoch würden die Vertreter der starken KI (und auch viele andere) behaupten, es müsse unabhängig davon, worum es sich bei der Qualität des »Verstehens« im einzelnen handelt, mit Sicherheit einen Weg geben, um es in einem durch Berechnungen gesteuerten Roboter zu simulieren. Ich vertrete eine ganz andere Ansicht. Außerdem halte ich das Verstehen für eine Art Prüfstein der künstlichen Intelligenz. Eines scheint mir ganz klar zu sein: Was für eine Qualität das Verstehen auch sein mag, es erfordert in jedem Fall echte, bewußte *Wahrnehmung*. Was »bewußte Wahrnehmung« ist, weiß ich ebensowenig wie ich weiß, was »Verstehen« ist. Aber ohne Wahrnehmung, soviel scheint klar, kann es echtes Verstehen (im üblichen Sinn des Wortes) nicht geben. Eine Situation vollständig bewußt wahrzunehmen, ist tatsächlich der erste Schritt, um sie zu verstehen. Wenn wir also sehen können, daß die Effekte des Verstehens durch Berechnungen allein nicht zu erreichen sind, ist das ein stichhaltiger Hinweis, daß wahrscheinlich die Wahrnehmung selbst der nicht durch Berechnungen geprägte Bestandteil ist. Wenn also die Wirkungen des Verstehens über das reine Berechnen hinausgehen, muß dem reinen Computermodell des Geistes etwas Grundsätzliches fehlen.

Kann ein Computer das Schachspiel verstehen?

Ein interessantes Beispiel zur Verdeutlichung der Tatsache, daß den heutigen Computern jede echte Verständnisfähigkeit fehlt, ist die Schachposition in Abb. 1 (ein Problem von William Hartston und David Norwood). Schwarz hat dabei einen gewaltigen Materialvorteil von zwei Türmen und einem Läufer, und doch kann Weiß der Niederlage ganz einfach entgehen, indem er den König auf seiner Seite des Brettes hin- und herbewegt. Die Mauer aus Bauern ist für Schwarz nicht mehr zu durchdringen, so daß Weiß von den schwarzen Türmen oder dem Läufer nichts zu befürchten hat, solange diese Schranke unversehrt bleibt. Für jeden menschlichen Spieler, der mit den Regeln des Schachspiels einigermaßen vertraut ist, liegt das sofort auf der Hand. Als man die gleiche Position mit Weiß am

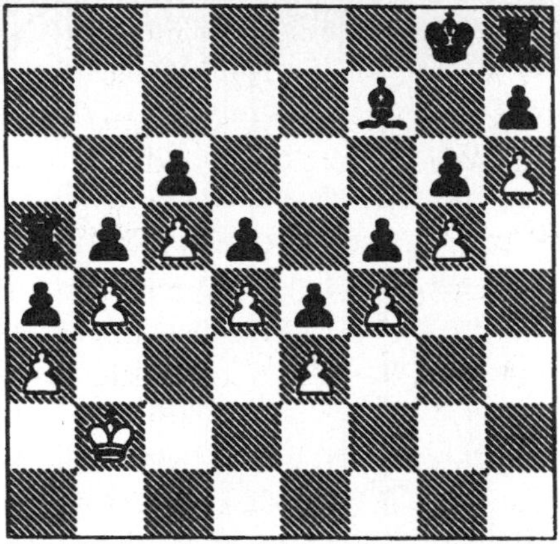

Abb. 1: Weiß ist am Zug – einfach für Menschen, aber »Deep Thought« schlug den Turm!

Zug aber verschiedenen leistungsfähigen Schachcomputern anbot – unter ihnen auch »Deep Thought«, dem (damals) besten von allen, auf dessen Konto auch eine Reihe von Siegen über menschliche Großmeister gingen[2] –, machten sie sofort den schweren Fehler, den schwarzen Turm mit dem weißen Bauern zu schlagen; damit war die Barriere aus Bauern zerstört, und der Rechner war in einer hoffnungslosen Verliererposition!

Wie konnte eine Maschine, die im Schachspiels so hervorragende Leistungen erbringt, einen so offenkundig dummen Zug machen? Die Antwort: Alle Computer sind – neben einer beträchtlichen Menge von eingefüttertem »Lehrbuchwissen« – so programmiert, daß sie immer einen Zug nach dem anderen berechnen – mit einer beträchtlichen Zahl von Zügen im voraus – und dabei versuchen, ihre Materialsituation zu verbessern.

2 Diese Schachposition wurde auch »Deep Blue« vorgelegt, dem Computer, der Garri Kasparow schlug; er machte genau den gleichen dummen Fehler wie andere Rechner!

Sie können in keinem Stadium tatsächlich verstehen, was mit der Mauer aus Bauern zu erreichen war, ja sie hatten noch nicht einmal ein echtes Verständnis für irgend etwas, das sie taten.

Wenn man hinreichend einschätzen kann, wie »Deep Thought« und andere schachspielende Computersysteme prinzipiell konstruiert sind, ist es nicht verwunderlich, daß sie in Positionen wie der von Abb. 1 versagen. *Wir* können nicht nur am Schachspiel etwas verstehen, was Computer nicht begreifen, sondern wir verstehen auch etwas von dem (von oben nach unten gerichteten) Verfahren, nach dem sie konstruiert wurden; deshalb können wir tatsächlich beurteilen, warum sie solche groben Fehler begehen, und ebenso verstehen wir, warum sie unter den meisten anderen Umständen so gut Schach spielen. Aber wir können auch fragen: Ist es überhaupt möglich, daß »Deep Thought« oder irgendein anderes KI-System irgendwann einmal echtes Verständnisvermögen in der Art erreicht, wie wir es besitzen – für Schach oder für irgend etwas anderes?

Dieses Beispiel ist zwar sehr aufschlußreich und verdeutlicht den Unterschied zwischen der Auffassungsgabe der Menschen und den Möglichkeiten der Computer, aber schlüssig ist es keineswegs. Man könnte sich zum Beispiel eine Zeit ausmalen, in der Computer so leistungsfähig sind, daß sie Schachpositionen wie die in Abb. 1 bis hin zum Schachmatt analysieren. Dann würde ein wirkliches »Verständnis« für das, was mit der Bauernmauer zu erreichen ist, immer noch fehlen, aber der Computer könnte durch den schieren Umfang seiner Berechnungen die richtigen Züge finden. Um ein eindeutiges Argument gegen die Verständnisfähigkeit der Computer zu finden, müssen wir uns der Mathematik zuwenden, denn dort können wir Fragestellungen mit einem wirklich *unendlichen* Bestandteil betrachten, so daß auch noch so umfangreiche Berechnungen nicht mehr unmittelbar etwas nützen.

Unangreifbare Überlegungen

Dementsprechend werde ich mich jetzt auf bestimmte Aspekte des *mathematischen* Verstehens konzentrieren: Im wesentlichen befasse ich mich damit, was zum Begriff des *Beweises* gehört, also eines unangreifbaren mathematischen Nachweises. Wir haben uns an die Vorstellung gewöhnt, daß es bei einem mathematischen »Beweis« einfach darum geht, die richtigen Regeln zu befolgen. Aber wie sich herausstellt, stimmt das nicht. Wie der berühmte mathematische Logiker Kurt Gödel 1930 zeigte, kann man ein noch so leistungsfähiges Regelsystem anwenden – vorausgesetzt, man geht davon aus, daß man mit den Regeln nicht die Wahrheit einer *falschen* arithmetischen Aussage beweisen kann –, und immer wird es arithmetische Aussagen geben, die man ebenfalls als wahr anerkennen muß, die aber außerhalb des Geltungsbereiches der Regeln liegen. Selbst wenn man die Auffassungsgabe der Menschen also auf den Bereich arithmetischer Aussagen beschränkt, läßt sie sich nicht in ein einziges System von Regeln fassen, die als zuverlässig anerkannt sind. Gerade die Anerkennung eines Regelsystem ist das, was ihre Überschreitung ermöglicht.

Ich habe noch nicht genau gesagt, was in diesem Zusammenhang mit »Regeln« gemeint ist. Gödel sprach von dem sogenannten Beweis innerhalb eines bestimmten *formalen Systems*, und wie seine Ergebnisse zeigen, bleibt ein solcher Begriff eines »Beweises« immer hinter dem zurück, was mit der Auffassungsgabe der Menschen tatsächlich zu erreichen ist. Glücklicherweise braucht der Leser nicht genau zu wissen, was ein »formales System« eigentlich ist, denn Turing konnte einige Jahre später zeigen, daß Gödels Argumentation tatsächlich für jedes System von »Regeln« gilt, die sich einem Computer einprogrammieren lassen oder die, genauer gesagt, von einer Turing-Maschine ausgeführt werden können.

Nicht selten hört man aber das Argument, die arithmetischen Aussagen, die sich bei Anwendung des Gödelschen Verfahrens ergeben, seien als Mathematik höchst unnatürlich, und deshalb könne ein ernsthafter Mathematiker sie ungestraft außer acht lassen. Was also die »normale« Mathematik betrifft, könnte man Gödels Problem ebensogut ignorieren, sich auf ein bestimmtes Regelsystem für Beweise festlegen und zur Tagesordnung übergehen. Aber: Woher wissen wir eigentlich, daß bestimmte mathematische Annahmen tatsächlich wahr sind? Woher wissen wir, daß wir uns in jedem Fall auf unser gewähltes Regelsystem verlassen können? Können wir das nicht, dann ist auch seinen Folgerungen nicht zu trauen; ist es aber möglich, dann müssen wir uns ebenso auch auf Gödels mathematische Aussage verlassen, auch wenn sie sich durch Anwendung unserer anerkannten Regeln nicht ableiten läßt.

Außerdem stimmt es eigentlich auch nicht, daß Gödelsche Sätze – oder Aussagen, die solchen Sätzen äquivalent sind – etwas »Unnatürliches« darstellen, das man ignorieren könnte. Ich werde das im nächsten Abschnitt mit einem ausgezeichneten Beispiel deutlich machen (das ich im Herbst 1995 bei einem Vortrag von Dan Isaacson kennenlernte). Es geht dabei um ein Theorem, das Goodstein 1944 formulierte, und es hat den Vorteil, daß man es auch Menschen mit geringen mathematischen Vorkenntnissen erläutern kann.

Goodsteins Theorem

Betrachten wir einmal eine beliebige natürliche Zahl (das heißt eine nicht negative ganze Zahl wie 0, 1, 2, 3, 4, 5 ...). Aus Gründen der Festlegung entscheiden wir uns für die Zahl 1061. Schreiben wir sie in binärer Form, so lautet ihre Darstellung

$$1061 = 10000100101,$$

das bedeutet

$$1061 = 1024 + 32 + 4 + 1,$$

das heißt:

$$1061 = 2^{10} + 2^5 + 2^2 + 1.$$

Die Einsen in der ersten Darstellung stehen für Potenzen von 2, die in der Summe enthalten sind, und die Nullen für solche, die fehlen.

Nun stellen wir fest, daß es in dem letzten Ausdruck immer noch Zahlen gibt, die nicht als Potenzen von 2 dargestellt sind (beispielsweise die »10« in 2^{10} oder die »5« in 2^5), und wir können uns entschließen, auch diese Exponenten auf die gleiche Weise auszudrücken:

$$1061 = 2^{2^3+2} + 2^{2^2+1} + 2^2 + 1.$$

Damit sind wir immer noch nicht am Ende, denn im ersten Exponenten taucht eine »3« auf; drücken wir auch sie als Potenz von 2 aus, so erhalten wir die Gleichung

$$1061 = 2^{2^{2+1}+2} + 2^{2^{2+1}} + 2^2 + 1.$$

Gehen wir von einer größeren Zahl aus, müssen wir auch Exponenten dritter oder höherer Ordnung verwenden.

Betrachten wir nun einmal zwei einfache Rechenoperationen, die wir mit derart ausgedrückten Zahlen vornehmen können: (a) eine Zunahme der Basis um eine Einheit, und (b) die Subtraktion von 1.

Es geht darum, die beiden Operationen abwechselnd vorzunehmen – (a), (b), (a), (b), (a) … – und abzuwarten, was geschieht. Die ursprüngliche Zahl (in unserem Beispiel 1061) hatten wir als Potenzen von 2 ausgedrückt; die »Basis« ist in diesem Fall also 2. In der ersten Anwendung von (a) müssen wir die 2 demnach durch eine 3 ersetzen:

$$3^{3^{3+1}+3} + 3^{3^3+1} + 3^3 + 1.$$

Jetzt wenden wir (b) an und erhalten

$$3^{3^{3+1}+3} + 3^{3^3+1} + 3^3.$$

Durch Anwendung von (a), wobei diesmal die 3 durch 4 ersetzt wird, gelangen wir zu

$$4^{4^{4+1}+4} + 4^{4^4+1} + 4^4.$$

Die Anwendung von (b) ist diesmal nicht so einfach, aber wir erhalten

$$4^{4^{4+1}+4} + 4^{4^4+1} + 4^3 \times 3 + 4^2 \times 3 + 4 \times 3 + 3.$$

(Die Koeffizienten »3«, die hier auftauchen, entsprechen der »9« in der normalen Dezimalschreibweise, wenn man beispielsweise 1 von 10 000 abzieht und 9999 erhält. Jetzt wenden wir wiederum (a) an und gelangen zu

$$5^{5^{5+1}+5} + 5^{5^5+1} + 5^3 \times 3 + 5^2 \times 3 + 5 \times 3 + 3.$$

(Man beachte, daß die Koeffizienten »3« sowie die Exponenten »2« und »3« in unserem Ausdruck durch Anwendung von (a) nicht beeinflußt werden. Es gibt hier keine Zweideutigkeiten, denn die Koeffizienten und diese Exponenten sind stets kleiner als die Basis, und das bleibt auch so, weil die Basis durch (a) wächst.) Die Anwendung von (b) liefert jetzt

$$5^{5^{5+1}+5} + 5^{5^5+1} + 5^3 \times 3 + 5^2 \times 3 + 5 \times 3 + 2,$$

und so weiter.

Wie man an diesem Beispiel erkennt, hat die paarweise Anwendung der Regeln (a) und (b) bisher zu gewaltig wachsenden Zahlenwerten geführt. Tatsächlich war die Zunahme in dem genannten Beispiel bereits äußerst groß:

$$1061 \rightarrow \sim 10^{40} \rightarrow \sim 10^{600} \rightarrow \sim 10^{10000} \rightarrow \cdots$$

in grober Annäherung, und die Zahlen wachsen weiterhin mit stark zunehmendem Tempo. Man kann sich nur schwer dem Eindruck verschließen, daß diese Zahlen tatsächlich bis ins Unendliche steigen.

Aber der Eindruck täuscht. Hier kommt Goldsteins bemerkenswertes Theorem ins Spiel. Ganz gleich, von welcher natürlichen Zahl man ausgeht, immer erreicht die derart konstruierte Zahlenfolge irgendwann ein Maximum, und dann sinken die Werte wieder ab, und zwar bis auf … *Null!* Trotz der außergewöhnlichen Größe der Zahlen, die sich durch wiederholte Anwendung von (a) ergeben, behält die erbarmungslose Verminderung durch die bescheidene kleine Operation (b) letztlich die Oberhand!

Wie kommt das? Und angenommen, Goodsteins Theorem stimmt, welche Bedeutung hat es für unser Thema? Die Antwort auf die zweite Frage lautet: Goodsteins Theorem ist gleichbedeutend mit einer bestimmten Aussage des Gödel-Typs. Mit Hilfe des Theorems läßt sich zeigen, daß Gödel-Aussagen etwas vollkommen Begreifliches sind und daß es keine Möglichkeit gibt, sie einfach aus mathematischen Überlegungen auszuklammern. Im Prinzip ist ohne Schwierigkeiten zu erkennen, wie man das Goodstein-Theorem beweisen kann, aber darauf möchte ich erst am Ende des nächsten Abschnitts zurückkommen, wenn ich das Theorem in den geeigneten Zusammenhang gestellt habe.

Beweis durch mathematische Induktion

Mathematische Behauptungen über die natürlichen Zahlen, die wir in der Schule kennenlernen, werden üblicherweise durch *mathematische Induktion* bewiesen. Nehmen wir einmal ein sehr einfaches Beispiel: Wir wollen beweisen, daß die Summe der ersten n natürlichen Zahlen $\frac{1}{2}n(n+1)$ beträgt, das heißt

$$1+2+3+4+\cdots+n=\frac{1}{2}n(n+1),$$

und das soll für *alle* natürlichen Zahlen n gelten. (Für $n = 0$ gilt natürlich die Konvention, daß die Summe links einfach Null ist, und wir erhalten die richtige Gleichung $0 = 0$).

Um eine solche Aussage durch mathematische Induktion zu beweisen, müssen wir folgendes verifizieren: *Wenn* sie für einen bestimmten Wert von n gilt, *dann* folgt daraus, daß sie auch für $n + 1$ wahr ist. Außerdem müssen wir ganz zu Anfang den besonderen Wert $n = 0$ überprüfen. Um also zu beweisen, daß eine Aussage, die von der natürlichen Zahl n abhängt – wir wollen diese Aussage P(n) nennen –, für *alle* natürlichen Zahlen n gilt, beweisen wir:

1. Für jedes n ergibt sich aus der Wahrheit von P(n) auch die Wahrheit von P($n + 1$); und
2. P(0) ist wahr.

In dem vorliegenden Fall stellen wir einfach fest, daß die algebraische Übereinstimmung

$$\tfrac{1}{2}n(n+1)+(n+1)=\tfrac{1}{2}(n+1)(n+2)$$

den erforderlichen Zusammenhang herstellt.

Betrachten wir nun wieder Goodsteins Theorem. Wie könnte man es mit gewöhnlicher mathematischer Induktion beweisen? Tatsächlich stellt sich heraus, daß dies nicht möglich ist! Wie Kirby und Paris 1982 zeigten, ist Goodsteins Theorem gleichbedeutend mit der Gödelschen Aussage, die sich aus den Regeln der mathematischen Induktion[3] ergibt. Goodsteins Theorem ist also sowohl wahr als auch mit gewöhnlicher mathematischer Induktion nicht zu beweisen!

Demnach könnte man meinen, der »Beweis« des Goodstein-Theorems sei etwas sehr Geheimnisvolles; außerdem könnte man sich vorstellen, daß dieses »Theorem« vielleicht sogar als gültige mathematische Wahrheit fragwürdig ist. Vielleicht, so könnte man zu argumentieren versuchen, ist seine Gültigkeit eine Frage von Meinungen – demnach würde sie davon abhängen, welches mathematische System man zufällig aussucht und anwendet. Aber das alles ist weit von der Wahrheit entfernt.

---

3 Für Fachleute: Mit den »Regeln der mathematischen Induktion« meine ich die »Peano-Arithmetik erster Ordnung«.

Jeder Mathematiker, der Vorkenntnisse in den entsprechenden Begriffen der Theorie unendlicher Mengen hat (auch *transfinite Induktion*[4] genannt), versteht ihn sofort. Und es ist noch nicht einmal nötig, die Sache auf diese spezielle Weise darzustellen. Jeder, der genügend Zeit aufwendet, um sich mit den Rechenoperationen (a) und (b) sowie ihrer Anwendung auf ganz normale natürliche Zahlen vertraut zu machen, und der außerdem die entscheidenden Vorgänge beurteilen kann, gelangt zu derselben Schlußfolgerung: Letztlich behält (b) die Oberhand, und am Ende steht die 0. (Dem interessierten Leser empfehle ich, von der Zahl 4 auszugehen. Die Zahlen steigen bis auf

$$3 \times 2^{26+3\times 2^{27}},$$

um dann auf Null abzufallen!) Entscheidend ist, daß alle Exponentenstapel letztlich aufgefressen werden, weil das erbarmungslos wirkende (b) ihre Schutzwälle aus kleineren Exponentenstapeln einen nach dem anderen abbaut, ganz gleich, wie groß die Basis durch (a) wird. (Die transfinite Induktion ist nur ein herrlich bequemes Verfahren, um alle diese Erkenntnisse in Form eines einzigen Prinzips zu organisieren.)

Verstehen und natürliche Selektion

Wie konnten sich auf der Erde Lebewesen entwickeln, die tatsächlich die Mathematik *verstehen* können, indem sie richtige Überlegungen über potentiell unendliche Vorgänge anstellen und

---

4 Für Leser, die mit transfiniter Induktion vertraut sind, hier der Ablauf des Beweises: Ausgehend von einer vorgegebenen natürlichen Zahl, stelle man sich alle Schritte ausgeschrieben vor. Dann ersetze man die »Basis« bei jedem Auftreten durch Cantors erste transfinite Ordinalzahl ω. Jetzt bewirkt die Operation (a) nichts, aber (b) liefert eine absteigende Folge von Ordinalzahlen. Diese Reihe muß wegen der grundlegenden Eigenschaft von Ordinalzahlen ein letztes Element haben, und das kann nur 0 sein, womit das Ergebnis bewiesen ist.

damit zu gültigen Aussagen über die Unendlichkeit natürlicher Zahlen gelangen? Mit Sicherheit werde ich nicht die übliche wissenschaftliche Antwort auf diese Frage anzweifeln: durch Darwinsche natürliche Auslese. Die entscheidende Frage ist aber nicht, ob die natürliche Auslese wirkt, sondern *worauf* sie wirkt.

Für Lebewesen, die ein völlig durch Berechnungen bestimmtes Universum bewohnen, ergibt sich in der Tat ein Problem. Man hört oft die Behauptung, ein »Verständnis« für Zahlen könne auf eine Art entstehen, die sich vollkommen in Form von Berechnungen beschreiben läßt. Demnach hätte die computerähnliche Reaktion unserer entfernten Vorfahren auf ihre Umwelt das »Verständnis« hervorgebracht. In ihrer Erfahrungswelt begegneten ihnen kleine Zahlen von Gegenständen und dann immer größere Ansammlungen; es erwies sich als Vorteil (und steigerte ihre entwicklungsgeschichtliche »Eignung«), wenn sie solche Gegenstände zuverlässig zählen, addieren und subtrahieren konnten. Statt immer die jeweiligen Gebilde – Steine, Beeren, Tage, biologische Arten – benennen zu müssen, deren Quantität die Zahlen angaben, war es für diese Geschöpfe früherer Zeiten nützlich und deshalb ein Selektionsvorteil, wenn sie aus verschiedenen Einzelfällen den Begriff der natürlichen Zahl »abstrahieren« konnten, so daß er sich in verschiedenen Situationen anwenden ließ.

Aber ganz gleich, wie umfangreich die Erfahrungen dieser früheren Lebewesen waren, immer konnte ihnen im Einzelfall nur ein verschwindend kleiner Anteil der natürlichen Zahlen begegnen. Vielleicht war es bequem für sie, wenn sie idealisierten und dann postulierten, daß die »Zahlen«, mit denen sie in ihren unmittelbaren Erfahrungen zu tun hatten, tatsächlich zu einer unendlich großen Familie gehören: zu den natürlichen Zahlen an sich. Vermutlich entwickelten sich dann Geschöpfe, die über diese idealisierten Gebilde wirksam und genau nachdenken konnten. Aber wenn sich die physikalischen Prinzipien, nach denen sie und ihre Umwelt aufgebaut sind, ausschließlich unter dem Gesichtspunkt von *Berechnungen* beschreiben lassen, müssen auch die genauen und wirksamen Regeln, von denen ihre Überlegungen abhängen, sich von ihrem Wesen her auf Berechnungen gründen. Irgendwann schließlich, so könnte man sich vorstellen, kamen diese früheren Lebewesen, angeregt durch ihre unmittelbaren Erfahrungen, bewußt oder unbewußt auf den Begriff der mathematischen Induktion. Und nachdem diese Geschöpfe festgestellt hatten, daß das Prinzip der Induktion eine naheliegende, notwendige Wahrheit im Hinblick auf die natürlichen Zahlen darstellt, könnte man sich durchaus vorstellen, daß sie von der natürlichen Selektion begünstigt wurden. Verstärkt wurde dieser Effekt vermutlich, weil die Induktion im Einzelfall ausnahmslos gültig ist und weil sie von der gesamten Lebensgemeinschaft anerkannt wurde.

Im Grunde ist die mathematische Induktion tatsächlich ein Berechnungsverfahren, und deshalb scheint es kein Widerspruch zu sein, daß Lebewesen, die ausschließlich Berechnungen anstellten, allein durch den Druck der natürlichen Selektion irgendwann fest an die Gültigkeit dieses Verfahrens »glaubten«. Aber wie sollten solche Geschöpfe mit Goodsteins Theorem zurechtkommen? Diese besondere mathematische Aussage liegt völlig außerhalb der unmittelbaren Erfahrung. Außerdem übersteigen auch die tatsächlichen Zahlen, die sich durch die wiederholte Anwendung der Operationen (a) und (b) ergeben, bei weitem alles, was uns im Leben tatsächlich begegnen kann. Und doch kommt unser mathematisches Verständnis ohne übermäßige Schwierigkeiten mit dem Goodstein-Theorem zurecht. Wie ist das möglich? Unser Verständnis für die natürlichen Zahlen ist eindeutig *nicht* so begrenzt, daß es ausschließlich mit den Berechnungsregeln der normalen mathematische Induktion übereinstimmt. Zwar kann man sich durchaus vorstellen, daß das unmittelbare Erleben einzelner Beispiele für natürliche Zahlen und ihrer Beziehungen bei uns zur Entwicklung von Berechnungsregeln geführt haben, die wir (wie zum Beispiel die Regeln der mathematischen Induktion) als »intuitiv« empfinden – weil Individuen mit einer Neigung zu diesen Regeln einen Selektionsvorteil hatten –, aber diese Erfahrungen umfaßten nichts, was von seinem Wesen her dem Goodstein-Theorem glich.

Außerdem sagt uns Gödels Theorem, daß dieses Verständnis für die natürlichen Zahlen sich in kein *wie auch immer geartetes* System von Regeln fassen läßt, die man kennen kann, wenn »kennen« auch »sich verlassen« bedeutet und wenn man mit »Regelsystem« etwas meint, das in seinem Wesen ausschließlich von Berechnungen geprägt ist. Auf mathematische Regeln, die vorgeben, für unangreifbare mathematische Wahrheiten zu sorgen, sollte man sich sicher verlassen können. Wenn sich das Wesen des mathematischen Verständnisses in Regeln fassen läßt, dann kann es sich nicht ausschließlich um Regeln für Berechnungen handeln.

Mir scheint klar zu sein, daß es einen grundlegenden Konflikt zwischen mathematischem Verständnis und reinen Berechnungsvorgängen gibt, und dieser Konflikt tritt im Gödel-(Turing-)Theorem zutage. Das spricht nicht dagegen, daß unser mathematisches Verständnis ein Produkt der Evolution ist, vorausgesetzt, die physikalischen Gesetze, nach denen die natürliche Selektion geschieht, sind von ihrem Wesen her *nicht* ausschließlich durch Berechnungen geprägt.

Es ist aber höchst unwahrscheinlich, daß die natürliche Selektion sich eines subtilen, nicht auf Berechnungen gegründeten Bestandteils, der sich in physikalischen Gesetzen verbirgt, ausschließlich dazu bedient haben soll, *mathematisch begabte* Geschöpfe hervorzubringen. Wie absurd diese Vorstellung ist, habe ich in Abb. 2 deutlich gemacht, die aus meinem Buch »Schatten des Geistes« (Seite 187) stammt. Es war (und ist wahrscheinlich bis heute!) keinerlei Selektionsvorteil, wenn man über so leistungsfähige Berechnungsregeln verfügt, daß man mit mathematischen Aussagen von der besonderen Natur des

Abb. 2: Für unsere entfernten Vorfahren kann eine besondere Begabung für raffinierte Mathematikaufgaben wohl kaum ein Selektionsvorteil gewesen sein, aber eine allgemeine Fähigkeit zum *Verstehen* war für das Überleben sicher durchaus nützlich.

Goodstein-Theorems umgehen kann. Die allgemeine Fähigkeit des *Verstehens* jedoch hätte unseren Vorfahren in der Selektion einen eindeutigen, offenkundigen Vorteil verschafft. (Die Vettern des unglückseligen Mathematikers in Abb. 2 sind in der Selektion viel stärker begünstigt als er, weil sie ihre Auffassungsgabe bei weitem nutzbringender anwenden.)

Wenn man voraussetzt, daß »Verstehen« unspezifisch und in seinem Wesen nicht von Berechnungen geprägt ist – so daß es flexibel und raffiniert genug ist, um mit dem Beweis für das Goodstein-Theorem und andere Theoreme des Gödel-Typs umgehen zu können, sobald sie auftauchen –, dann wäre es tatsächlich eine Qualität gewesen, die von der natürlichen Selektion begünstigt wurde. Zwischen der mathematischen und anderen Formen der menschlichen Auffassungsgabe scheint es keine klare Trennlinie zu geben. Das Verständnis, das zum Beweis des Goodstein-Theorems beiträgt, ist eigentlich nur gut organisierter gesunder Menschenverstand. Vielleicht wirkt er letztlich bei *jeder* mathematischen Argumentation mit, auch wenn die »Organisation«, die dazu notwendig ist, manchmal ein wirklich bedeutendes Ausmaß erreicht.

Wo liegt der Geltungsbereich einer nicht auf Berechnungen gegründeten Physik?

Aus den genannten Argumenten scheint sich nur allzu eindeutig die Schlußfolgerung zu ergeben, daß der »gesunde Menschenverstand«, der dem Verstehen im allgemeinen – und dem mathematischen Verständnis im besonderen – zugrunde liegt, außerhalb jeder auf Berechnungen gegründeten Beschreibung angesiedelt ist und deshalb in einem völlig auf Berechnungen gegründeten Universum weder durch natürliche Selektion noch durch irgendeinen anderen Vorgang entstehen kann. Wenn wir das einräumen, müssen wir fragen: Welche physikalischen Vorgänge könnten tatsächlich außerhalb jeder Berechnung liegen, und wie könnten solche physikalischen Vorgänge eine Bedeutung für das Verhalten unseres Gehirns gewinnen?

Zunächst einmal müssen wir uns Klarheit darüber verschaffen, ob die physikalischen Gesetze, die uns von den Physikern offenbart wurden, tatsächlich Spielraum für nicht auf Berechnungen gegründete Vorgänge lassen oder ob wir uns außerhalb dieser derzeit allgemein anerkannten physikalischen Gesetze umsehen müssen, um auf ein grundsätzlich nicht auf Berechnungen beruhendes Verhalten zu stoßen. Das ist ein recht heikles Thema, insbesondere weil die physikalischen Gesetze, wie man sie heute versteht, sich kontinuierlich veränderlicher Zahlenwerte bedienen und nicht der abgegrenzten Zahlen, auf die sich der übliche Begriff der Berechenbarkeit nach der Art Turings gründet. Oder anders gesagt: Diese Gesetze funktionieren mit *reellen Zahlen* (darunter auch solche wie π oder $\sqrt{2}$, die in ihrer dezimalen Darstellung unendlich viele Stellen haben) und nicht nur mit den natürlichen Zahlen (oder ganzen Zahlen oder Brüchen), auf die sich der übliche Begriff von Berechnungen anwenden läßt. Reelle Zahlen dienen zum Beispiel der allgemein üblichen Beschreibung von Zeit, Raum und Energie.

Nach der üblichen Ansicht über dieses Thema – die auch Turing selbst (nach dem Bericht von Andrew Hodges) nachdrücklich vertrat – lassen sich die kontinuierlichen Zahlenwerte der herkömmlichen physikalischen Theorie tatsächlich durch abgegrenzte Quantitäten in geeigneter Form näherungsweise beschreiben. Entsprechend stellt die Tatsache, daß physikalisches Verhalten von seinem Wesen her kontinuierlich und nicht stufenweise ist, als solche kein Hindernis für eine wirksame, auf Berechnungen gegründete Simulation dieses Verhaltens dar. Ich selbst neige nicht zu dieser Ansicht, sondern ich glaube, daß die Frage noch keineswegs abschließend geklärt ist.

Nehmen wir für die Zwecke dieser Erörterung einmal an, die Anwendung kontinuierlicher Variablen in der gegenwärtigen physikalischen Theorie sei tatsächlich keine entscheidende Frage. Außerdem legt das Wesen der derzeitigen Theorie (die in Form bestimmter Differentialgleichungen formuliert wird – das sind Gleichungen, die aufgrund geeigneter Anfangsdaten Voraussagen über zukünftiges Verhalten erlauben) nachdrücklich die Vermutung nahe, daß eine geeignete, auf Berechnungen gegründete Simulation jedes Vorganges in Übereinstimmung mit dieser Theorie im Prinzip immer möglich sein sollte. (Es können auch echte Zufallselemente vorhanden sein, aber sie führen nicht dazu, daß das System sich einer wirksamen, auf Berechnungen gegründeten Beschreibung entzieht.[5]) Bei einer solchen Simulation ergeben sich im Einzelfall häufig gewaltige Komplikationen, aber uns geht es hier darum, was man nicht

---

[5] Der Begriff der Turingschen Berechenbarkeit im strengen Sinn schließt die Möglichkeit echter Zufallselemente nicht ein, aber *effektive* Zufallselemente (die man auch *pseudo-zufällig* nennt) werden häufig in die Berechnungen aufgenommen. Die entscheidende Erkenntnis lautet: Unter praktischen Gesichtspunkten gewinnt man nichts, wenn man in eine Computerberechnung echte Zufälligkeit einführt. Ausführlicher erörtere ich das Thema im Kapitel 3 meines Buches »Schatten des Geistes«.

nur in der Praxis, sondern im Prinzip erreichen kann, und deshalb sind auch diese Schwierigkeiten hier nicht von Bedeutung.[6]

Demnach, so offenbar die Folgerung aus der bisherigen Diskussion, müssen wir außerhalb der heutigen physikalischen Kenntnisse suchen, wenn wir Vorgänge finden wollen, die unserem bewußten Verhalten und Verstehen zugrunde liegen könnten. Wenn man wie ich die Ansicht vertritt, daß Bewußtsein in jedem Fall eine physikalische Grundlage haben muß, sind wir offenbar gezwungen zu fragen: Wo gibt es *außerhalb* der heute bekannten Gesetzmäßigkeiten Spielraum für eine nicht auf Berechnungen gegründete Physik, die für die Tätigkeit des Gehirns von Bedeutung sein könnte?

Bevor ich mich unmittelbar mit dieser Frage befasse, muß ich einige Anmerkungen über die Quantenmechanik machen, jene zutiefst genaue physikalische Theorie, die das Verhalten von Elementarteilchen, Atomen, Molekülen, chemischen Bindungen, Supraleitern, Lasern und zahllosen anderen physika-

---

6 Das Thema der extremen Kompliziertheit in der (angeblich) berechnenden Tätigkeit des menschlichen Gehirns wird häufig als Weg genannt, wie man den Hindernissen des Gödel-Typs entgehen und die gesamte geistige Tätigkeit des Gehirns ausschließlich mit Berechnungen simulieren kann. Wenn man aber unterstellt, daß dem bewußten Denkvermögen eines Mathematikers ein unbewußter Algorithmus zugrunde liegt, dessen ungeheure *Kompliziertheit* das Umgehen des Gödelschen Theorems ermöglicht, muß man sich mit der Frage befassen, wie ein solcher äußerst komplizierter, eigentlich unvorstellbarer Algorithmus überhaupt entstehen kann. Dafür gibt es grundsätzlich zwei Möglichkeiten: die natürliche Auslese (wobei die Umwelt keineswegs die Entwicklung mathematischer Fähigkeiten begünstigt, die weit größer sind, als es zur Lösung des Goldstein-Theorems erforderlich ist) oder eine absichtliche KI-Konstruktion. In beiden Fällen ist damit nicht gesagt, daß die *Prinzipien*, die der Entwicklung des unvorstellbaren Algorithmus zugrunde liegen, ihrerseits ebenfalls unvorstellbar sind, und man kann das Gödel-Theorem auf diese Prinzipien unmittelbar anwenden, solange die Prinzipien (wie man allgemein annimmt) von ihrem Wesen her berechenbar sind. Im einzelnen erörtere ich die Argumente gegen die Annahme, Kompliziertheit allein sei eine befriedigende Antwort auf das Gödel-Dilemma, im Kapitel 3 meines Buches »Schatten des Geistes«.

lischen Phänomenen beschreibt. Mit Begriffen wie »Heisenbergsches Unschärfeprinzip« soll zwar häufig suggeriert werden, es gebe auf der Ebene der Quanten eine gewisse Unsicherheit oder sogar irrationales Verhalten, aber das ist wirklich höchst irreführend. Wir kennen eine sehr genaue mathematische Beschreibung des Verhaltens auf der Quantenebene, und diese Quantenbeschreibung, die man auch als *Zustandsvektor* oder *Wellenfunktion* bezeichnet, entwickelt sich auf vollkommen deterministische – und tatsächlich *berechenbare* – Weise, nämlich in Übereinstimmung mit der gut definierten, berühmten Schrödinger-Gleichung. Ein Mangel an Determinismus stellt sich nur dann ein, wenn man eine »Messung« vornimmt, die normalerweise in der Vergrößerung eines Vorganges von der Quantenebene zu der viel größeren *klassischen* Ebene besteht (beispielsweise wenn ein Geigerzähler »tickt«, wenn auf einer fotografischen Platte eine Schwärzung zurückbleibt oder wenn sich in einer Nebelkammer eine Spur bildet). Auf dieser Stufe ändern sich die Regeln, und ein Wahrscheinlichkeitselement kommt ins Spiel – es umfaßt unter anderem den seltsamen Begriff des »Zusammenbruches der Wellenfunktion«, den ich hier als *Reduktion des Zustandsvektors* bezeichnen werde. Auf der Quantenebene selbst jedoch gelten Determinismus und Berechenbarkeit nach den üblichen Verfahren der Quantentheorie.

Daß man die Regeln ändern muß, wenn man von der Quantenebene zur klassischen Ebene des physikalischen Verhaltens übergeht, mag seltsam erscheinen. Es ist tatsächlich seltsam, und welche Haltung man in dieser Angelegenheit einnehmen sollte, ist unter Physikern eine höchst umstrittene Frage. Es gibt viele verschiedene Denkschulen, und dies ist nicht der Ort, um sie im einzelnen zu erörtern. Ich kann nur meine eigene Meinung darlegen (und sie ist auch die Meinung einer immer größeren Minderheit von Physikern, die sich mit den Grundlagen des physikalischen Verständnisses befassen): Danach klafft im Geltungsbereich der derzeit anerkannten physikalischen Gesetze tatsächlich eine große Lücke. Sie betrifft das Wesen des sogenannten quantenmechanischen »Meßproblems«; dieses Problem hat mit der Frage zu tun, was sich tatsächlich abspielt, wenn man ein Quantenereignis von der Quantenebene auf die klassische Ebene vergrößert, so daß man das Verfahren der Reduktion von Zustandsvektoren anwenden muß.

Das möchte ich ein wenig genauer erläutern. In der Physik, wie sie sich heute darstellt, gibt es ungeachtet der eigenen Meinung über die jeweilige *Aktualität* zwei ganz unterschiedliche Ebenen physikalischer Beschreibungen. Im makroskopischen Maßstab haben wir die *klassische* Physik – die Physik Newtons, Maxwells und Einsteins. Sie ist deterministisch und läßt sich (soweit man mit den oben genannten Vorbehalten sagen kann) berechnen. Auf der submikroskopischen Ebene der Moleküle, Atome und Elementarteilchen aber gewinnt eine ganz anders aussehende Beschreibung die Oberhand, nämlich die *Quantenphysik*. Das besondere Merkmal der Quantenphysik ist die Tatsache, daß offenbar verschiedene vergangene Verhaltensweisen in einer seltsamen Überlagerung nebeneinander existieren können – das macht den Zustandsvektor oder die Wellenfunktion aus. Diese Überlagerung oder Superposition von Alternativen bleibt erhalten, solange sich das System auf der Quantenebene befindet, und die Weiterentwicklung des Systems ist wiederum deterministisch und berechenbar, denn sie vollzieht sich entsprechend der Schrödinger-Gleichung. Nichtdeterministisch wird die übliche Quantentheorie nur dann, wenn man die Effekte von der Quantenebene auf die klassische Ebene vergrößert; an dieser Stelle muß nämlich die Reduktion des Zustandsvektors stattfinden, bei der man annimmt, daß der Zustandsvektor diskontinuierlich von einem Zustand in den anderen springt.

Bei dieser merkwürdigen Lage der Dinge gibt es viele verschiedene Meinungen. Manche Physiker (unter ihnen Niels

Bohr) halten den Zustandsvektor nicht für die Beschreibung irgendeiner *Realität* auf der Quantenebene, sondern nur für ein bequemes mathematisches Hilfsmittel, mit dem man Voraussagen machen kann. Andere würden behaupten, der Zustandsvektor beschreibe durchaus eine physikalische Realität auf der Quantenebene, aber sie würden das Phänomen der Reduktion für eine Art Näherungslösung oder Illusion halten. Wieder andere fühlen sich zu der logische Schlußfolgerung getrieben, die überlagerten Alternativen müßten auch auf der makroskopischen Ebene noch vorhanden sein, aber aus irgendeinem Grund seien wir uns ihrer nicht bewußt; danach gibt es »Paralleluniversen«, in denen alle diese überlagerten Alternativen (darunter auch Kopien von uns selbst) nebeneinander existieren sollen. Und schließlich gibt es den Standpunkt, den auch ich einnehme: Danach ist die Schrödinger-Gleichung nur eine Annäherung an eine bisher weitgehend unbekannte physikalische Theorie, die zwischen der Quantenebene und der klassischen Ebene eine Verbindung herstellt. Und an dieser Stelle muß nach meiner Überzeugung die nicht berechenbare Physik ins Spiel kommen.

Ich behaupte: Die Lücke zwischen den beiden Ebenen ist echt und nicht nur ein scheinbarer Effekt, der auf unsere unzureichenden Kenntnisse der Physik auf Quantenebene zurückzuführen ist. Es gibt stichhaltige Gründe für die Annahme, daß diese Lücke in der physikalischen Theorie von ihrem Wesen her eng mit den Problemen verknüpft ist, auf die man bei allen Versuchen stößt, die Gesetzmäßigkeiten der Quantentheorie mit den Prinzipien von Einsteins allgemeiner Relativitätstheorie (der Theorie der Gravitation, die auch die Vorstellung von der gekrümmten Raumzeit einschließt) zu verbinden. Tatsächlich werden derartige Standpunkte mittlerweile häufig von jenen bevorzugt, die glauben, daß die Gesetzmäßigkeiten der Quantenmechanik einer entscheidenden Abwandlung bedürfen, damit sie an der Grenze zwischen Quantenebene und klassischer Ebene wirklich sinnvoll sind. (Eindrücke, die in diese Richtung gehen, äußerten Károlházy und die Budapester Schule, Diósi, Ghirardi und Mitarbeiter, Percival, Pearle, Gisin, Bell, ich selbst und andere.) Nach dieser Ansicht spielt sich die Reduktion des Zustandsvektors mit *Gravitationseffekten* tatsächlich als *reales* Phänomen ab (und nicht nur als Phantasieprodukt oder Annäherung). Ich bezeichne dieses Phänomen mit der Abkürzung OR für *objektive Reduktion*; das Kürzel ist auch deshalb handlich, weil es für einen Vorgang steht, durch den die Quantensuperposition zwischen zwei (klassischen) Alternativen zu dem einen oder (englisch OR) dem anderen wird.

Wie könnte die Physik der OR sich auf das Gehirn auswirken?

Der gravitationsorientierte Standpunkt hat im Hinblick auf die Reduktion des Zustandsvektors vor allem eine wertvolle Eigenschaft: Er macht eine Reihe von Berechnungen möglich, anhand derer man Schätzungen über die Masse/Distanz/Zeiträume abgeben kann, bei denen eine solche Theorie an Bedeutung gewinnt. So sollte zum Beispiel die Quantensuperposition zweier unterschiedlicher, jeweils eindeutig definierter Masseverteilungen nach einer besonderen Version dieser Ansicht *instabil* sein, wobei ihre Lebensdauer ungefähr der Planck-Konstante (dividiert durch 2π) mal der Gravitations-Eigenenergie des Unterschiedes zwischen den beiden Masseverteilungen entspricht. Meine Argumentation setzt voraus, daß es in den physikalischen Gesetzen, die diesem OR-Phänomen zugrunde liegen, etwas Entscheidendes und nicht Berechenbares gibt. Wenn die Natur also die Wahl trifft, welcher von zwei (oder mehr) Quanten-Superpositionszuständen auf die klassische Ebene gelangt, handelt es sich demnach *nicht* um eine rein zufällige Entscheidung, wie es die Verfahren der üblichen Quantenmechanik verlangen, sondern sie wird von einem (derzeit noch unbekannten) nicht berechenbaren Prozeß gelenkt. Nun müssen wir fragen, ob der Zeitrahmen, den diese Theorie voraussagt, für die Gehirnvorgänge von Bedeutung sein kann, die für das Bewußtsein verantwortlich sind.

Mehrere Experimente (Kornhuber, Libet u.a.) weisen darauf hin, daß Bewußtseinsprozesse in der Regel in einem Zeitrahmen von etwa einer halben Sekunde ablaufen. Wenn wir die Ansicht vertreten wollen, daß Bewußtsein mit entsprechend organisierten OR-Vorgängen verknüpft ist, muß nach der beschriebenen, gravitationsorientierten Sichtweise im Gehirn eine zusammenhängende Verdrängung unterschiedlicher, quantenüberlagerter Masseverteilungen stattfinden, und zwar in einer Größenordnung, die zu einer OR-Zerfallszeit von etwa einer halben Sekunde führt.

Bevor ich darauf näher eingehe, muß ich etwas Wichtiges klarstellen. In dem beschriebenen, gravitationsorientierten Ablauf finden ständig viele OR-Vorgänge statt, nämlich bei jedem physikalischen Prozeß, in dem die Grenze zwischen Quantenebene und klassischer Ebene überschritten wird. Aber bei fast allen diesen Vorgängen ist das Quantensystem untrennbar mit seiner zufälligen Umwelt verknüpft. Die bedeutsamste Masseverdrängung findet in fast allen Fällen nicht in dem System selbst statt, sondern in seiner Umwelt. Das hat zur Folge, daß die Einzelheiten des (nicht berechenbaren) OR-Prozesses, wie sie auch immer aussehen mögen, durch diese Zufälligkeit völlig verschleiert werden. Genau das ist der Grund, warum die üblichen (vom Zufall ausgehenden) Verfahren der herkömmlichen Quantenmechanik – die sich in der Vorgehensweise beim Meßvorgang ausdrücken – tatsächlich die richtigen Antworten liefern. Trotz der ein wenig ungewöhnlichen Sichtweise, die ich hier im Hinblick auf das Verfahren der Reduktion von Quantenzuständen beschreibe, liege ich damit sehr nahe bei den Argumenten für die konventionelle Haltung der »Umwelt-Dekohärenz« in der Quantenmechanik.

Damit also überhaupt ein Unterschied zwischen der OR-Theorie und den Voraussagen nach der herkömmlichen Sichtweise zu erkennen ist, brauchen wir ein »großes« Quantensystem, das sehr gut von seiner Zufallsumgebung isoliert ist; außerdem muß es in dem gleichen Sinn *kohärent* sein, in dem auch Supraleiter (oder andere Bose-Einstein-Kondensate) »kohärent« sind, so daß die Beschreibung mit dem quantenmechanischen Zufallsvektor auch im makroskopischen Maßstab anwendbar ist, weil große Zahlen beteiligter Teilchen gemeinsam wirken. Nach der herkömmlichen Sichtweise wäre so etwas in biologischen Systemen äußerst unwahrscheinlich, weil die Temperatur bei weitem zu hoch ist. Tatsächlich liegt die Umgebungstemperatur biologischer Systeme unter normalen Umständen in einem Bereich, in dem eine Quantenkohärenz fast augenblicklich zerstört würde und keine Aussicht hat, eine halbe Sekunde lang erhalten zu bleiben. Insbesondere kann man vernünftigerweise nicht erwarten, daß die Nervenleitung in dieser Form quantenkohärent ist. Die elektrischen Felder, die ein Nervensignal begleiten, würden sein »Umgebungsrauschen« stark beeinflussen, und jede Quantenkohärenz würde sofort zunichte gemacht.

Es gibt aber in den Nervenzellen andere Strukturen, die in dieser Hinsicht vielversprechender sind. Insbesondere befindet sich dort ein System winziger Röhren, die man *Mikrotubuli* nennt und die in besonders großer Zahl in Nervenzellen vorkommen. Mikrotubuli setzen sich aus vielen erdnußförmigen Molekülen des Proteins *Tubulin* zusammen; jedes dieser Moleküle ist ein Dimer aus zwei Bausteinen namens alpha- und beta-Tubulin (Abb. 3). Die Tubulin-Monomere haben einen Durchmesser von jeweils etwa 4 Nanometern. Nach den Befunden von Stuart Hameroff und seinen Mitarbeitern müßten Mikrotubuli eigentlich in der Lage sein, Informationen zu ver-

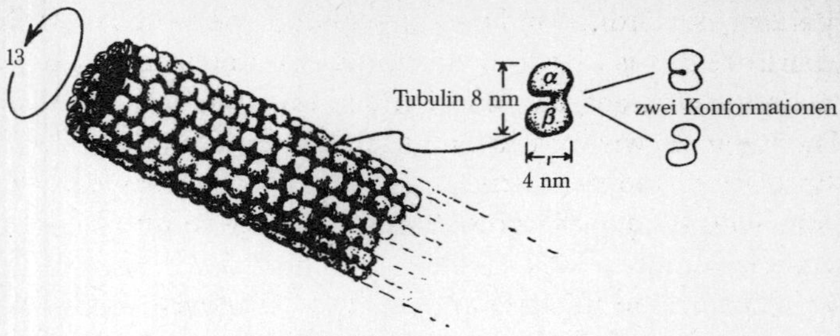

Abb. 3: Die Struktur eines Mikrotubulus.

arbeiten und die Signalübertragung entlang der Tubuli zu unterstützen. Dazu müßten die Tubulin-Dimere ständig zwischen zwei verschiedenen Konformationszuständen hin- und herwechseln.

Mikrotubuli kommen auch in anderen Körperzellen vor (außer in den roten Blutkörperchen), wo sie viele wichtige Aufgaben erfüllen: Sie transportieren beispielsweise Substanzen durch die Zellen, beeinflussen die Bewegungen der Zelle und sorgen dafür, daß die Chromosomen sich bei der Zellteilung trennen. Nach meinen Überlegungen haben die besonderen Mikrotubuli in den Neuronen (oder zumindest in manchen Neuronen) noch eine weitere Funktion: Sie können in großem Maßstab die Quantenkohärenz unterstützen und spielen damit eine grundlegende Rolle für das Phänomen des Bewußtseins.

Dazu ist es offenbar notwendig, daß (die entscheidenden) Mikrotubuli in den Neuronen eine andere Struktur oder Organisation haben als jene in sonstigen Zellen, aber es ist nicht auszuschließen, daß Quantenkohärenz (oder sogar ein auf einer sehr niedrigen Ebene angesiedeltes Bewußtsein) auch in anderen Zelltypen eine eher untergeordnete Funktion erfüllt – beispielsweise in einzelligen Lebewesen, die oft recht raffinierte Verhaltensweisen zeigen. Eine besondere Eigenschaft der Mikrotubuli in den Neuronen scheint darin zu bestehen, daß sie parallel angeordnet sind und nicht radial, wie es in den übrigen Zellen üblich ist. Noch bedeutsamer ist möglicherweise etwas anderes: Während die Mikrotubuli in normalen Zellen ständig wachsen und wieder schrumpfen (weil das Tubulin dauernd polymerisiert und depolymerisiert), scheint es in den Neuronen ein Geflecht aus Mikrotubuli zu geben, die in dieser Hinsicht *stabil* sind.

Wichtig sind im Zusammenhang mit unseren Thema möglicherweise auch Befunde von Tusznyski und seinen Kollegen: Danach ist Informationsverarbeitung des Hameroff-Typs nur an solchen Mikrotubuli möglich, die eine als *A-Gitter* bezeichnete Struktur besitzen, wie sie in Abb. 3 dargestellt ist. Die Tubulinmoleküle können aber auch eine zweite, sehr ähnlich aussehende Anordnung einnehmen, das *B-Gitter*, bei dem die Moleküle des alpha- und beta-Tubulins von einer zur nächsten der in Abb. 3 dargestellten Säulen jeweils um eine Einheit verschoben sind. Da ein Mikrotubulus aus einer ungeraden Zahl von Säulen (13) besteht, führt das zu einer »Naht« zwischen zwei Säulen, an der die Gitterstruktur von anderen Stellen abweicht. Experimentelle Befunde scheinen darauf hinzuweisen, daß das B-Gitter in normalen Zellen überwiegt und vermutlich vor allem am Stofftransport in den Zellen mitwirkt. Eine wichtige Voraussetzung für die besonderen Vorstellungen, die ich hier (in Zusammenarbeit mit Stuart Hameroff) vertrete, wäre der Nachweis, daß in Neuronen (des Gehirns) vorwiegend Mikrotubuli mit dem A-Gitter vorkommen.

Welche Rolle spielt das Kriterium der OR in diesem Zusammenhang? Die von Hameroff und mir entwickelte Vorstellung erfordert zunächst einmal, daß es im großen Maßstab einen quantenkohärenten Zustand gibt, an dem viele Mikrotubuli in vielen verschiedenen Neuronen kreuz und quer über das gesamte Großhirn (und vielleicht auch andere Gehirnteile) beteiligt sind. Dafür gibt es verschiedene Möglichkeiten, am vielversprechendsten erscheint aber eine Art elektromagnetische Aktivität, an der geordnete Wassermoleküle im Inneren der Mikrotubuli mitwirken, wie es von Jibu, Yasue und Mitarbeitern vorgeschlagen wurde. Andere Ideen für eine Quantenaktivität im großen Maßstab stammen von Fröhlich (einem der ersten Pioniere bei der theoretischen Erklärung der Supraleitung). Die Mikrotubuli selbst könnten innerhalb der Zelle eine Art Abschirmung gegen das »Rauschen« aus der Umgebung bilden, aber das allein würde nicht ausreichen.

Die Analogie mit der Supraleitfähigkeit könnte aufschlußreich sein. Supraleitfähigkeit galt viele Jahre lang als ein Phänomen, das nur bei Temperaturen knapp über dem absoluten Nullpunkt auftreten kann, aber in den letzten Jahren entdeckte man die *Hochtemperatur-Supraleitfähigkeit.* Die Temperaturen, bei denen sie nach heutiger Kenntnis auftritt, liegen zwar immer noch weit unterhalb der von uns benötigten »Körpertemperatur«, aber sie kommen uns auf dem Weg zu dem, was wir benötigen, bereits auf halber Strecke entgegen. Außerdem scheint es nach unserem heutigen (allerdings unzureichenden) Wissen keine Schranke für Hochtemperatur-Supraleiter zu geben, die bei der erforderlichen Körpertemperatur wirken. Die Gitterstruktur der Mikrotubuli (und einiger anderer Gebilde, die man im Zusammenhang mit den Synapsen findet) könnte die Möglichkeit einer Art Hochtemperatur-Supraleitung begünstigen, aber solche Vorschläge enthalten nach wie vor ein gerüttelt Maß an Spekulationen.

Die Quantenkohärenz hat ein Merkmal, das hier erwähnt werden muß: Es ist nicht erforderlich, daß die verschiedenen Teile des Quantensystems untereinander verbunden sind. Ein kohärentes Quantensystem könnte durchaus zahlreiche Einzelteile haben, die physikalisch alle voneinander getrennt sind, während ihre Quantenzustände sich *verflechten*, so daß sie sich als zusammenhängendes System verhalten. Damit der Zustand sich am Anfang einstellt, ist irgendeine Form physischer Verbindungen notwendig, aber danach können die einzelnen Teile getrennt bleiben. Es besteht also die Möglichkeit, daß ein einziger Quantenzustand sich gleichzeitig durch die Mikrotubuli in einer großen Zahl von Neuronen zieht.

Der zweite Bestandteil unseres Modells ist die Notwendigkeit, daß die Tubulinmoleküle selbst in einem bestimmten Stadium an dem quantenkohärenten Zustand beteiligt sind. Dann könnte es zur Quanten-Superposition verschiedener Anordnungen der Tubulin-Konformationen kommen, und wenn sich zwischen diesen Anordnungen eine ausreichend große Masseverschiebung einstellt, findet die OR statt; dabei müssen wir unterstellen, daß innerhalb der Zelle nach wie vor eine ausreichend starke Abschirmung vom Umgebungsrauschen vorhanden ist, so daß die Einzelheiten des OR-Prozesses für das Ergebnis von Bedeutung sind – das heißt, es ist nicht zufällig, sondern nicht berechenbar. Entsprechend wird dann ein Muster von Tubulin-Konformationen durch den OR-Prozeß gegenüber einem anderen auf nicht berechenbare Weise bevorzugt. In diesem Stadium findet nach unserem Modell ein bewußtes Ereignis statt!

Schließlich müssen die auf diese Weise ausgewählten Tubulin-Konformationen gemeinsam die Stärke einer Vielzahl von Synapsen beeinflussen, und entsprechend wird die Organisation des Gehirns im einzelnen geringfügig verändert. Mikrotubuli können die Synapsen tatsächlich auf unterschiedliche Weise beeinflussen, und unser Modell ist zur Zeit noch nicht so genau, daß wir sagen können, welche davon überwiegt.

Recht überraschend ist die Feststellung, daß das *gravitationsorientierte* Kriterium für die OR, das in diesem Abschnitt beschrieben wurde, tatsächlich einen Zeitrahmen für die betreffenden OR-Prozesse vorgibt – er liegt ganz allgemein in der Größenordnung von einer halben Sekunde und stimmt demnach im großen und ganzen mit dem zeitlichen Ablauf eines bewußten Ereignisses überein. Dabei wird unterstellt, daß etwa 10^4 bis 10^5 kohärent wirkende Neuronen an einem einzigen bewußten Ereignis beteiligt sind, eine Zahl, die mit den heutigen Kenntnissen in dieser Frage zu vereinbaren ist.

Nach der Ansicht, die ich hier dargestellt habe, sind bewußte Handlungen und Wahrnehmungen – und insbesondere das bewußte Phänomen des *Verstehens* – mit dem heutigen Bild eines materiellen Universums nicht angemessen zu erklären, sondern sie erfordern, daß wir uns außerhalb dieses hergebrachten Rahmens ein neues physikalische Bild zu eigen machen, das die Physik der OR einschließt und dessen mathematische Struktur im wesentlichen noch nicht bekannt ist. In ihren Einzelheiten umfaßt die Entwicklung dieser Ansicht natürlich ein gerüttelt Maß an Spekulationen, aber das gilt auch für alle anderen Überlegungen zur wissenschaftlichen Erklärung des Bewußtseins.

Weiterführende Literatur

Burkhill, J. C.: *A First Course in Mathematical Analysis.* Cambridge University Press 1962.

Goodstein, R. L.: *On the restricted ordinal theorem.* In: Journal of Symbolic Logic 9, 33-41, 1944.

Hameroff, S. R. und Penrose, R.: *Orchestrated reduction of quantum coherence in brain microtubules – a model for consciousness.* In: Toward a Science of Consciousness: Contributions from the 1994 Tucson Conference (Hrsg. S. Hameroff, A. Kaszniak und A. Scott). MIT Press 1996.

Hameroff, S. R. und Penrose, R.: *Conscious events as orchestrated space-time selections.* Journal of Consciousness Studies 3, 36-53, 1956.

Hodges, A. P.: *Alan Turing, Enigma.* Springer Verlag 1994.

Hodges, A. P.: *Alan Turing and the Turing machine.* In: The Universal Turing Machine: A Half-Century Survey (Hrsg. R. Herken). Kammerer & Unverzagt 1988.

Jibu, M., Hagan, S., Hameroff, S. R., Pribram, K. H., Yasue, K.: *Quantum optical coherence in cytoskeletal microtubules: implications for brain function.* In: BioSystems 32, 195-209, 1994.

Károlyházy, F.: *Gravitation and quantum mechanics of macroscopic bodies.* In: Nuovo Cimento A 42, 390, 1966.

Kirby, L. A. S. und Paris, J. B.: *Accessible independence results for Peano arithmetic.* In: Bulletin of the London Mathematical Society 14, 285-293, 1982.

Lucas, J. R.: *Minds, Machines and Gödel.* In: Philosophy 36, 120-124, 1961. Nachgedruckt in: Alan Ross Anderson (Hrsg.) Minds and Machines. Prentice-Hall 1964.

Lucas, J. R.: *The Freedom of the Will.* Oxford University Press, 1970.

Penrose, R.: *Computerdenken.* Spektrum Akademischer Verlag 1991.

Penrose, R.: *Schatten des Geistes – Wege zu einer neuen Physik des Bewußtseins.* Spektrum Akademischer Verlag 1995.

Penrose, R.: *Beyond the doubting of a shadow.* In: Psyche 2(1), 89-129, 1996.

Penrose, R.: *Das Große, das Kleine und der menschliche Geist.* Spektrum Akademischer Verlag 1998.

Tusznyski, J., Hameroff, S. R., Sataric, M. V., Trpisová, B. und Nip, M. L. A.: *Ferroelectric behavior in microtubule dipole lattices: implications for information processing, signalling and assembly/disassernbly.* In: Journal of Theoretical Biology 174, 371-380, 1995.

10

EIN BLICK AUF DAS BEWUSSTSEIN UNTER DEM GESICHTSPUNKT NEUROLOGISCHER BERECHNUNGEN

Igor Aleksander

Das Bewußtsein erscheint mir als ein so wichtiges Phänomen, daß ich einfach nicht glauben kann, es werde nur »nebenbei« von einer komplizierten Berechnung hervorgerufen.
Roger Penrose, »Computerdenken«,
Schlußwort: »Mit den Augen eines Kindes«

Das computerähnliche neuronale Netz mit seinen klassischen Verbindungen würde ständig durch die Aktivität der Cytoskelette [d.h. die Quantengravitationsprozesse in den Mikrotubuli] beeinflußt, und das Ergebnis könnte dann insbesondere auch eine Manifestation dessen sein, was wir »freien Willen« nennen. Die Nerven haben in diesem Bild vielleicht eher die Aufgabe eines Vergrößerungsglases …
Roger Penrose, »Schatten des Geistes«

»Künstliches Bewußtsein« – das klingt eigentlich wie der größte aller Widersprüche. So glaubte ich jedenfalls, bis ich an einem heißen Sommertag im Juli 1991 etwas Seltsames erlebte. Ich stand vor der Kamera – es waren die Aufnahmen für eine Sendung über die künstlichen neuronalen Netze in unserem Labor. Diese Netze lernen nicht nur, Muster zu erkennen, sondern sie können auch »geistige Bilder« von dem erzeugen, was sie mit ihren künstlichen Augen »sehen«. »Schlafen sie auch?« fragte der Moderator. »Ja«, sagte ich, »es gibt bei ihnen Zustände, in denen sie auf frühere Erfahrungen zurückgreifen, und andere Zustände, in denen sie das nicht tun. Wenn ihre Augen geschlossen sind, gleiten sie irgendwann ab, und dann entspannen sie sich gewissermaßen in einem bedeutungslosen Zustand. Sobald sie die Augen aber wieder öffnen, schalten sie auf eine Art Repräsentation dessen um, was sie sehen. Sie können auch mit geschlossenen Augen an ihre früheren Erlebnisse ›denken‹, und es gibt bei ihnen sogar Zustände, die man als Träume bezeichnen könnte.« »Demnach«, fuhr der Moderator fort, »sind sie offenbar tatsächlich manchmal bewußt und manchmal nicht.«

Instinktiv sträubte ich mich gegen diesen Gedanken – Bewußtsein muß doch etwas mit Biologie, mit Lebendigsein zu tun haben! Aber irgendwie hatte der Moderator recht: Was ich ihm beschrieben hatte, ähnelte stark einer psychologischen Definition des Bewußtseins. Dabei unterscheidet man zwischen der wachen Aufmerksamkeit für Sinneseindrücke, dem Denken mit inaktiven Sinnen, und dem unbewußten Zustand im Schlaf oder in der Narkose. Die laufende Kamera erlaubt keine verwickelten Erklärungen, und deshalb sagte ich: »Ja, aber sie sind nur auf künstliche Art und Weise bewußt, es ist ein künstliches Bewußtsein.«

Damit begann in meinem Institut ein Forschungsprogramm über »künstliches Bewußtsein«. Ich sah darin eine Gelegenheit, zu den derzeit modernen Arbeiten der großen und guten Wissenschaftler beizutragen, die das Bewußtsein erklären wollen. Auch besteht zwischen den Großen und Guten nicht viel Einigkeit, und um die Eroberung dieses Gipfels wird heftig und erbittert gekämpft. Meine Kollegen und ich sind Techniker, und ich habe die Hoffnung, daß ich für die Erklärung des Bewußtseins eine andere Sichtweise entwickeln kann, die sich nicht auf Analysen und Spekulationen, sondern auf Strukturen und Konstruktionen stützt. Was müßte man tun, um eine Maschine zu bauen, der man ein Bewußtsein zusprechen kann?

Keine Definition – aber viel Geschichte

Die erste Konstruktionsregel – sie besagt, daß eine richtige Spezifikation notwendig ist – muß sofort gebrochen werden. Für das Bewußtsein gibt es keine Spezifikation, keine Definition. Bewußtsein ist nicht etwas, das man hat oder nicht hat. Selbst Wörterbücher bezeichnen das Bewußtsein entweder einfach als den Zustand des Wachseins, oder sie nennen Definitionen mit Formulierungen wie »alle Gedanken, die im Geist eines Menschen enthalten sind«, ohne aber »Gedanken« und »Geist« zu definieren. Wo soll ein Ingenieur also mit der Konstruktion beginnen? Eine Teilantwort auf diese Frage ergab sich, als wir die Geschichte des Themas eingehend studierten. Es mag für das Bewußtsein keine Definition geben, aber mit Sicherheit hat es einen Stammbaum. Die Philosophie des Geistes läßt sich zwar fast zwei Jahrtausende weit bis zu Aristoteles und Platon zurückverfolgen, aber *consciousness*, das englische Wort für »Bewußtsein«, wurde nach meiner persönlichen Interpretation erstmals 1690 von John Locke in seinem »Essay On Human Understanding« benutzt. Er sprach von dem »Ursprung der Vorstellungen oder Begriffe, oder wie man es sonst nennen will, … die der Mensch in seiner Seele findet, und deren er sich *bewußt* ist …« Damit setzte er sich eindeutig von der früheren dualistischen Philosophie ab; sie war nach Lockes Ansicht eine witzlose »physikalische Betrachtung der Seele«; er wolle »nicht untersuchen … durch welche Veränderungen in unserem Körper wir zu einer Empfindung durch unsere Sinnesorgane und zu Vorstellungen in unserem Verstande gelangen«. Hume, Kant und Hegel, so schien mir, schufen eine ständig verfeinerte Systematik für die faszinierenden Unterschiede zwischen den verschiedenartigen Ideen, die wir in unserem Geist haben können – genauere Hinweise und eine Erörterung über die Werke dieser Philosophen finden sich in meinem 1996 erschienenen Buch »Impossible Minds«. Die Unterscheidung zwischen dem, was Kant als analytische Urteile bezeichnet (ein auf den Kopf gestelltes Trinkglas ist immer noch ein Trinkglas), sowie den synthetischen *empirischen* Aussagen (im Stall ist ein Pferd) und synthetischen *a-priori*-Aussagen (zwei und zwei ist vier) ist für die Konstruktion einer bewußten Maschine von entscheidender Wichtigkeit. Begeben wir uns in unser Jahrhundert, so sind Wittgensteins Bedenken, die er in den 1953 postum erschienenen »Philosophischen Untersuchungen« über den Nicht-Essentialismus der Sprache äußert (wir können nicht abstrakt »Hund« denken, sondern wir können nur an die Hunde denken, die uns schon begegnet sind), ebenfalls von Bedeutung. Damit unterscheidet man zwischen einer Maschine, die sich auf ihre Erfahrungen verläßt, und einer anderen, die in allen Einzelheiten für die Ausführung logischer Operationen programmiert ist. Die zweite könnte niemals so vollständig sein, daß sie als Ziel der Suche nach künstlichem Bewußtsein in Frage käme.

Die Vereinnahmung der Wissenschaft

Es ist schon seltsam: Wir stehen am Anfang des 20. Jahrhunderts, aber wenn Wissenschaftler um die Erklärung des Bewußtseins wetteifern, nehmen sie kaum einmal Bezug auf diese entscheidende Abstammungslinie. So zeigt zum Beispiel Penrose in »Schatten des Geistes« (1995) eine Vorliebe für Platons Ideen von der fehlenden Verbindung zwischen vollkommenem Denken und körperlichen Objekten, und gegen Kants Einteilung der Ideen hat er einen Widerwillen. Aber um Wittgenstein oder Locke kümmert er sich offenbar überhaupt nicht. Viele andere zeitgenössische Naturwissenschaftler lehnen den ganzen philosophischen Denkansatz als nicht streng genug ab. Ich stimme dem nicht zu – in meinen Augen ist der Begriff des Bewußtseins nicht nur tief in der Philosophie verwurzelt, sondern er ist auch ihr Produkt. Auch wenn die modernen Philosophen für die Vorstellung von einer bewußten Maschine nur Abscheu empfinden, sollte man eine solche Maschine nicht konstruieren, ohne das philosophische Denken der letzten dreihundert Jahre zur Kenntnis zu nehmen. Der Philosoph David Papineau hat kürzlich in einer Rezension über »The Conscious Mind« von David Chalmers darauf hingewiesen: Moderne Denkansätze, die von Kognitionsforschung und Mathematik ausgehen, eröffnen nur erneut die Debatte um den Dualismus. Nach Ansicht des Philosophen Chalmers, der aber auch in der strengen Denkweise der Mathematik versiert ist, befassen sich die neuesten wissenschaftlichen Bemühungen (beispielsweise die von Francis Crick in »Eine erstaunliche Hypothese«) nur mit der einfachen Seite des Problems, das heißt mit der Frage, welcher Zusammenhang zwischen den Impulsen der Neuronen und dem bewußten Erleben besteht; das schwierige Problem dagegen – die Frage, wie die Impulse der Neuronen das persönliche Erleben *verursachen* – wird vermieden. Das ist der gute alte Dualismus, und genau hier könnte die bewußte Maschine zur Klärung der Sachlage beitragen.

Die Domäne des Künstlichen: warum Neuronen?

Was ist eine »Empfindung« oder ein Gefühl? Kann ein künstliches System Empfindungen und Gefühle haben? Wie »Bewußtsein«, so gehört auch »Empfindung« zu den Wörtern, für die wir eine Bedeutung ausschließlich aufgrund unserer Erfahrungen entwickeln. Ich sehe mich um, und das verschafft mir die Empfindung, daß ich weiß, wo ich bin. Aber Empfindungen sind in der Vergangenheit und auch in der Zukunft. Ich kann daran denken, in welch angenehmer Gesellschaft ich mich gestern abend befunden habe, wie meine Eltern mit mir einen ganz bestimmten Urlaub auf dem Bauernhof verbracht haben, als ich neun Jahre alt war, oder was wahrscheinlich geschehen wird, wenn ich heute morgen zu spät zur Arbeit komme. Das alles sind ebenso Empfindungen wie Schmerz oder Freude. Manche dieser Phänomene versehen wir mit dem Etikett »Erinnerung«, andere nennen wir »Wissen«, aber ihre Gesamtsumme und die kontinuierlichen Verbindungen zwischen ihnen machen viel von dem aus, was wir als den Zustand des Bewußt-Seins bezeichnen.

Da diese Empfindungen für jeden von uns ein so kostbarer Besitz sind, ist es manchmal schwer zu glauben, daß man sie einfach durch eine seltsame Abfolge von Neuronenimpulsen in unserem Kopf oder in einer Maschine heraufbeschwören kann. Aber an dieser Stelle kann die Konstruktion von Maschinen Hinweise darauf liefern, wie das Feuern künstlicher Neuronen für die Maschine ebenso sinnvoll werden kann, wie unserer eigenen Empfindungen es für uns sind. Wie ich später noch zeigen werde, liegt der Schlüssel zu diesem Sinn in dem, was wir als ikonische Übertragung bezeichnen. Aber die Untersuchung der Impulsmuster von Gehirnneuronen ist eine unglaublich schwierige Aufgabe, und zwar vor allem aus einem Grund: Wenn man sie detailliert und mit invasiven Verfahren vornehmen will, ist sie immer nur an wenigen Neuronen (von mindestens 100 Milliarden) zur gleichen Zeit möglich; umfassende Studien dagegen, beispielsweise mit bildgebenden Verfahren (PET und fMRI), liefern zwar interessante Ergebnisse, aber sie sind bisher zu ungenau, als daß man mit ihnen mathematische Voraussagen bestätigen oder widerlegen könnte.

Aus diesen Gründen dürfte es interessant sein, sich mit dem Bereich der *künstlichen* Neuronen zu befassen, obwohl man dann mit höchst überzeugenden Argumenten den Einwänden begegnen muß, die häufig gegen das Künstliche oder »Unbelebte« im Gegensatz zu dem Echten oder »Belebten« geäußert werden. Tatsächlich sind schon diese Wörter recht verräterisch.

»Belebt« und »unbelebt« – das bedeutet, daß eine »Seele« entweder vorhanden ist oder fehlt. Verwechselt man sie mit dem Bewußtsein, spricht man künstlichen Vorrichtungen von vornherein beides ab. Aber man sollte sehr genau zwischen Seele und Bewußtsein trennen. Aus dem Glauben an die Seele folgt, daß es eine Substanz geben muß, die nach dem Tod des Körpers weiterlebt, und dies wiederum bedeutet, daß sie auch während des Lebens in dualistischer Weise vorhanden ist. Sie gehört in das Gebiet der theologisch vorgegebenen Begriffe wie Himmel, Hölle oder Dreifaltigkeit und damit in einen Bereich des menschlichen Denkens, in dem Geheimnisse ihren Platz haben und der sich nicht für naturwissenschaftliche Erklärungen eignet. Das Bewußtsein dagegen bedarf der naturwissenschaftlichen Untersuchung. So wissen wir beispielsweise – darauf hat Susan Greenfield hingewiesen –, daß das Bewußtsein durch Medikamente verändert wird, und deshalb ist es wichtig zu verstehen, durch welche Mechanismen das geschieht. Das Bewußtsein unterstützt die Kommunikation zwischen verschiedenartigen Lebewesen, aber wie tut es das? Gerade weil das Bewußtsein eine reichhaltige, vielgestaltige Ansammlung zahlreicher Formen geistiger Tätigkeiten ist, müssen wir wissen, wie solche Phänomene einander stützen, und wir müssen die Eigenschaften einer möglichst großen Gruppe von Organismen (echten oder künstlichen) untersuchen, bei denen diese Phänomene vorkommen und erhalten bleiben.

Warum also soll man künstliche neuronale Netze benutzen und nicht einfach ein solides Computermodell, das von einem Programmierer gestaltet wurde? Die Antwort hat mit der wichtigsten Facette des Bewußtseins zu tun: mit dem *Ich.* Das Ich versetzt ein Lebewesen in die Lage zu wissen, was es kann und was es nicht kann und wo es gewesen ist; das Ich ermöglicht den Aufbau eines geistigen Bildes vom Wesen der Welt. Der entscheidende Teil von alldem ist das Wissen darüber, *wie* Wissen erworben wird, und wie sich die Strategien zu seinem Erwerb entwickeln. Damit haben wir zwei Eigenschaften, die für einen Programmierer schwer umzusetzen sind. Die erste, geringere Schwierigkeit besteht darin, im voraus ganz genau die Zufälligkeiten zu beschreiben, die während der Lebenszeit eines Organismus' auftreten können. Noch schwieriger ist das zweite Problem: Der Organismus muß seine eigenen Vorgänge zum Aufbau von Wissen besitzen und erkennen. Ist ein Programmierer beteiligt, verschwindet die Empfindung von Kontrolle und Besitz, die der Organismus haben muß. Ohne sie wäre das Bewußtsein etwas Merkwürdiges. Der Organismus besäße nicht mehr die Sicherheit, daß er Ereignisse voraussehen und überleben kann.

Die neuronalen Netze sind in den Mittelpunkt des Interesses gerückt, weil sie weder eine genaue Planung durch einen Programmierer noch die Konstruktion durch einen Konstrukteur erfordern. Ihre wichtigste Eigenschaft ist das Lernen. Aber wie Penrose zu Recht deutlich gemacht hat, lernen viele lernende neuronale Netze einfach nur, den Wünschen ihres Lehrers zu gehorchen. Das jedoch ist gleichbedeutend mit Programmierung, denn der Lehrer muß dem Netz alles beibringen, was es irgendwann einmal wissen muß. Aber die Annahme, dies sei das *einzige*, was neuronale Netze können, ist falsch. Wer dem Bewußtsein näherkommen will, muß an einem neuronalen Netz diejenigen Eigenschaften studieren, mit deren Hilfe es zu einem dynamischen künstlichen Lebewesen wird, dessen erlernte Zustände eine sinnvolle Repräsentation der Welt und seines eigenen Daseins in dieser Welt darstellen. Wie ich darlegen werde, ist eine als »ikonisch« bezeichnete Form des Lernens bei neuronalen Netzen möglicherweise der Schlüssel zur Schaffung eines künstlichen Bewußtseins, und damit könnte es auch wichtige Beiträge zum Verstehen des echten Bewußtseins liefern.

Neuronale Netze und ikonisches Lernen

Künstliche Neuronen sind Vorrichtungen mit vielen Input-Stellen (die in der lebenden Version Synapsen heißen) und einer Output-Stelle (dem Axon der wirklichen Neuronen). Ihren Input erhalten die Neuronen sowohl von den Sinnen als auch voneinander. Jedes Neuron feuert mit einer Wahrscheinlichkeit, die durch Lernen an das Muster der empfangenen Input-Nachrichten gekoppelt wird. Eine Folge dieses Prinzips ist allgemein bekannt: Ein Netz aus solchen Neuronen, das einen bestimmten sensorischen Gesamt-Input empfängt, macht zunächst eine Reihe von Zwischenstadien durch und gelangt dann zu einer sich wiederholenden Abfolge innerer Zustände. Dies bezeichnet man als den Reaktionszyklus für einen bestimmten sensorischen Input. Weiterhin ist bekannt, daß der Reaktionszyklus nicht nur von dem sensorischen Input abhängt, sondern auch vom Zustand des Netzes zu dem Zeitpunkt, wenn sich der sensorische Input ändert. Wegen dieser zuletzt genannten Eigenschaft spricht die innere Repräsentation nicht nur auf den aktuellen sensorischen Input an, sondern auch auf den Input der Vergangenheit. Ohne eine solche Eigenschaft gäbe es in dem Organismus keinen Begriff von Zeit und Aufeinanderfolge, so daß er niemals Sprache verstehen oder sich von der Welt, die er durch seine Augen sieht, ein Bild machen könnte.

Ohne Lernen wären diese internen Zustände nur unzusammenhängende innere Reaktionen auf die Welt der Sinneseindrücke. Damit das Lernen nützlich ist, muß es dazu führen, daß schließlich Reaktionszyklen ausgewählt werden, die den Input der Sinnesorgane (entweder einzelne Inputs oder Input-Sequenzen) in Klassen einteilen. Das Stadium, in dem ein Programmierer diese Impulsmuster (als Markierungen oder Symbole) auswählt, haben wir bereits hinter uns gelassen. In einem Lebewesen hat mit Sicherheit kein Programmierer einen bevorrechtigten Zugang zu den Gehirnzellen, so daß er ihnen sagen könnte, was sie lernen sollen. Eine andere Möglichkeit besteht darin, daß man diese Reaktionen der Zustandszyklen einfach als willkürliche Repräsentationen bestehen läßt; das Lernschema sorgt dann schlicht und einfach dafür, daß der sensorische Input für jeden Gegenstand in einer Klasse (beispielsweise »Katze«) immer von der gleichen willkürlichen Repräsentation wiedergegeben wird. Aber auch das würde nicht funktionieren, denn die Repräsentationen müssen aufgrund ihrer Eigenschaften eine Bedeutung annehmen. Wenn ich an eine Katze denke, ohne gerade eine zu sehen, kann ich beispielsweise sagen: »Sie hat spitze Ohren, vier Pfoten, Barthaare ... «. Das wäre unmöglich, wenn die Repräsentation nicht eine Hierarchie von Merkmalen umfaßte, die das repräsentierte Objekt besitzt, und diese Eigenschaft besitzen willkürliche Repräsentationen eindeutig nicht. Die dritte Möglichkeit ist das ikonische Lernen.

Entscheidend dabei ist, daß die Muster der Sinneseindrücke nicht nur den Input liefern, auf den die Neuronen zu reagieren lernen, sondern daß sie auch für die Auswahl derjenigen Neuronen sorgen, die feuern bzw. nicht feuern. Wenn die Neuronen erst einmal dazu angeregt wurden, Impulse abzugeben, lernen sie im weiteren Verlauf die Muster, die von anderen Neuronen geschaffen werden, und das hat zur Folge, daß in den inneren Teilen des Netzes eine unveränderliche, stabile Repräsentation des Sinnesreizes entsteht. Die ungefähr waagerechte Form in Abb. 1 sorgt für die Auswahl von Neuronen, die ebenfalls in einer ungefähr horizontalen Form feuern. Natürlich müssen diese Neuronen nicht in irgendeinem geometrischen Sinn horizontal angeordnet sein, sondern sie müssen den Input nur so aufnehmen, daß bei jedem erneuten Auftreten derselben Form wieder die gleiche Gruppe von Neuronen ihre Impulse abgibt, so daß einige geometrische Eigenschaften des Sinnesreizes erhalten bleiben. Die Abbildung zeigt, was sich abspielt,

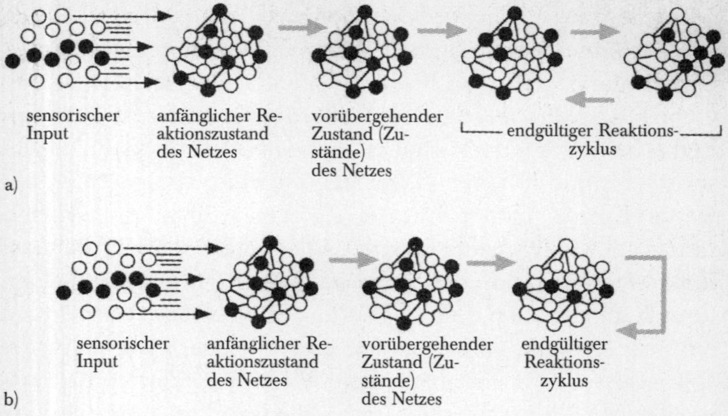

Abb. 1: Die Auswirkungen des ikonischen Lernens: a) vor dem ikonischen Lernen; b) danach.

wenn das Lernen stattgefunden hat. Das innere Netz, das sich zunächst in einem willkürlichen Zustand befindet, durchläuft nach dem Kontakt mit einem horizontalen Reiz einige weitere willkürliche Zustände und gelangt schließlich zu der erlernten, ikonischen Repräsentation, dem einzigen stabilen Impulsmuster, das den von dem Input auferlegten Beschränkungen entspricht.

Aber das ist nur der Anfang: Bevor wir im Zusammenhang mit Modellen des Bewußtseins einige eher am Rande liegende Fragen stellen, müssen wir uns kurz mit drei zentralen Phänomenen beschäftigen, die sich aus dem ikonischen Lernen ergeben: mit dem ikonischen Gedächtnis (geistige Bilderwelt), mit den Repräsentationen des Ich, und mit dem freien Willen.

Ikonisches Gedächtnis

Der bisher beschriebene Lernprozeß schafft »echoähnliche« innere Repräsentationen dessen, was die sensorischen Neuronen wahrnehmen. Aber wie können solche Repräsentationen auch ohne sensorischen Input existieren? Ich kann an meine Katze denken, ohne daß eine Katze in der Nähe ist, und ich kann angenehme Erinnerungen an meinen letzten Urlaub in der Ägäis behalten. Ich kann es »fast vor mir sehen« – das leuchtend dunkelblaue Meer mit den schneeweißen, vom Wind verwehten Wellenkämmen und den türkischen Bergen im Hintergrund. Diese Bilder sind nicht nur in meinem Kopf vorhanden, sondern sie erzeugen auch Empfindungen – Freude über den Gedanken oder sogar Traurigkeit, weil ich nicht mehr dort bin. Diese Empfindungen sind genau das, was manche Philosophen für den entscheidenden Bestandteil des Bewußtseins halten. Man bezeichnet sie manchmal als »Qualia«: Sie sind die Qualitäten eines geistigen Vorganges. Manche Philosophen, beispielsweise Thomas Nagel, vertreten die Ansicht, dies sei das Wesentliche, das man am Bewußtsein nicht erklären könne. Andere, so Daniel Dennett, sind felsenfest überzeugt, es gebe keine »Qualia«, aber das erscheint angesichts dessen, was ich gerade über die Ägäis gesagt habe, ein wenig extrem. Die entscheidende Frage lautet: Können solche zauberhaften Gefühle von feuernden Neuronen heraufbeschworen werden? Wie ich darlegen werde, sind dafür nach meiner Überzeugung alle Voraussetzungen gegeben.

Wie für vieles in diesem Zusammenhang, so kam der geistige Anstoß auch hierfür von den Lebewesen. Lebende Sinneszellen unterliegen der Gewöhnung oder Habituation. Wird eine Zelle ständig gereizt, so kann das, was ihre Impulstätigkeit angeht, zu einem Nachlassen der Reaktion führen. Abb. 2a zeigt einen Mechanismus, durch den ein äußerer Reiz die Sinneszellen zum Feuern anregt. Beim ikonischen Lernen wird eine Repräsentation dieses Bildes auf das Impulsmuster der inneren Neuronen übertragen.

Wenn man voraussetzt, daß die Stabilität (d.h. die Widerstandsfähigkeit gegen die Habituation) bei den inneren Neuronen größer ist als bei den sensorischen, können die inneren

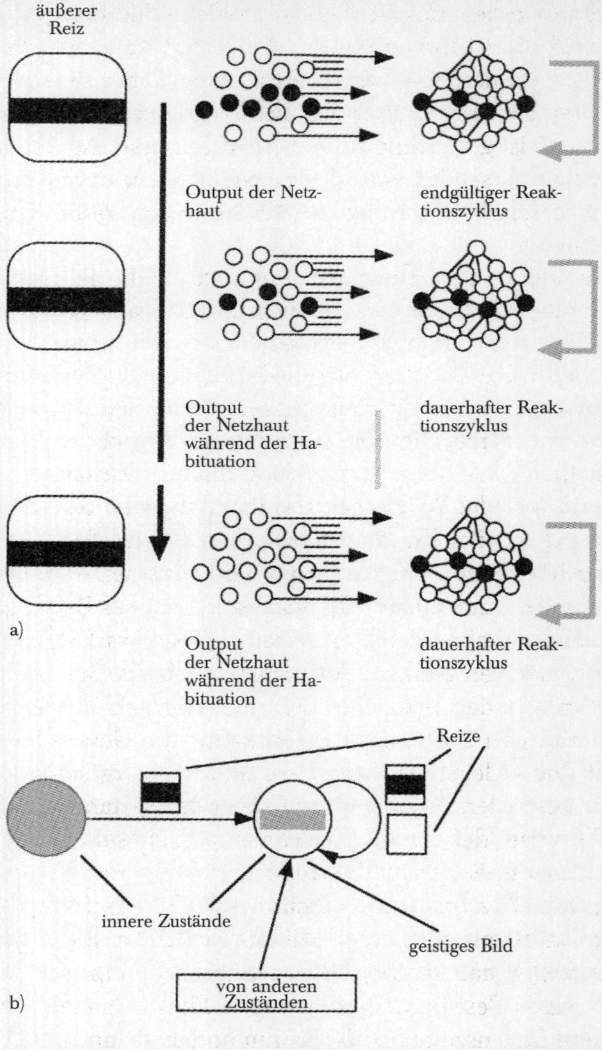

Abb. 2: Die Schaffung geistiger Bilder als stabile Zustände: a) Erzeugung eines stabilen Zustandes; b) Zustandsdiagramm oder Repräsentation des geistigen Bildes im Zustandsraum.

Neuronen lernen, das kürzlich geschaffene Bild beizubehalten. Über die Mechanismen von Langzeit- und Kurzzeitgedächtnis gäbe es natürlich noch viel mehr zu sagen, aber sie sind nicht das Thema dieser Erörterung. Entscheidend ist die Tatsache, daß langfristige Erinnerungen an Erlebnisse, in denen die Merkmale dieser Erlebnisse erhalten bleiben, durch den einfachen ikonischen Lernprozeß der Neuronen geschaffen werden können.

Ein Gebiet der Informatik, das sich für die Formulierung solcher Begriffe besonders gut eignet, ist die Automatentheorie. Sie befaßt sich unter anderem mit »Zustandsräumen«, in denen die inneren Zustände des neuronalen Netzes als Kreise und die sensorischen Inputs als Pfeile dargestellt werden. Damit erhält man einen klaren Hinweis, auf welchem Weg ein sensorischer Input für den Übergang zwischen inneren Zuständen sorgt. Abb. 2b faßt die Wirkungen des ikonischen Lernens und der Schaffung stabiler Zustände zusammen. Am Anfang steht ein willkürlicher innerer Zustand, und der Reiz eines waagerechten Balkens führt zur inneren Repräsentation dieses Balkens. Diese kann auch ohne den Reiz (oder in Gegenwart eines leeren Reizes) erhalten bleiben. Außerdem zeigt das Diagramm die Möglichkeit, daß man von anderen erlernten Zuständen zu dem erlernten Zustand gelangen kann; die Gesamtheit aller dieser Zustände ist die Zustandsstruktur des Organismus.

Ein besonders beruhigender Aspekt der Zustandsstruktur ist die Tatsache, daß sie dem Organismus eine sehr großzügige Zahl von Zuständen zur Verfügung stellt (in der Größenordnung von $2^n/2$ für *n* Input-Neuronen). Demnach verfügt ein Organismus mit etwa einer Million Neuronen, die jeweils 30 Input-Stellen haben, über eine ausreichende Kapazität, um im Kopf seines Besitzers einen geistigen Film ablaufen zulassen, der eine Lebenszeit von 100 Jahren andauert (und zwar selbst dann, wenn nur ein kleiner Bruchteil der Zustände sinnvoll wäre). Nun besteht das menschliche Gehirn aber aus etwa

100 Milliarden Neuronen, und n liegt bei bis zu 100 000; seine Kapazität ist also weitaus größer als die unseres Film-Organismus'. Da ist es kein Wunder, daß wir staunend und voller Verblüffung vor dem gewaltigen Ausmaß dessen stehen, was in unseren Köpfen ablaufen kann! Ein neuronales System macht atemberaubend reichhaltige Repräsentationen möglich, die nicht nur die Ägäis mit ihren weißen Wellenkämmen umfassen, sondern auch alle Gefühle (siehe unten), die zu jener Zeit vielleicht vorhanden waren. Auch ein anderes beruhigendes Ergebnis liefert die Automatentheorie: Man kann mit ihrer Hilfe nachweisen, daß die Übergänge von einem sinnvollen Zustand zum anderen nur kurz sind, so daß sich gar nicht die Frage nach den langwierigen, umfassenden Suchvorgängen stellt, die bei anderen Formen der computergestützten Intelligenz notwendig sind. Sobald ein neuronales System einen Hinweis in Form eines sensorischen Input erhält, findet es sehr schnell die zugehörige geistige Repräsentation.

Repräsentationen des Ich

Der bisher beschriebene Organismus ist lediglich in der Lage, zu beobachten und zu erkennen. Sich zu verhalten, hat er keine Möglichkeit, denn dazu ist die Fähigkeit notwendig, äußere Handlungen zu vollziehen. Ein einfaches Beispiel: Stellen wir uns einmal vor, er sei nur zu einer einzigen Handlung in der Lage, nämlich dazu, sein Input-Fenster mit dem darin befindlichen horizontalen Balken nach oben, nach unten oder überhaupt nicht zu bewegen. Außerdem läßt die Umwelt, in der er handelt, keine Bewegungen zu, durch die der Balken aus dem Blickfeld rücken würde (das heißt, es gibt Mauern). Diese Situation ist in Abb. 3a dargestellt.

Anfangs führt der Organismus seine Handlungen zufällig aus wie in Abb. 3b, wo das Verhalten der Output-Neuronen auf

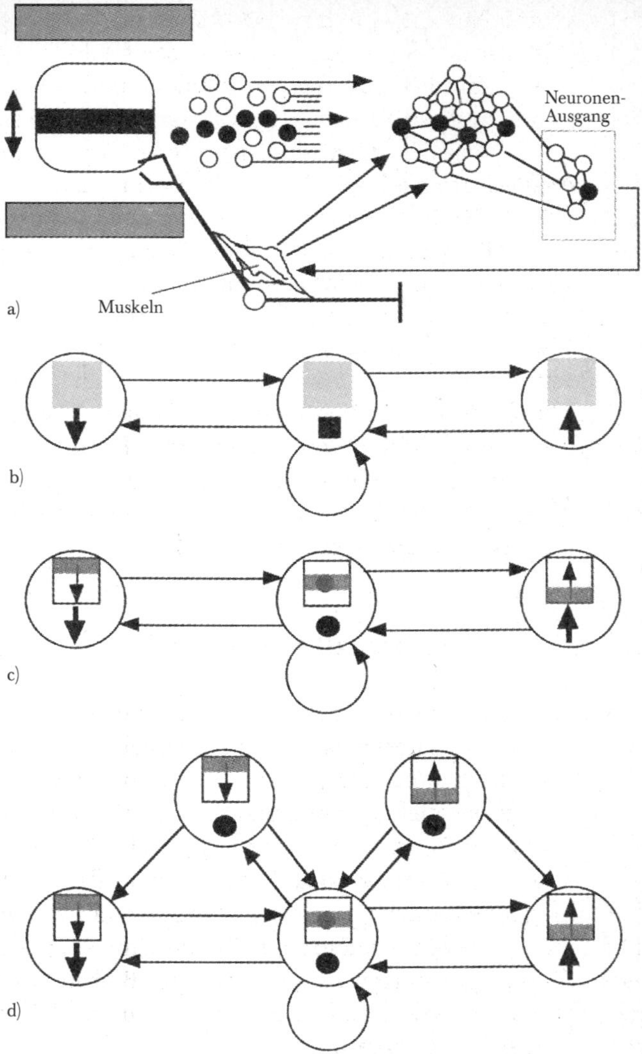

Abb. 3: Repräsentationen des Ich: a) propriozeptive Rückkopplung; b) vor dem ikonischen Lernen; c) ikonisches Erlernen der eigenen Handlungen; d) Denken und Handeln.

der Unterseite des Zustandszyklus' dargestellt ist. Bei den meisten Lebewesen bestehen nicht nur Verbindungen zwischen motorischen Neuronen und den Muskeln, so daß diese sich bewegen können, sondern es gibt auch Verknüpfungen in der umgekehrten Richtung (propriozeptive Rückkopplung durch motorsensorische Neuronen). Wenn also ein Lernvorgang stattfindet, können nicht nur die Auswirkungen der Handlungen ikonisch in dem neuronalen Netz repräsentiert werden, sondern auch die Handlungen selbst, wie es in Abb. 3c skizziert ist. Abb. 3d schließlich zeigt in Umrissen, wie der Hauptteil des Netzes in einen Zustand des »Denkens« über die Wirkungen seiner eigenen Handlungen eintreten kann, ohne daß er diese Handlungen tatsächlich vollzieht. Wie theoretische Überlegungen zeigen, ergibt sich diese Freiheit, über die eigenen Handlungen nachzudenken, wenn die Verbindungen vom Hauptteil des Netzes zum Output-Netz schwach sind und in nur in einer Richtung verlaufen. Tatsächlich muß der *Wunsch*, eine Handlung auszuführen, der sich in Übergängen wie »a« zeigt, erlernt werden, und er könnte von anderen Vorgängen im Hauptteil des Netzes abhängig sein.

Aus dieser Repräsentation der eigenen Handlungen im Zusammenhang mit dem ikonischen Lernen ergibt sich ein Hinweis darauf, welche Mechanismen in künstlichen Vorrichtungen unentbehrlich sind, wenn man ein Modell des Bewußtseins konstruieren will. Die Augen sind zum Beispiel ständig in Bewegung und würden keine sinnvolle Repräsentation liefern, aber das wird dadurch ausgeglichen, daß die Muskeltätigkeit in den Zustandsraum übertragen wird und die einzelnen gesehenen Elemente koordiniert (was in diesem Fall unbewußt geschieht). Daß man sich selbst sprechen hört und ikonische Repräsentationen aufbaut (in diesem Fall sowohl für Geräusche als auch für Bilder), ist entscheidend für die Entwicklung der Sprachfähigkeit.

Freier Wille

Die Idee von der Freiheit des Willens ist in der abendländischen Kultur tief verwurzelt. Insbesondere die christliche Religion lehrt, sie sei ein Merkmal des Bewußtseins, das als Eigentum des Menschen eifersüchtig gehütet wird: Der freie Wille gilt als Geschenk Gottes, das bei richtiger Anwendung zu den Freuden des Himmels führen wird; wer ihn aber falsch gebraucht, wird verurteilt und zur Hölle verdammt. Trotz dieses kulturellen Charakters spielt der freie Wille in naturwissenschaftlichen Betrachtungen über das Bewußtsein eine Rolle. Wie das Zitat von Roger Penrose am Anfang dieses Kapitels zeigt, ist der freie Wille nach seiner Vorstellung sogar ein ganzes Stück unterhalb der Berechnungstätigkeit der Neuronen angesiedelt, nämlich in den Quanteneffekten der Cytoskelett-Mikrotubuli. Selbst wenn also die Neuronen tatsächlich während des ganzen Lebens Wissen speichern und bei der Wahrnehmung mitwirken, ist die grundlegende Triebkraft des Bewußtseins, der freie Wille, auf dieser Ebene des Berechnens nicht zugänglich.

Nach Penroses Ansicht, die immerhin aus der Physik stammt, ist die Frage des freien Willens eng mit dem Determinismus verknüpft. Kennt man einen Zustand eines deterministischen Systems, ist sein zukünftiges Verhalten (zumindest in der Theorie) in vollem Umfang festgelegt, das heißt, es hat keine Willensfreiheit mehr. Außerdem setzt er »algorithmisch« mit »ganz und gar deterministisch« gleich. Ein Lebewesen mit einem freien Willen, so seine Argumentation, muß also auf physikalische Vorgänge zurückgreifen, die nicht deterministisch und demnach auch nicht berechenbar sind. Solche Eigenschaften haben die Quantensprünge, und darauf gründet sich ein großer Teil von Penroses Überlegungen, die sich auf Quantensprungphänomene und Nichtberechenbarkeit konzentrieren.

Wenn wir bei einer Maschine mit neuralen Zuständen nach freiem Willen suchen, engt sich das Thema auf Wahlmöglichkeiten ein. Vor dem Hintergrund eines bestimmten Zustands von Input-Reizen (das heißt des durch die Wahrnehmung zugänglichen Zustandes der Welt) kann die Maschine sich im Geist (wie in den vorigen Abschnitten) die Auswirkungen möglicher Handlungen vorstellen. Es wurde aber noch nicht im einzelnen erörtert, daß die vorgestellten Zustände ohne weiteres mit Qualitätsfaktoren verbunden sein könnten: Wenn man an einem kalten Tag einen Pullover anzieht, vermindert sich das Kältegefühl; die Empfindung der Wärme ist demnach ein vorauszusehender geistiger Zustand, und der Organismus wird sich entschließen, ihn herbeizuführen, weil er damit ein Bedürfnis befriedigt, das ebenfalls in seinen vorgestellten Zuständen repräsentiert ist. Wenn das Netz sprechen könnte, würde es also sagen: »Mir ist kalt, und deshalb *will* ich einen Pullover anziehen.« Das ist ein von einem Bedürfnis getriebener Willensakt. Aber an welcher Stelle zeigt sich die *Freiheit* des Willens? Die Theorie ermöglicht durchaus die Annahme, daß ein Automat aufgrund eines eingebauten Zufallsgenerators eine willkürliche Entscheidung trifft, wenn er an einen Punkt gelangt, an dem mehrere Handlungsverläufe im Bereich seiner Möglichkeiten liegen. Penrose würden nun argumentieren, ein solcher Zufallsgenerator, der auf Berechnungen basiert, sei nicht vollkommen, und deshalb sei auch der Wille des Lebewesens nicht völlig frei. Aber das ist das Argument eines Perfektionisten.

In den Lebewesen gibt es eine Menge »Zufälle«: Neuronen feuern nach dem Wahrscheinlichkeitsprinzip, und innere Vorgänge sind untereinander und mit den Vorgängen in der Umwelt schlecht synchronisiert. In der Praxis findet jeder Organismus, der einer unvollkommenen Umwelt gegenübersteht, eine Fülle von Nichtdeterminismus vor. Tatsächlich ist der Zustandsraum einer neuronalen Maschine voller »Attraktoren« und »Repeller«. Erstere sind Zustände wie Rinnen auf einem Billardtisch, auf die sich das System von anderen Zuständen aus zubewegt. Repeller dagegen ähneln Hügeln auf einem Billardtisch: Von ihnen entfernt sich das System in Richtung auf andere Zustände, und das mit Folgen, die sich nicht ohne weiteres voraussagen lassen. Entscheidend ist, daß es in einem normal funktionierenden neuronalen System genügend Nichtdeterminismus gibt, so daß der Organismus selbst das »Gefühl« hat, freie, willkürliche Entscheidungen zu treffen.

Es dürfte sogar ein Fehler sein anzunehmen, das Wissen eines Menschen über seinen eigenen freien Willen ergebe sich daraus, daß er *tatsächlich* unvorhersehbare Entscheidungen trifft. Wie Abb. 3d zeigt, kann der Organismus durchaus in einen geistigen Zustand gelangen, in dem genau definiert ist, welche Wahlmöglichkeiten für äußere Handlungen bestehen. Das heißt, er kann daran »denken«, das Fenster beliebig nach oben oder nach unten zu schieben, oder anders gesagt: Es gibt keine Repräsentation irgendwelcher Beschränkungen, die für eine Bevorzugung dieses oder jenes Zustandes sorgen. Diese neurologisch berechenbare geistige Repräsentation der Wahlmöglichkeiten dürfte für die jahrtausendealte Diskussion über die Freiheit des Willens verantwortlich sein und nicht die Tätigkeit nicht berechenbarer Unsicherheitsgeneratoren im Cytoskelett.

Bewußte Maschinen: Fragen mit Antworten

Mit der Erforschung des Bewußtseins durch Maschinen mit ikonisch angepaßten neuronalen Zuständen trägt man, wie zuvor erörtert wurde, offenbar einigen entscheidenden Fragestellungen Rechnung. Das Bewußtsein hat aber noch viele andere Elemente, mit denen man sich ebenfalls befassen muß, und es gibt auch einige noch ungelöste Probleme, die derzeit Gegenstand der Forschung sind. In dem nun folgenden Abschnitt möchte ich den Inhalt meines kürzlich erschienenen Buches zusammenfassen.

Nimmt ein Lebewesen mit Bewußtsein das Feuern all seiner Neuronen wahr?

Die Antwort auf diese Frage lautet: nein. Aus der Erörterung des ikonischen Lernens geht hervor, daß nur diejenigen Neuronen, die durch den sensorischen Input ausgewählt werden, ikonische Formen schaffen, deren sich der Organismus bewußt ist. Bei Lebewesen dürfte es sich dabei nur um einen recht kleinen Anteil der gesamten neuronalen Verarbeitungskapazität handeln. Viele neuronale Schaltkreise müssen ausschließlich dazu dienen, den Organismus lebendig und aktiv zu halten (zum Beispiel indem sie Herzschlag, Körpertemperatur, Fortbewegung usw. steuern). Es gibt aber auch eine kompliziertere Tätigkeit, die dem bewußten Empfinden viel näher steht und mit der Zeit, der Aufeinanderfolge und der eindeutigen Unterscheidung zwischen gleichartigen Ereignissen zu tun hat. In künstlichen neuronalen Systemen werden diese Funktionen von sogenannten *Hilfsneuronen* erfüllt. Sie sind dafür zuständig, zwischen gleichen Erlebnissen zu verschiedenen Zeitpunkten zu unterscheiden oder zu erkennen, in welcher Reihenfolge sich Dinge ereignen. Ich kann also vielleicht sagen: »Ja, ich erinnere mich daran, wie ich heute zur Arbeit gegangen bin, und das ist etwas anderes als meine Erinnerung daran, wie ich gestern zur Arbeit gekommen bin«, aber ich kann unter Umständen nicht genau beschreiben, was eigentlich den Unterschied ausmacht. Dahinter stehen vermutlich unterschiedliche Impulsmuster bei einigen meiner (Hilfs-)Neuronen: Sie drängen sich ins Bewußtsein, aber nicht auf so lebhafte Weise wie die ikonischen Impulsmuster für das, woran ich mich erinnere.

Führen alle Zustände der Neuronen, die ikonisch tätig sind, zu bewußten Empfindungen?

Auch hier lautet die Antwort nein. Man kann in dem künstlichen System sogar mindestens drei verschiedenartige Zustände definieren, und das gleiche gilt vermutlich auch für lebende Systeme. Der erste ist der aktive Zustand bei der Wahrnehmung; hier handelt es sich um die Gelegenheiten, bei denen die ikonischen Muster am lebhaftesten sind, weil sie unmittelbar durch die Aktivität von Sensoren angetrieben werden. Das zweite sind die Muster »mit geschlossenen Augen«, also Vorgänge im Zusammenhang mit geistigen Tätigkeiten, die nicht unmittelbar von den Sinnen angetrieben werden, die aber ursprünglich durch Lernen von ihnen geschaffen wurden. Interessanterweise findet man manchmal Situationen, in denen sich die inneren Muster auch bei aktiver Wahrnehmung weiterentwickeln, ohne aber mit ihr in Verbindung zu stehen. Die Zustände des dritten Typs sind nicht Teil des bewußten Erlebens. Das »Träumen« dürfte zwar auf Impulse ikonischer Neuronen zurückzuführen sein, bei denen sich Zustände, die mit Erfahrungen zu tun haben, auf seltsame Weise verknüpfen, aber es gibt im Schlaf und in der Narkose auch Phasen, in denen keine Empfindungen erkennbar sind. Ihnen entsprechen in dem künstlichen System zahlreiche mögliche Netzzustände, die in keiner Verbindung mit den ikonisch erlernten Zuständen stehen, in die das System aber übergehen kann, wenn die Verknüpfungen zwischen den Neuronen durch Mechanismen wie ein lautes Rauschen geschwächt sind.

Können Maschinen ein »Unbewußtes« besitzen?

Seltsamerweise gibt es bei künstlichen neuronalen Maschinen tatsächlich Zustände mit allen Merkmalen dessen, was wir beim Menschen als »das Unbewußte« bezeichnen würden. Wir kennen geistige Zustände, die wir weder beschreiben noch erklären können, die sich aber dennoch auf unsere Stimmung auswirken und möglicherweise auch unsere Träume beeinflussen. In einem künstlichen neuronalen Netz bilden sich Strukturen ikonischer Zustände sowohl im Hinblick auf die Zustände selbst als auch im Hinblick auf die Übergänge zwischen ihnen.

Es kommt vor, daß Übergänge zu bestimmten Gebieten des Zustandsraums durch »Überschreiben« unterbrochen werden, so daß diese Gebiete isoliert bleiben und im Wachzustand auf keine Weise erkundet werden können. Dennoch bleiben sie rechtmäßige Repräsentationen von Erfahrungen. Im »Schlaf«, manchmal aber auch durch Zufall, können sie aufgrund des Rauschens in dem System betreten werden. Verläßt man sie wieder, geht die Erfahrung verloren, aber zuvor hat sie sich möglicherweise auf die Richtung ausgewirkt, die das System im bewußten Zustandsraum einschlägt, ein Effekt, der zu fühlen, aber nicht zu erklären ist. Natürlich lassen sich mit diesem Modell die Theorien zur Unterdrückung unangenehmer Erinnerungen erklären.

Können künstliche, bewußte Organismen eine Persönlichkeit besitzen?

Da die Zustandsstrukturen, die sich bei zwei verschiedenen Organismen durch ihre jeweiligen Tätigkeiten und Entscheidungen entwickeln, höchstwahrscheinlich unterschiedlich sind, werden sie sich auch unterschiedlich verhalten, und das kann man als Persönlichkeitsunterschiede bezeichnen.

Müssen Wesen mit Bewußtsein eine Sprache besitzen?

Mein neues Buch ist zu einem großen Teil dem Nachweis gewidmet, daß ikonische neuronale Mechanismen von Natur aus dazu neigen, sinnvolle Kommunikation zwischen den Organismen zu betreiben, und diese Kommunikation hat auf der am höchsten entwickelten Ebene die Form einer menschlichen Sprache. Seltsamerweise eröffnet sich damit die Möglichkeit zur Schaffung künstlicher Organismen, die nicht in die lineare Abfolge der Höherentwicklung des Bewußtseins von der Amöbe bis zum *Homo sapiens* passen. Man könnte Gegenstände schaffen, die mit Hilfe der Sprache ihre bewußten Zustandsstrukturen aufbauen und deshalb dem *Homo sapiens* nahestehen, ohne aber die körperliche Geschicklichkeit oder die Instinkte einer Schnecke zu besitzen.

Kann ein künstlicher bewußter Organismus logisch denken?

Das ikonische Lernen unterstützt tatsächlich das logische Denken, allerdings nicht so gut wie vorprogrammierte Maschinen mit künstlicher Intelligenz. Die Logik, die eine neuronale Maschine entwickelt, gründet sich auf die Logik der Erfahrung. Wenn sie »alle Menschen« sagt, meint sie damit alle Menschen, die sie kennt. So betrachtet, bedient sie sich der sprachlichen Logik in Wittgensteins nicht-essentialistischem Sinn, das heißt, sie ist wie Menschen ein wenig fehleranfällig und hat nicht die kalte Strenge eines programmierten Computers.

Kann eine neuronale Maschine ikonische Repräsentationen für abstrakte Begriffe wie »Liebe« oder »Schönheit« besitzen?

Abstraktion erhält ihren Sinn zu einem großen Teil durch eine sachgerechte Anwendung der Sprache. Eine Maschine kann also über Repräsentationen abstrakter Begriffe verfügen, die sich vorwiegend aus linguistischen Definitionen ergeben. Deshalb ist es möglich, logisch korrekte Repräsentationen für Sätze wie »Fred weiß, daß Bill in Sally, eine sehr schöne Frau, verliebt ist« zu erzeugen; daß dabei eigene Kenntnisse über Liebe und Schönheit einfließen, ist nicht erforderlich. Die anschließende Frage »Was meinst du mit Liebe«? könnte zu der Antwort führen: »Ich habe selbst damit keine Erfahrung, aber sie hat mit dem Wunsch der Menschen zu tun, auf ausschließliche, intime Weise zusammen zu sein.« Und das ist nach der menschlichen Art der Abstraktion mit Sicherheit richtig.

Was sind Emotionen, Gefühle und Qualia in einer Maschine?

Wie in der vorigen Frage, so müssen wir auch hier sorgfältig unterscheiden: Auf der einen Seite stehen echte Gefühle, die ein Roboter sich zu eigen machen könnte, wenn er einen Teil seiner Bedürfnisse befriedigt, auf der anderen die Emotionen, die Menschen bei der Befriedigung ihrer Bedürfnisse empfinden. Es geht um den Zusammenhang zwischen Empfindung und Bedürfnis, nicht aber um das Wesen der Empfindungen im einzelnen. Es gibt keinen Grund, warum ein künstlicher neuronaler Organismus keine Gefühle haben sollte, die im Zusammenhang mit seinen Bedürfnissen stehen (Bedürfnis nach Energie, Wärme usw.). Und wenn er eine Sprache erworben hat, so daß er mit Menschen kommunizieren kann, gibt es keinen weiteren Grund, warum er nicht Repräsentationen für abstrakte Gefühle der Menschen aufbauen sollte, wie es im vorigen Abschnitt beschrieben wurde. Die Frage nach den »Qualia« ist natürlich fast ebenso verwickelt wie die Frage nach dem Bewußtsein selbst. Auf der einfachsten Ebene besteht technisch keinerlei Schwierigkeit, »das Rotsein von Rot« zu erklären. Farbrezeptoren in sensorischen Neuronen sorgen dafür, daß ein ikonisch abgeleitetes Impulsmuster der Neuronen sich räumlich differenziert und damit differenzierte Empfindungen entstehen läßt. Begeben wir uns aber auf die Ebene von Nagels Frage »Wie fühlt es sich an, wenn man eine Fledermaus ist?«, müssen wir einräumen, daß auch noch so viele Kenntnisse der Automatentheorie oder der Neurophysiologie niemanden in die Lage versetzen werden, in die Haut einer Fledermaus zu schlüpfen und eine Antwort zu geben. Es reicht aber aus, wenn man fragt, welchen Mechanismus eine Fledermaus braucht, um zu wissen, wie es sich anfühlt, eine Fledermaus zu sein. Die Antwort könnte durchaus lauten: wie eine ikonisch anpassungsfähige neuronale Zustandsmaschine.

Zusammenfassung: noch ein Blick mit den Augen eines Kindes

Wie Penrose in seinem Kapitel »Mit den Augen eines Kindes«, aus dem ich zu Beginn dieses Aufsatzes zitiert habe, so nehme auch ich eine kindliche Sichtweise ein. Ich habe keinen Zweifel daran, daß das Bewußtsein etwas Wichtiges und ganz Besonderes ist. Es entzieht sich der Definition, und doch wird niemand leugnen, daß er es besitzt und zutiefst mit ihm vertraut ist. Die Großen und Guten ärgert es, wenn man ihren Ansichten zu diesem Thema widerspricht. Es läßt Wissenschaftler wie Mystiker aussehen und verschafft Mystikern eine wissenschaftliche Ausgangsbasis. Es verleitet manch einen zu dem törichten Gedanken, man könne hier um einen großartigen Preis konkurrieren, der für des Rätsels Lösung vergeben wird, und diese Lösung könne in einer bisher unbegreiflichen, nicht berechenbaren Gleichung bestehen. Das zeigt den Kaiser nicht nackt, wie er in dem Märchen vorkommt, sondern es stattet ihn mit üppigen Kleidern aus so feinem Stoff aus, daß der Wettlauf, das Geheimnis seiner Herstellung zu lüften, eine ganze Branche in Atem hält.

Nach meiner kindlichen Ansicht bezieht das Bewußtsein seine erstaunliche Bedeutung aus etwas recht Einfachem; dieses Etwas entzieht sich nicht der Berechnung, sondern es ist das unübertroffene Meisterwerk der ikonisch angepaßten Impulsmuster in manchen Gehirnteilen, das heißt, wir können es durch weitere Fortschritte bei den neuronalen Berechnungen fassen, untersuchen und nachahmen. Es ist einfach zu wichtig, als daß wir es unter einer angeblichen Komplexität ersticken sollten, die nicht aus der Wissenschaft, sondern aus Tabus erwächst.

Weiterführende Literatur

Aleksander, I.: *Impossible Minds: My Neurons, My Consciousness.* Imperial College Press 1996.

Aleksander, I. und Morton, H. B.: *Neurons and Symbols: The Stuff that Mind is Made of.* Chapman & Hall 1993.

Chalmers, D.: *The Conscious Mind.* Oxford University Press 1996.

Crick, F.: *The Astonishing Hypothesis.* Charles Scribner 1994.

Dennett, D. C.: *Philosophie des menschlichen Bewußtseins.* Hoffmann & Campe 1994.

Greenfield, S. A.: *Journey to the Centers of the Mind.* Freeman 1995.
Karmiloff-Smith, A.: *Beyond Modularity.* MIT Press 1992.
Locke, J.: *Essay Concerning Human Understanding.* London 1690.
Nagel, T.: *»What is it like to be a bat?«* In: Philosophical Review 83, 435-450, 1974.
Papineau, D.: *»The consciousness of zombies«.* Times Literary Supplement, 21. Juli 1996.
Penrose, R.: *Computerdenken.* Spektrum Akademischer Verlag 1991.
Penrose, R.: *Schatten des Geistes.* Spektrum Akademischer Verlag 1995.
Wittgenstein, L.: *Philosophische Untersuchungen.* Suhrkamp 1967.

11

DIE GEGENWART MIT QUALIA KENNZEICHNEN

Richard Gregory

Bei der Erforschung der visuellen Wahrnehmungsvorgänge im Gehirn und in Maschinen konzentrierten sich die Arbeiten in jüngerer Zeit auf die Signalverarbeitung »von unten nach oben«, das heißt ausgehend von den Augen oder von Kameras – den größten Einfluß auf diesem Gebiet hatte David Marr. Allerdings wurde daneben gleichfalls die Vermutung geäußert, die komplizierte Wahrnehmung von Gegenständen könne auch stark »von oben nach unten« organisiert sein, das heißt, sie hängt möglicherweise von Wissen ab, das in der Vergangenheit erworben wurde; demnach ähnelt Wahrnehmung in vielerlei Hinsicht den voraussagenden Hypothesen der Naturwissenschaft: Beide sagen noch nicht wahrgenommene Eigenschaften von Gegenständen voraus, füllen Lücken in den Daten und erlauben nur eingeschränkte Aussagen über die Zukunft.

Bei der Beschreibung der visuellen Wahrnehmung unterscheidet man meist zwischen Echtzeitsignalen, die von den Sinnesorganen stammen und »von unten nach oben« laufen, und dem Wissen »von oben nach unten«, das in der Vergangenheit gespeichert wurde. Außerdem können wir noch »seitliche« allgemeine Regeln hinzufügen, so daß sich ein Schema wie in Abb. 1 ergibt (das in Abb. 4 weiterentwickelt wird).

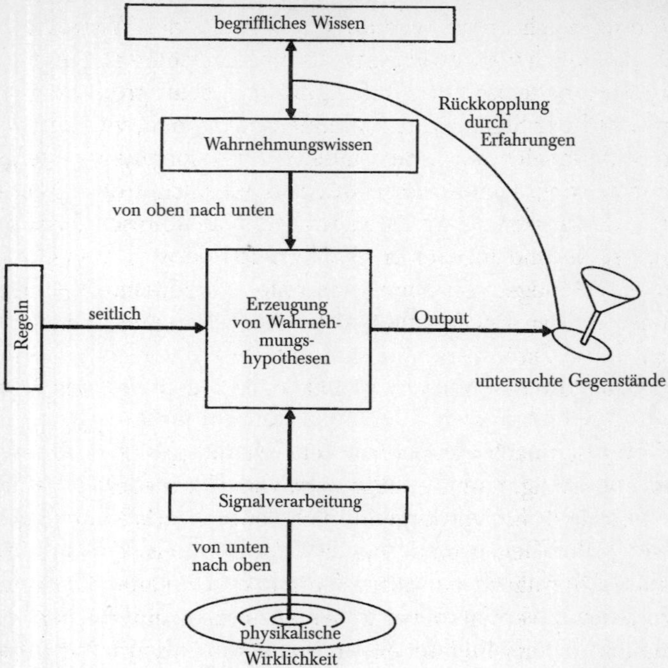

Abb. 1: Ein einfaches spekulatives Schema für das Sehen. Die Signale von den Augen (»von unten nach oben«) werden auf vielen Wegen verarbeitet und zusammen mit dem von oben nach unten fließenden Wissen und seitlichen Regeln interpretiert; es entsteht eine hypothetische Voraussage – eine Wahrnehmung von Gegenständen und Situationen –, die aufgrund beschränkter sensorischer Daten intelligentes, vorausschauendes Verhalten möglich macht. Da man optische Täuschungen auch dann erlebt, wenn man ihre Ursachen versteht, müssen begriffliches Wissen und Wahrnehmungswissen weitgehend voneinander getrennt sein. Sie werden in unterschiedlichen Zeitrahmen wirksam: Wahrnehmung muß schnell und in Echtzeit ablaufen, wenn sie nützlich sein soll. Die begriffliche Vorstellungskraft dagegen ist im wesentlichen zeitlos.

Der deutsche Physiologe, Physiker und Psychologe Hermann von Helmholtz – er begründete die Vorstellung, daß die Wahrnehmungen des Menschen unbewußte Rückschlüsse sind – malte es sich schon vor über hundert Jahren aus: Die von oben nach unten vermittelten Beiträge des Wissens sind wahrscheinlich viel gewichtiger, als man es sich im allgemeinen vorgestellt hatte, und ihr Umfang dürfte weitaus größer sein als der Anteil der Signale, die von unten nach oben, von den Augen und vielleicht auch den anderen Sinnesorganen weitergegeben werden. Heute wissen wir, daß ein solch großer Beitrag der gespeicherten Kenntnisse zum Sehen anatomisch durchaus möglich ist, und im Gehirn der Primaten gibt es bemerkenswert reichhaltige, von oben nach unten verlaufende Leitungsbahnen zu den Relaisstationen der Nuclei laterales geniculati, deren Input-Fasern zu mindestens 60 Prozent von oben aus der Sehrinde kommen und nur zu 10 bis 20 Prozent von den Netzhäuten.

Von oben nach unten vermittelte Kenntnisse über die Welt sind notwendig, damit intelligentes, visuell gesteuertes Verhalten sich auch für verborgene, nicht optisch erfaßbare Eigenschaften der Gegenstände eignet. Wer beispielsweise in einer rauhen Oberfläche ein Stück Holz erkennt, kann durch entsprechendes Verhalten ein Feuer anzünden, ein Bücherregal bauen oder vorsichtig mit einem Mahagonitisch umgehen. Viele Eigenschaften des Holzes, die für unser Verhalten eine Bedeutung haben, sind den Augen optisch nicht zugänglich: Sie müssen aus Erfahrungen über frühere Beziehungen abgeleitet werden, um für die Wahrnehmung von Gegenständen in der Gegenwart von oben nach unten als Wissen verfügbar zu sein. Damit das Sehen in neuen Situationen von Nutzen ist, müssen die Ursachen von Reizen wahrgenommen werden, aber der Input-Reiz muß nicht unmittelbar ein Verhalten auslösen. Das ist der wesentliche Punkt an Helmholtz' unbewußten Rückschlüssen von Reizmustern auf die Wahrnehmung von Gegenständen.

Primaten verfügen sowohl über recht einfache, von Reizen ausgelöste Reaktionen als auch über eine Wahrnehmung, die viel schärfer ist als die ankommenden Reize. Eine reflektorische Reaktion, beispielsweise das Zusammenzucken bei einem plötzlichen Geräusch, führt demnach den Reiz nicht auf einen bestimmten Ursprung zurück; es handelt sich also nicht um voll ausgeprägte Wahrnehmung, denn dabei werden Gegenstände den Reizen als Ursache zugeordnet. Wahrnehmung ist nach dieser Vorstellung das Aufstellen von Hypothesen über die Herkunft von Reizen aufgrund des Wissens über die Welt der Gegenstände; dabei wirken verschiedene Regeln mit, beispielsweise die gestalttheoretischen Gesetze von Nachbarschaft, Geschlossenheit und gemeinsamem Schicksal. Es gibt auch Regeln für die Interpretation perspektivischer Projektionen durch das Auge, aber sie sind je nach Größe und Abstand des Objektes zweideutig. Diese Zweideutigkeit der Reizmuster ist eine häufige Ursache optischer Täuschungen, insbesondere wenn das verfügbare, von oben nach unten gerichtete Wissen und die seitlichen Regeln unzureichend oder ungeeignet sind, um die sensorischen Signale im Hinblick auf die Objekte in der Außenwelt zu interpretieren. Durch umgekehrte Anwendung des gleichen Prinzips werden solche Täuschungsphänomene zu einem nützlichen Hilfsmittel, mit dem man erforschen kann, welches Wissen und welche Regeln das Gehirn bei der Wahrnehmung anwendet.

Hypothesen über die Wahrnehmung

Durch die Vorstellung, daß Wahrnehmungen vorausschauende Hypothesen sind, entfernen sich diese von der scheinbar direkten Wahrnehmung der Gegenstandswelt. Diese Trennung von der physikalischen Wirklichkeit ermöglicht die vielfältigen Täuschungen, die Hinweise auf viele Formen der physiologischen und kognitiven Weiterverarbeitung liefern. Besonders aufschlußreich sind Zweideutigkeitsphänomene, bei denen die Wahrnehmung zwischen mehreren Möglichkeiten

Abb. 2:. Wahrscheinlichkeit beeinflußt die Auswahl von Wahrnehmungshypothesen. Ein »Hohlgesicht« ist so unwahrscheinlich, daß man es ohne starke stereoskopische Signale beider Augen nicht sehen kann. Dreht man diese Hohlmaske, macht sie eine bizarre Verwandlung durch: Wenn die in Wirklichkeit hohle Rückseite nach vorn wandert und zu einem scheinbar normalen Gesicht wird, scheint sich die Drehrichtung umzukehren.

hin- und herwechselt, obwohl der sensorische Input sich nicht verändert. Wie sich Wahrscheinlichkeiten auswirken, erkennt man sehr deutlich an so unwahrscheinlichen, in der räumlichen Tiefe umgekehrten Objekten wie dem hohlen Gesicht in Abb. 2.

Die zweideutigen Zeichnungen und Gegenstände zeigen, wie scheinbar einfache Sinneseindrücke oder Qualia sich je nach dem Wechsel der Wahrnehmungshypothesen verändern können – ein Beispiel ist der Mach-Winkel, eine Kippfigur, die schon aus dem neunzehnten Jahrhundert stammt (Abb. 3).

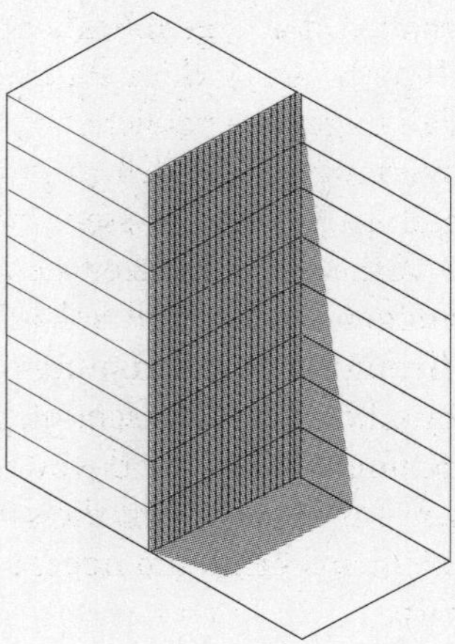

Abb. 3. Der Mach-Winkel. Wenn diese Figur (oder eine wirkliche Ecke mit einem Schatten) in der Tiefe »umspringt«, wechselt die Helligkeit des grauen Bereichs, obwohl der sensorische Input sich nicht verändert. Sieht man ihn als Bemalung der Wand, erscheint er dunkler, als wenn er ein Schatten auf der nach innen gekippten Ecke ist. Hier erkennt man deutlich, wie sich die vorherrschende Wahrnehmungshypothese im Frühstadium der Signalverarbeitung auswirkt. (Das steht im Einklang mit der Tatsache, daß ein großer Teil der Leitungsbahnen von der Hirnrinde nach unten zu den Nuclei laterales geniculati verläuft – in Abb. 4 sind sie als Schleife dargestellt.)

Die Gegenwart anzeigen

Die offenkundig große Bedeutung des von oben nach unten gerichteten Wissens und der seitlichen Regeln für die Wahrnehmung von Gegenständen wirft eine seltsame Frage auf. Wenn Wahrnehmungen Hypothesen sind, die sich zum größten Teil auf Erinnerungen aus der Vergangenheit stützen: Warum sind die Wahrnehmungen dann in der Regel dem gegenwärtigen Augenblick angemessen, und warum werden sie so erkannt, als gehörten sie zur Gegenwart und nicht zu den Erinnerungen aus der Vergangenheit? Oder kurz gefragt: Warum verwechseln wir Wahrnehmungen nur selten mit Erinnerungen oder Phantasien? Dieses Erkennen der Gegenwart ist eindeutig wichtig dafür, daß das Verhalten der augenblicklichen Situation angemessen ist, denn Hypothesen sind im allgemeinen zeitlos oder liefern im besten Fall ungenaue zeitliche Voraussagen. Wie erkennt also ein Sehvermögen, das sich in großem Umfang auf von oben nach unten gerichtetes Wissen gründet, die Gegenwart so, daß es das Verhalten in Echtzeit steuern kann? Für ein primitives Sehvermögen stellen sich solche Probleme nicht, denn Reflexe und Tropismen werden unmittelbar und in Echtzeit von den sensorischen Inputs ausgelöst. Bei einer komplizierteren Wahrnehmung können wir davon ausgehen, daß der eintreffende Echtzeit-Input weiterhin die Gegenwart anzeigt, daß er aber allein nicht ausreicht, um neue, intelligente Verhaltensweisen zu steuern.

Die Gegenwart kennzeichnen

Zwischen naturwissenschaftlichen Hypothesen und den Hypothesen der Wahrnehmung besteht ein auffälliger Unterschied: Nur Wahrnehmungen besitzen *Qualia*, beispielsweise die bewußte Empfindung von Rot, Geräusch oder Schmerzen. Qualia sind anscheinend ganz allgemein mit dem gegenwärtigen Augenblick verknüpft. Wäre es denkbar, daß sie dazu dienen, die Gegenwart zu kennzeichnen?

Dazu kann man ein einfaches Experiment machen: Man betrachtet einen Gegenstand oder eine Szene sehr genau und schließt dann die Augen. Nun achtet man sorgfältig darauf, was sich abspielt, während die Augen geschlossen sind. Die lebhaften Qualia der Wahrnehmung werden mit Sicherheit verschwinden. Man erinnert sich an den Gegenstand oder die Szene, aber ohne auffällige Qualia. Ganz allgemein scheint es so, als seien Qualia mit ankommenden (afferenten) Signalen verknüpft, die sich normalerweise in Echtzeit abspielen und so die Gegenwart anzeigen. Nun kann man weiter spekulieren, daß solche afferenten Echtzeit-Signale die Qualia auslösen, um so die Gegenwart im Bewußtsein zu kennzeichnen und eine Verwechslung mit der Vergangenheit zu vermeiden.

Ein paar Ausnahmen

Manchmal treten Qualia auch ohne sensorischen Reiz auf. In dem Nachbild, das wir nach einem hellen Lichtblitz sehen, bestehen die anfänglichen Qualia im Gefolge des Reizes noch einige Sekunden lang weiter. Das liegt an den visuellen Signalen, die nach dem Schließen der Augen erhalten bleiben, und deshalb dürfte es sich hier nicht um eine Ausnahme von der Regel handeln, daß Reize die Qualia auslösen, auch wenn diese zeitlich verschoben sind.

Häufig macht man aber auch die Erfahrung, daß Erinnerungen an Gefühle von Qualia begleitet sind, beispielsweise von einer Empfindung der Peinlichkeit, wenn man sich Jahre nach einem demütigenden Erlebnis an die betreffende Situation erinnert. Wenn in der Theorie von James und Lange (wonach Gefühle afferente Empfindungen körperlicher Veränderungen sind, die mit Peinlichkeiten, Angst, Wut oder sonst etwas einhergehen) eine gewisse Wahrheit steckt, könnte es auch von Erinnerungen ausgelöste afferente Signale aus dem Körper geben (beispielsweise das Erröten auf Grund der Erinnerung), die ebenso stark sind wie in der ursprünglichen Situation, auch wenn sie mit zeitlicher Verzögerung eintreten. Nach dieser Überlegung sollte man erwarten, daß Erinnerungen an Gefühle mit vielen Qualia verbunden sind, andere Erinnerungen jedoch nicht, und das scheint im allgemeinen auch zu stimmen.

Glücklicherweise verwechseln wir die Gegenwart nur selten mit Erinnerungen aus der Vergangenheit oder mit Phantasien, die sich zum Beispiel auf die Zukunft richten. Zu den seltenen Ausnahmen gehört der Fall des »Mr. S«, den der sowjetische Neuropsychologe Alexander Luria beschrieb: Er hatte so lebhafte Erinnerungen, daß er sie von der Echtzeit-Realität nicht trennen konnte; er war zum Beispiel verwirrt, wenn er sich an die Zeiger seines Weckers erinnerte, und gefährlich wurde es bei erinnerten oder eingebildeten Farben von Verkehrsampeln, die für Mr. S in der Gegenwart, in der Vergangenheit seiner Erinnerung oder in der Zukunft seiner Phantasie rot (oder grün) sein konnten. Solche Fälle fallen als höchst ungewöhnlich auf; weitere Ausnahmen sind aber auch lebhafte Träume oder die Halluzinationen bei der Schizophrenie, wenn starke Qualia ohne zugehörige afferente Reize auftauchen und unter Umständen mit der Wahrnehmung der Gegenwart verwechselt werden. Wir können annehmen, daß die normale Kennzeichnung durch Qualia in solchen Fällen nicht funktioniert, und das gleiche dürfte für halluzinogene Drogen gelten.

Aufschlüsse über die neurologischen Verhältnisse liefern Experimente mit PET-Aufnahmen des Gehirns: Sie zeigen, daß bei lebhaften Träumen die gleichen Vorgänge im Gehirn ablaufen wie bei Wahrnehmungen, die durch afferente Signale hervorgerufen werden, und ebenso findet man sie unter dem Einfluß halluzinogener Drogen, wenn das System getäuscht wird und eine nicht vorhandene Gegenwart erlebt wird, als wäre sie Wirklichkeit. Bildliche Phantasien sind in der Regel nicht mit lebhaften Qualia ausgestattet, obwohl die Gehirnbereiche der primären Sehrinde bei einer solchen Phantasietätigkeit aktiv sind. Man kann vermuten, daß unter besonderen Bedingungen – beim Träumen, bei Schizophrenie oder unter dem Einfluß halluzinogener Drogen – der Mechanismus aussetzt, der normalerweise dafür sorgt, daß ein Input entsprechende Qualia auslöst. Hier scheint es sich um ein vielversprechendes Gebiet für weitere Experimente mit bildgebenden Verfahren zu handeln.

Nun können wir das vorläufige Schema in Abb. 1 weiterentwickeln und folgendes hinzufügen (Abb. 4):

1. die vorrangige Aufgabe – Auswahl von Kenntnissen und Regeln, die den Erfordernissen der jeweiligen Situation angemessen sind;
2. eine abwärts verlaufende Schleife von der vorherrschenden Wahrnehmungshypothese zum Frühstadium der Weiterverarbeitung (deutlich gemacht zum Beispiel durch die Helligkeitsveränderung, die beim Mach-Winkel in Abb. 3 zum Kippen der Tiefenwirkung führt);
3. Qualia des Bewußtseins, die normalerweise durch afferente Echtzeit-Signale ausgelöst (und durch die gerade vorherrschende Wahrnehmungshypothese abgewandelt) werden und vermutlich dazu dienen, die Gegenwart zu kennzeichnen, so daß Verwechslungen von Wahrnehmung und Erinnerung vermieden werden.

Aus der Annahme, daß Bewußtsein kausale Wirkungen hat, ergibt sich eine wichtige Folgerung: Erklärungen des Verhaltens, die sich ausschließlich auf Physik und eine physiologisch begründete Psychologie stützen, sind unzureichend. Wenn aus der Evolution ein kausal wirksames Bewußtsein hervorgeht,

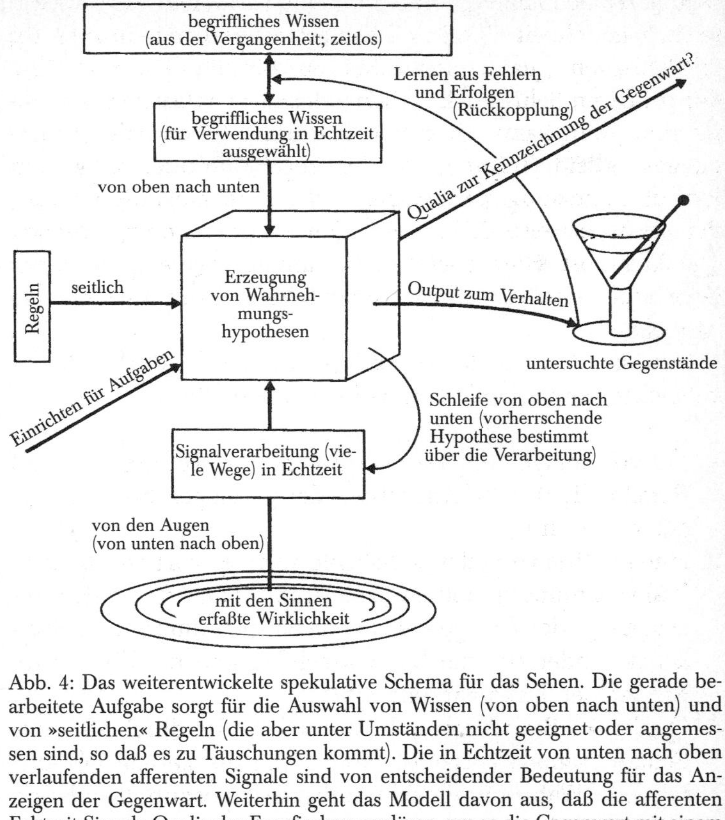

Abb. 4: Das weiterentwickelte spekulative Schema für das Sehen. Die gerade bearbeitete Aufgabe sorgt für die Auswahl von Wissen (von oben nach unten) und von »seitlichen« Regeln (die aber unter Umständen nicht geeignet oder angemessen sind, so daß es zu Täuschungen kommt). Die in Echtzeit von unten nach oben verlaufenden afferenten Signale sind von entscheidender Bedeutung für das Anzeigen der Gegenwart. Weiterhin geht das Modell davon aus, daß die afferenten Echtzeit-Signale Qualia der Empfindung auslösen, um so die Gegenwart mit einem lebhaften Bewußtsein zu kennzeichnen und die Verwechslung mit Erinnerungen und Phantasien zu vermeiden.

müßten sich Hinweise auf eine zunehmend mit Bewußtsein ausgestattete Wahrnehmung auch in der Entwicklung des Verhaltens bei verschiedenen biologischen Arten finden lassen, und vermutlich könnte man sie sogar in den fossilen Spuren früheren Verhaltens entdecken, wenn die dazu notwendigen Strukturen in versteinerter Form erhalten geblieben sind.

Die Vorstellung, daß Qualia zur Kennzeichnung der Gegenwart dienen, erklärt noch nicht einmal ansatzweise, wie die Qualia aus den Vorgängen im Gehirn entstehen, auch wenn es hier in jüngster Zeit und insbesondere im Zusammenhang mit dem Sehvermögen viele neue Entdeckungen gab. Wenn Qualia tatsächlich normalerweise durch afferente Signale ausgelöst und durch die kognitive Weiterverarbeitung im Zusammenhang mit Hypothesen über Gegenständen abgewandelt werden, ergibt sich Bewußtsein offenbar aus kognitiver Weiterverarbeitung und nicht unmittelbar aus der ihr zugrundeliegenden Physiologie des Gehirns.

Weiterführende Literatur

Gregory, R. L.: *Perceptual illusions and brain models.* In: Proceedings of the Royal Society B 171, 279-296, 1968.

Gregory, R. L.: *The Intelligent Eye.* Weidenfeld & Nicolson 1970.

Gregory, R. L:. *Perceptions as hypotheses.* In: Philosophical Transactions of the Royal Society B 290, 181-197, 1980.

Gregory, R. L.: *Eye and Brain: The Psychology of Seeing, 5th edn.* Oxford University Press 1997.

James, W.: *Principles of Psychology.* Macmillan 1890.

Kosslyn, S. M., Thompson, W. L., Kim, I. J. und Alpert, N. M.: *Topographical representations of mental images in primary visual Kortex.* In: Nature 378, 496-498, 1995.

Luria, A.: *The Mind of a Mnemonist: A Little Book about a Vast Memory.* Cape 1969.

Posner, M. I. und Raichle, M. E.: *Bilder des Geistes.* Spektrum Akademischer Verlag 1996.

Silbersweig, D. A., Stern, E. und Frith, C.: *A functional neuroanatomy of hallucinations in schizophrenia.* In: Nature 378, 176-179, 1995.

12

WIE KÖNNTE DAS GEHIRN EIN BEWUSSTSEIN HERVORBRINGEN?

Susan Greenfield

Wohl jeder, der über das Bewußtsein nachdenkt, empfindet eine gewisse Sympathie für die Wespe, die wieder und wieder versucht, durch eine undurchdringliche Glasscheibe ins Freie zu gelangen. Welchen Wert hat Bewußtsein für das Überleben? Wie ist es in Laufe der Evolution entstanden? Könnten Maschinen ein Bewußtsein haben? Wie kann man den Begriff überhaupt definieren? Aber die vielleicht dringendste Frage von allen, mit deren Beantwortung man vermutlich auch Licht in diese Fülle anderer Probleme bringen könnte, lautet: Was ist die physische Grundlage des Bewußtseins? Das Gehirn ist ein Organ wie jedes andere, aber irgendwie muß es zusätzlich einen scheinbar magischen Bestandteil enthalten, mit dessen Hilfe seine Milliarden banal aussehenden Zellen den Angelpunkt und die Inspiration für Ansichten und Persönlichkeit eines Menschen liefern. Die Frage, wie aus einem Gehirn ein »Geist« hervorgehen kann, ist keineswegs neu. Und doch haben wir bis heute keine Ahnung, wie eine Antwort aussehen müßte, die man eindeutig anerkennen könnte. Einerseits gibt es jene – die meisten von ihnen Naturwissenschaftler –, nach deren Ansicht die Lösung in einem »besonderen« physiologischen Mechanismus liegt, der als magische Kugel wirken könnte; einen anderen, komplizierteren Ansatz bevorzugen manche Philosophen: Sie formulieren Gründe, warum man die

Frage tiefer hängen sollte. In diesem Kapitel möchte ich eine andere Näherungsweise vorschlagen.

Ich muß dazu zwei Vorbemerkungen machen, über die man lange diskutieren könnte; für unsere Zwecke können wir sie aber kurz abhandeln und dann ausklammern. Erstens: Bewußtsein läßt sich unmöglich definieren. Dennoch weiß ich, daß ich ein Bewußtsein habe, und ich gehe davon aus, daß andere auch ein Bewußtsein haben und mir in diesem Punkt zustimmen. Demnach ist es vielleicht am besten, wenn man das Problem einfach unscharf beschreibt und beispielsweise sagt, Bewußtsein sei »die persönliche Welt in der ersten Person«, um es dann dabei zu belassen. Und zweitens: Wir gehen davon aus, daß das Bewußtsein vom Gehirn erzeugt und nicht von außen eingeschleust wird. Das physische Gehirn ist also der einzige Ausgangspunkt. Und aus der Sicht der Wissenschaftlerin, die das Gehirn fast buchstäblich in den Händen gehalten hat, möchte ich mich hier mit der Frage befassen, inwieweit die Naturwissenschaften und insbesondere die Neurowissenschaft dazu beitragen können, das Bewußtsein zu verstehen.

Für mich stellte sich das Problem erstmals vor mittlerweile 25 Jahren. Ich weiß noch, wie ich mich fragte: Wenn ich ein Stückchen menschliches Gehirngewebe unter meinen Fingernägeln hätte, wäre dies dann das Stück, mit dem jemand geliebt hat? Wäre es das Stück, das jemanden beim Sprechen nervös macht? Wäre es die Erinnerung an einen warmen Sommertag? Was hätte dieser langweilig aussehende, banale Stoff mit meinem besonderen, phantasiebegabten, persönlichen, einzigartigen Charakter zu tun?

Bewußtsein und Gehirn

Die offenkundigste Eigenschaft des Gehirns ist seine Uneinheitlichkeit – es setzt sich aus verschiedenen Bereichen zusammen. Es gibt keine Teile, die sich von sich aus bewegen, keine naheliegende Möglichkeit, um herauszufinden, wo man mit der Aufklärung der eigentlichen Vorgänge anfangen könnte oder mit dem Erkennen der Funktionen, die sich abspielen. Manche Wissenschaftler, die sich für das Bewußtsein interessieren, haben sich dennoch die Tätigkeit verschiedener Gehirnbereiche angesehen, und wenn sie dabei einen bisher unbekannten Mechanismus fanden, sagten sie mehr oder weniger: »Aha! Hier haben wir einen neuen Mechanismus, den wir zuvor nicht kannten. Das Bewußtsein ist etwas Neues. Also muß das eine mit dem anderen zu tun haben.« Wenn man diesen Weg einschlägt, betätigt man sich vielleicht als guter Wissenschaftler, der verschiedene Aspekte der Gehirnfunktion untersucht, aber man übersieht dabei – und das ist der Grund, warum Philosophen den naturwissenschaftlichen Ansatz so häufig verächtlich machen – die sogenannten »Qualia«, das Gefühl des eigenen Erlebens in der ersten Person.

Jede naturwissenschaftliche Erklärung des Bewußtseins muß objektiv sein und alle physischen Eigenschaften des Gehirns berücksichtigen: Gleichzeitig muß sie aber auch das Subjektive in Rechnung stellen. Das ist der Grund, warum das Bewußtsein den Naturwissenschaftlern ein solcher Greuel war – ist doch das Wesentliche an ihrer Arbeit die Objektivität. Und doch befassen wir uns jetzt mit einem Phänomen, das eindeutig subjektiv ist; wie also sollen wir weiterkommen? Der von mir bevorzugte Ansatz besteht darin, ein Hilfsmittel zur Untersuchung verschiedener Vorgänge im Gehirn zu entwickeln, die irgendwie mit subjektiven Empfindungen verbunden sind. Aber bevor wir uns die wissenschaftlichen Befunde ansehen, sollten wir uns fragen, was wir eigentlich vom Bewußtsein erwarten. Hat es Eigenschaften, die sich möglicherweise mit dem Gehirn konkret in Verbindung bringen lassen?

Eigenschaften des Bewußtseins

Als ersten Schritt möchte ich versuchen, einige mögliche Eigenschaften des Bewußtseins darzustellen. Die erste betrifft seinen Ort; wenn wir davon ausgehen, daß das Gehirn die körperliche Grundlage des Bewußtseins ist, muß Bewußtsein sich irgendwo im Inneren des Gehirns abspielen. Wo könnte ein solches »Bewußtseinszentrum« liegen? Die Schwierigkeit, eine »Funktion zu lokalisieren«, ist in der Neurowissenschaft ganz allgemein ein immer wiederkehrendes Problem. Die Fachleute versuchen schon seit langem, Vorgänge in der äußeren Welt unmittelbar mit bestimmten Gehirnstrukturen in Verbindung zu bringen. Aber die Funktionen von Gehirn und Geist, beispielsweise Gedächtnis, Sehen oder Bewegung, sind mit ziemlicher Sicherheit nicht auf einfache Weise an einzelne zugehörige Gehirnregionen geknüpft. Vielmehr spielen zahlreiche verschiedene Bereiche des Gehirns parallele Rollen: Sie analysieren die Außenwelt auf vielfältige Weise und führen alles wieder so zusammen, daß ein einheitliches Ganzes entsteht. Das gleiche dürfte auch für das Bewußtsein gelten. Da das Gehirngewebe nicht auf bestimmte Aufgaben festgelegt ist, sieht es eher so aus, als trügen auch Populationen nicht festgelegter Neuronen in irgendeiner Form zu dem endgültigen Ergebnis bei. Eine Eigenschaft des Bewußtseins könnte also darin bestehen, daß es räumlich vielfältig ist. Andererseits sind wir uns aber normalerweise zu jedem Zeitpunkt nur eines einzigen Zustandes bewußt. Das Bewußtsein hat also möglicherweise erstens die Eigenschaft, daß es räumlich vielfältig, aber zeitlich einheitlich ist. Wie sieht es mit einer zweiten Eigenschaft aus?

Angenommen, man bringt einem Hund bei, beim Klang einer Violine die Pfoten auf die Ohren zu legen: Bedeutet das, daß er das gleiche Bewußtsein hat wie ein Mensch, der das gleiche Verhalten zeigt und die Hand auf die Ohren legt, oder ist das Tier trainiert wie der Pawlowsche Hund? Erlebt der Hund überhaupt ein Bewußtsein, und wenn ja, wie sieht es aus? Und wo wir schon bei Hunden sind, können wir uns auch den Ratten zuwenden. Ratten sind Überlebenskünstler. Unter widrigen Bedingungen verhalten sie sich geradezu beängstigend effektiv. So sind sie zum Beispiel äußerst vorsichtig, wenn sie unbekanntes Futter fressen sollen: Sie warten zunächst ab, ob eine kleine Menge negative Wirkungen hat, und kehren erst nach drei bis vier Stunden zurück, wenn ihren Verdauungsorganen nichts Schlimmes zugestoßen ist. Deshalb kann man sich nur sehr schwer vorstellen, daß Ratten wie kleine Automaten handeln. Aber ist eine Ratte *wirklich* auf die gleiche Weise bewußt wie ein Hund oder sogar wie ein Primat? Tiere zu vermenschlichen, ist sehr einfach und sehr gefährlich, aber wenn man die zauberhaften Bilder von einem Schimpansen betrachtet, der sich selbst im Spiegel anstarrt, kann man sich nur sehr schwer zu der Behauptung durchringen, dieses Tier (dessen DNA sich nur in einem Prozent von unserer unterscheidet) sei ein Computer oder ein Automat. Aber gleicht dieses Bewußtsein dem eines Menschen wie George Bernard Shaw? Wie sollen wir demnach mit dem Bewußtsein von Tieren umgehen, insbesondere im Vergleich zu unserem eigenen?

Nach meiner Überzeugung wird hier unnötigerweise ein Problem konstruiert, weil man im Bewußtsein ein Alles-oder-Nichts-Phänomen sieht: Entweder man ist bewußt, oder man ist es nicht. Plausibler ist aber die Vorstellung, daß das Bewußtsein eher einem Licht mit einem Dimmer entspricht und ebenso zunimmt wie das Gehirn. Je komplexer das Gehirn, desto größer das Bewußtsein. Macht man sich diese Idee zu eigen, umgeht man viele Probleme, die sich normalerweise im Zusammenhang mit dem Bewußtsein der Tiere stellen. Man kann sich ein Kontinuum des Bewußtseins vorstellen, das von minimal bis riesig reicht und seinerseits den Entwicklungsstand des Gehirns widerspiegelt. Ein solches Bewußtseinsspektrum würde helfen, das Bewußtsein der Kinder und möglicherweise sogar das des Fetus zu verstehen.

Das Bewußtsein des Fetus war in der Vergangenheit ein unlösbares Rätsel. Wenn ein ungeborenes Kind kein Bewußtsein hat, muß man annehmen, daß das Baby bei der Geburt plötzlich bewußt wird, obwohl das Gehirn zu diesem Zeitpunkt keinerlei plötzliche, auffällige Veränderung durchmacht. Oder aber wir müssen unterstellen, daß ein Baby erst mit zwei oder drei Monaten, ja vielleicht sogar noch später bewußt wird. Man sage einmal einer jungen Mutter, ihr Neugeborenes habe noch kein Bewußtsein! Dann gibt es nur noch die Alternative, daß der Fetus bereits im Mutterleib ein Bewußtsein besitzt, und in diesem Fall müssen wir uns ausmalen, wessen er sich dort bewußt sein könnte. Ich glaube, ich kann dieses Rätsel umgehen, wenn ich sage: Bewußtsein ergibt sich oder wächst heran, während das Gehirn sich im Mutterleib entwickelt. Bewußtsein ist stetig veränderlich, ein Kontinuum. Bei der Veränderlichkeit geht es demnach nicht nur um offenkundige Gegensätze – Tiere und Menschen, Kinder und Erwachsene. Auch ein Erwachsener ist in manchen Augenblicken stärker bewußt als in anderen. Tatsächlich sind wir daran bereits in unserer Alltagssprache gewöhnt: Wir sprechen davon, das Bewußtsein zu »erweitern« – mit Drogen, religiösen Erlebnissen oder einfach, indem wir Musik hören.

Eine dritte Eigenschaft des Bewußtseins ergibt sich aus der Tatsache, daß man sich immer *einer Sache* bewußt ist. Nicht immer ist uns alles bewußt, aber die Behauptung, wir seien uns keiner Sache bewußt, ist paradox. Unser Bewußtsein konzentriert sich immer auf einen Brennpunkt, ein Epizentrum oder einen Auslöser: Es geht also auf einen ganz bestimmten Reiz zurück.

Diese drei grundlegenden Eigenschaften müssen wir also in irgendeiner Form mit dem Organ Gehirn in Übereinstimmung bringen, wenn wir eine physische Grundlage des Bewußtseins postulieren wollen. Aber zunächst einmal müssen wir sie zusammenführen. Für das Bewußtsein kann man folgende formale Beschreibung geben, in der die drei Eigenschaften enthalten sind:

Bewußtsein ist räumlich vielfältig, aber eigentlich zu jedem Zeitpunkt einheitlich. Es ist eine emergente Eigenschaft nicht spezialisierter Neuronengruppen, die im Verhältnis zu einem Epizentrum stetig veränderlich sind.

Als »emergente Eigenschaft« bezeichnen wir eine Eigenschaft mehrerer Komponenten, die sich nicht einer einzelnen Komponente zuordnen läßt. Der Klang einer Symphonie ist zum Beispiel nicht unmittelbar auf ein einzelnes Instrument zurückzuführen; und der Geschmack eines Currygerichts verdankt sich nicht einer einzelnen Zutat. Beide erwachsen aus dem Zusammenspiel. Das Ganze ist schlicht und einfach mehr als die Summe seiner Teile. Wenn Bewußtsein in irgendeiner Form eine emergente Eigenschaft einer vorübergehend tätigen Gruppe von Neuronen ist, die nicht spezialisiert sind (denn immerhin wissen wir, daß es kein Bewußtseinszentrum gibt), hängt sein Ausmaß davon ab, wie viele Neuronen um eine Art Epizentrum herum einbezogen werden. Man stelle sich einen Stein vor, der in einen Teich geworfen wird, so daß Ringe sich über der Wasseroberfläche ausbreiten. Der Umfang dieser neuronalen »Wellen« bestimmt dann das Ausmaß des Bewußtseins zu dem jeweiligen Zeitpunkt. Mit welcher Begründung läßt sich ein solches Szenario rechtfertigen?

Epizentren

Anstatt sofort die Gesamtanordnung der Neuronen zu betrachten, wollen wir uns zunächst mit der einfacheren Vorstellung des »Epizentrums« befassen, mit dem Stein im Teich, dem Brennpunkt unseres Bewußtseins. Einfacher ist dieser Begriff, weil das Epizentrum als solches keinerlei Bewußtsein hervorbringen wird. Andererseits müssen wir ihm aber eine Entsprechung bei den Neuronen zuordnen, denn es ist von großer Bedeutung dafür, daß die Schritte in Gang kommen, die schließlich zum Zustand des Bewußtseins führen. Die naheliegendsten Kandidaten für ein solches Epizentrum sind die Neuronen selbst. Wird also tatsächlich ein bestimmtes Neuron aktiv, wenn das Gehirn des betreffenden Menschen ein visuelles Signal erhält, das beispielsweise mit der Großmutter zu tun hat? Das ist eine sehr prägnante und deshalb attraktive Idee, aber wie sich in neurophysiologischen Untersuchungen gezeigt hat, stimmt sie nicht: Objekte der Außenwelt werden nicht in einzelnen Neuronen repräsentiert. Das wäre eigentlich auch eine sehr heikle Angelegenheit, denn manchen – allerdings umstrittenen – Indizien zufolge verlieren Menschen während ihres Erwachsenenlebens Neuronen: Und wie traurig wäre es doch, wenn jemand gerade die Zelle verliert, in der die eigene Großmutter abgelegt ist!

In Wirklichkeit stehen aber offenbar nicht einzelne Neuronen mit bestimmten Gegenständen der Außenwelt in Verbindung, sondern Neuronen-Schaltkreise. Das mit Abstand auffälligste Merkmal des Gehirngewebes ist das äußerst dichte Geflecht der Synapsenverbindungen: Es erlaubt eine unglaublich große Zahl wechselnder Kombinationen verschiedener Neuronen, und das führt zu größtmöglicher Flexibilität und Vielseitigkeit. Jene einzelne Zelle, die dem einfachen Modell zufolge nur beim Anblick der eigenen Großmutter gezwungenermaßen aktiv wird, kann so an einer Fülle von Schaltkreisen mitwirken, die für die Repräsentation unterschiedlicher Gegenstände sorgen.

Die Verflechtung der Neuronen ist ein äußerst wichtiges Merkmal des Gehirns. Solche Schaltkreise verfügen über große

Plastizität – sie ändern sich mit der Entwicklung und durch Lernen. Nicht die Neuronen selbst, sondern ihre Verbindungen werden durch Erfahrungen nach der Geburt eingerichtet. Und bei Menschen ist die Plastizität besonders ausgeprägt. Man kann durchaus behaupten, solche auf Erfahrungen beruhenden Verbindungen seien bis zu einem gewissen Grade die Ursache der Individualität, der besonderen Phantasien, der Hoffnungen und Vorurteile eines Menschen. Einmal geschlossene Verbindungen sind nicht unbedingt für immer festgelegt, sondern sie können in recht kurzer Zeit Veränderungen durchmachen. So war es zum Beispiel durchaus möglich, Zeitrafferaufnahmen von Neuronen in einer Kulturschale anzufertigen und zu zeigen, wie Axone heranwachsen und schließlich Verbindungen mit anderen Neuronen eingehen. Setzt man einer solchen Kultur den Neurotransmitter Acetylcholin zu, weicht das Axon sehr schnell und eindeutig von seinem ursprünglichen Weg ab und wächst in Richtung der Stelle, von der die Substanz ausgeht. Schon nach 90 Sekunden hat das Acetylcholin die zukünftige Bestimmung dieser Neuronenverbindung verändert. Für sich betrachtet, haben solche Vorgänge natürlich nichts mit dem Bewußtsein zu tun; sie zeigen nur, wie wandelbar das Gehirn während seiner Entwicklung ist, wie es je nach der Verfügbarkeit bekannter chemischer Substanzen abgewandelt werden kann und demnach nicht unbedingt von vornherein festgelegt oder ein für allemal »fest verdrahtet« ist.

Die Plastizität der Neuronen

Auch im Erwachsenenalter bleibt das Gehirn anpassungsfähig, und es reagiert auf die Erfahrungen des Lebens. Besonders deutlich zeigte sich das in einer höchst eleganten Untersuchung mit erwachsenen Nachtaffen. Michael Merzenich und seine Arbeitsgruppe in San Francisco zeichneten bei diesen Tieren die

Impulse verschiedener Gruppen von Gehirnzellen auf, die für die einzelnen Finger der Hand zuständig waren. Hände und Mund sind bei allen Primaten sehr empfindlich, und beide Körperteile unterliegen einer komplizierten Steuerung durch das Gehirn. Die Hand ist im Gehirn besonders umfangreich repräsentiert, was die Zahl der Neuronen angeht, die jeden einzelnen Finger steuern. Merzenich fertigte zunächst eine genaue »Landkarte« mit den jeweils zugeordneten Neuronen an; dann ließ er den Affen immer wieder eine kleine Scheibe handhaben, wobei das Tier jeweils nur zwei Finger benutzen konnte. Einige Monate später untersuchte er erneut, ob sich die Verhältnisse im Gehirn verändert hatten. Tatsächlich war in dem Gehirnbereich, der mit den Handbewegungen zu tun hat, die Zone der Neuronen für die Repräsentation der Finger, die mit der Scheibe umgegangen waren, deutlich vergrößert. Durch Erfahrungen ändern sich die Verbindungen der Neuronen, je nachdem, welche Schaltkreise am meisten angeregt werden und deshalb am aktivsten sind.

Welche Bedeutung haben solche Befunde für das Bewußtsein? Nach meiner Vermutung befindet sich das Epizentrum, der Stein im Teich, der das Bewußtsein in jedem einzelnen Augenblick auslöst, in einer Gruppe von Neuronen, zwischen denen relativ langlebige Verbindungen bestehen. Die Herstellung derartiger Kontakte dauert einige Zeit – etwa ein paar Sekunden oder sogar noch länger –, aber wenn sie einmal geknüpft wurden, sind sie relativ widerstandsfähig. Solche Anpassungsvorgänge laufen zu langsam ab, als daß sie für das Bewußtsein von unmittelbarer Bedeutung sein könnten, aber sie erlauben den Aufbau von Verknüpfungen durch Erfahrung, und damit bilden sie den neuronalen Nährboden, auf dem bestimmte Gegenstände aus der Sinneswahrnehmung abgeleitet werden können. Beim Anblick der Großmutter wird diese Neuronenansammlung aktiviert, aber das allein bedeutet noch nicht, daß man sich der Großmutter tatsächlich *bewußt* wird. Das heißt, solche Schaltkreise sind nicht das Zentrum des Bewußtseins, aber sie lösen es aus.

Als nächstes müssen wir nun in Erfahrung bringen, wie der aktivierte Neuronenhaufen die Wellen im Gehirn erzeugt, die nach meiner Vorstellung das Bewußtsein ausmachen. Wie kann dieses stimulierte Epizentrum vorübergehend eine viel größere Gruppe von Neuronen rekrutieren, die dann ihrerseits von Augenblick zu Augenblick über das Ausmaß des Bewußtseins bestimmen? Diese Frage ist viel schwieriger zu beantworten, denn jetzt müssen wir einen Zeitrahmen von Sekundenbruchteilen betrachten, in denen Gruppen von Neuronen hinzugezogen und wieder ausgeschlossen werden. Der Neurophysiologe Ad Aertson beschrieb die Verhältnisse so:

Wir sollten vielmehr zwischen strukturellen oder anatomischen Verbindungen einerseits und funktionsorientierten oder wirksamen Verbindungen andererseits unterscheiden. Die ersten kann man als gewissermaßen stationär bezeichnen, die zweiten dagegen dürften höchst dynamisch sein, wobei der Zeitrahmen für Abwandlungen im Bereich von zehn bis einigen hundert Millisekunden liegt. Dieses dynamische Zusammenwirken ist offenbar eine emergente Eigenschaft organisierter Neuronenansammlungen im Gehirn, die sich nicht aus der Beobachtung einzelner Neuronen ableiten läßt.

Rekrutierung von Neuronengruppen

Die Aufgabe lautet also: Wir müssen im einzelnen herausfinden, wie Neuronengruppen schnell und vorübergehend in ein umfangreiches Ereignis einbezogen werden können. Aber vielleicht sollten wir uns zunächst einmal davon überzeugen, daß das tatsächlich geschieht. Dazu wollen wir ein Experiment betrachten, das Robert Frostig und seine Kollegen zum ersten

Mal in den achtziger Jahren in Israel durchführten. Sie benutzten dazu ein besonders nützliches experimentelles Hilfsmittel (das man allerdings bei Menschen nicht anwenden kann): Farbstoffe, die auf elektrische Spannungen ansprechen. Wenn eine Gehirnzelle aktiv ist, ändern sich vorübergehend ihre Spannungsverhältnisse. Auf dieses Phänomen sprechen bestimmte Farbstoffe an: Sie fluoreszieren, wenn das Neuron angeregt wird. Statt einfach eine einzelne Zelle zu betrachten, wie man es bei herkömmlichen elektrophysiologischen Untersuchungen tut, kann man auch ganze Zellgruppen beobachten. Frostig ließ nun einen Lichtblitz in das Auge eines Frosches fallen und untersuchte dann mit dieser Methode, wie viele Neuronen im Gehirn auf den Blitz ansprachen. Anders als man vielleicht erwartet hätte, reagierten nicht alle Neuronen gleichzeitig, sondern, wie Frostig zeigen konnte, es kam über 500 Millisekunden hinweg (für einen Gehirnvorgang ein recht langer Zeitraum) bei einer großen Zahl von Zellen zu einer allmählichen Aktivitätsverstärkung. Es handelt sich also nicht um den einfachen Ablauf »Licht an, Reaktion des Gehirns, Ende«, sondern im Laufe von etwa einer halben Sekunde werden die Neuronen nach und nach rekrutiert.

Ein ganz anderes Experiment, diesmal mit menschlichen Versuchspersonen, führte Benjamin Libet in Kalifornien durch. Er stach den Probanden vorsichtig in die Haut und zeichnete die Aktivität großer Teile der Gehirnoberfläche mit Elektroden auf der Kopfhaut auf, das heißt, er fertigte ein Elektroenzephalogramm (EEG) an. Dabei fand er eine gewaltige Aktivität in dem Gehirnbereich, der mit dem Tastsinn zu tun hat. Das Erlebnis gelangte aber nicht ins Bewußtsein. Die Versuchspersonen spürten nichts, obwohl ihr Gehirn Berührungssignale aus der Haut über das Rückenmark empfing. Ich vermute, daß dieser frühe Anteil der Reaktion dem »Epizentrum« meines Modells entspricht. Dann aber, im Laufe von etwa 500 Millisekunden, breitete sich die durch den Stich ausgelöste Aktivität vom zugehörigen Gehirnbereich (der somatosensorischen Rinde) über viel größere Abschnitte des Gehirns aus. Erst in diesem Stadium, nach 500 Millisekunden, als die Aktivität sich stark ausgebreitet hatte, sagte die Versuchsperson: »Ich spüre ein Prickeln.«

Betrachtet man diese beiden Experimente – das späte Aufleuchten im Gehirn des Frosches und das späte Dämmern des Bewußtseins beim Menschen – im Zusammenhang, dann sprechen sie dafür, das Bewußtsein unter dem Gesichtspunkt einer wachsenden Neuronenpopulation zu betrachten: Erst allmählich, im Verlaufe etwa einer halben Sekunde, werden Neuronen rekrutiert, und erst wenn ihre Zahl eine gewisse Schwelle überschritten hat, wird ein Zusammenhang mit einem spürbaren Bewußtsein hergestellt.

Dieses Schema wirft jedoch so, wie ich es jetzt formuliert habe, ein Problem auf. Man könnte ohne weiteres argumentieren: Wenn ein solcher Vorgang ständig in der gleichen Form abläuft, müßten wir jedesmal das gleiche Bewußtsein haben. In Wirklichkeit haben wir aber bei zwei getrennten Gelegenheiten niemals genau das gleiche Bewußtsein, abgesehen vielleicht von den seltenen Déjà-vu-Erlebnissen. Diesen Einwand kann man entkräften, aber das wird einfacher, wenn wir auf eine andere Metapher zurückgreifen.

Man kann sich das Epizentrum nicht nur als Stein in einem Teich vorstellen, sondern auch als den Direktor einer Firma, der seine Macht nur auf dem Weg über eine Reihe von Managern ausüben kann, und diese Manager sind nur über ein Telefonsystem erreichbar. Ein solcher Direktor müßte so viele Befugnisse haben, daß er Gespräche mit vielen Managern führen kann, und diese Manager müßten Untermanager anrufen, so daß ein wirksames Netzwerk entsteht. Nach dem derzeitigen Modell wäre es eine recht unbewegliche Anordnung: Derselbe Direktor und dieselben Manager verhalten sich immer auf die gleiche stereotype Weise, als ob immer wieder der gleiche

Videofilm abliefe. Realistischer wäre aber eine andere Vorstellung: Der Direktor versucht zwar immer wieder anzurufen, aber manche Manager führen gerade Privatgespräche, andere haben einen Kater, wieder andere machen sich nicht die Mühe abzunehmen, und noch andere gehen schnell ans Telefon, weil sie gerade auf eine Gehaltserhöhung spekulieren: Die Manager und Untermanager reagieren also in sehr unterschiedlichem Ausmaß auf die Rekrutierungsversuche des Direktors. Ein solches Modell erscheint plausibler, weil danach in zwei unterschiedlichen Situationen niemals die gleiche Zahl von Neuronen in genau dem gleichen Umfang und auf genau die gleiche Weise hinzugezogen wird. Kehren wir nun zum Gehirn zurück: Wie können wir uns dort eine solche wandlungsfähige Anordnung vorstellen? Gibt es in den Neuronen irgendeinen Mechanismus, der so schnell reagiert und in irgendeiner Form die Aktivität einer riesigen Zahl von Gehirnzellen modulieren kann?

Die Bedeutung der Neuromodulation

Bei der Kommunikation der Neuronen laufen nach der herkömmlichen Vorstellung elektrische Signale nacheinander von einer Zelle zur anderen, ähnlich wie der kleine Holzstab, der bei einem Staffellauf von Hand zu Hand wandert. Jetzt brauchen wir aber eine immer größere Zahl von Stäben, die innerhalb einer wachsenden Gruppe alle gleichzeitig weitergegeben werden. Notwendig ist demnach irgend etwas, beispielsweise eine chemische Substanz, das zahlreiche Neuronen auf eine gleichzeitige Aktivierung vorbereiten kann. Eine solche Substanz regt selbst die Neuronen nicht an, aber sie macht die Zellen aufnahmefähiger für die Rekrutierungssignale aus dem Epizentrum des Reizes, die sich in allen Richtungen immer weiter ausbreiten. Tatsächlich dürfte es im Gehirn für genau diesen Vorgang einen entsprechenden Apparat geben. Manche Neurotransmitter geben Signale einfach über eine Synapse an die Nachbarzelle weiter; andere verteilen sich im Gehirn nach Art eines Springbrunnens, das heißt, sie eignen sich sehr gut dazu, auf große Bereiche zu zielen und auch andere Nachrichten zu übertragen. Es würde also für unsere Annahme sprechen, wenn gerade diese Transmitter die Aktivität der Neuronen beeinflussen oder modulieren könnten. Tatsächlich hat sich in vielen elektrophysiologischen Experimenten gezeigt, daß sie dazu in der Lage sind. Ist ein solcher Neuromodulator vorhanden, spricht ein Neuron auf eine Reizung weitaus stärker an, als wenn man ihm den gleichen Reiz ohne die Substanz verabreicht. Wirkstoffe wie Fluctin, Amphetamin oder LSD, die alle bekanntermaßen das Bewußtsein verändern, zielen, wie es in Kapitel 3 beschrieben wurde, ausnahmslos auf Neurotransmitter und ihre Rezeptoren. Wäre es denkbar, daß Neurotransmitter und Neuromodulatoren das Bewußtsein beeinflussen, weil sie mit über das Ausmaß der Neuronenrekrutierung bestimmen, die letztlich die Stärke der Wahrnehmung zu dem jeweiligen Zeitpunkt festlegt?

Bis hierher können wir das Modell folgendermaßen zusammenfassen: Ein Epizentrum, das heißt ein Haufen von Zellen mit dauerhafteren Verbindungen, wird aktiviert, beispielsweise von einem Sinnesorgan – einem Stich in die Haut oder irgendeinem Anblick –, erzeugt aber selbst noch kein Bewußtsein. Ist jedoch das Erregungsniveau gleichzeitig so hoch, daß Neuromodulatoren sich auf eine große Zellgruppe auswirken, werden diese Zielzellen vorübergehend empfindlicher für das Rekrutierungssignal aus dem Epizentrum. Und wenn eine ausreichende Zahl von Neuronen rekrutiert ist, stellt sich in diesem Augenblick Bewußtsein ein. Der entscheidende Faktor ist also nach meiner Ansicht nicht *qualitativer* Natur; viel sinnvoller ist es, sich mit der *Quantität* der beteiligten Neuronen zu befassen. Im derzeitigen Stadium kann ich keine genauen Angaben darüber machen, wie hoch die Zahl der Neuronen sein muß, damit die emergente Eigenschaft des Bewußtseins entsteht. Das Modell bietet aber einen geeigneten Rahmen, in dem man diese beiden Seiten der Münze vereinen kann – die physiologischen Haken und Ösen des Gehirns auf der einen Seite und die eigene subjektive Erfahrung des Bewußtseins auf der anderen.

Die Physiologie des Bewußtseins

Sehen wir uns nun einmal an, wie weit wir mit diesem Modell kommen, wenn wir von der Physiologie des Gehirns auf subjektive Empfindungen extrapolieren wollen. Anschließend können wir einen Schritt zurückgehen, ein bestimmtes Erlebnis herausgreifen und untersuchen, wie wir es noch einmal unter physiologischen Gesichtspunkten erklären können. Wie immer in der Naturwissenschaft besteht ein gutes Verfahren darin, von Zerrbildern auszugehen. Statt uns also einfach ein »typisches« Bewußtsein vorzustellen, malen wir uns lieber aus, was für ein Bewußtsein jemand haben könnte, dessen Neuronenanordnungen (in denen sich das Ausmaß des Bewußtseins widerspiegelt) anormal klein sind – aus welchen Gründen auch immer.

Wenn wir von der Physiologie ausgehen, gibt es mehrere wichtige Faktoren. Der erste ist die tatsächliche Stärke des Epizentrums. Ein schwaches Epizentrum wäre eine Ursache für eine kleine Neuronenanordnung. Können wir in irgendeiner Situation fast sicher sein, daß es keine sehr starke Triebkraft hat? Der gesunde Menschenverstand sagt uns, wir seien nicht bei Bewußtsein, wenn wir schlafen, aber das stimmt nicht ganz. Es gibt tatsächlich eine bestimmte Form des Schlafes, in der ein Mensch nicht bewußt ist – die Entladungen des EGG erfolgen dann als synchrone »langsame Wellen«. Interessant und vielleicht verwunderlich ist aber, daß das EEG beim Träumen zu genau der gleichen Form zurückkehrt wie im Wachzustand.

Das Träumen, das wir herkömmlicherweise als Bestandteil des Schlafes betrachten, ist also offenbar in Wirklichkeit eine Art von Bewußtsein. Jeder weiß, daß wir im Traum mit Sicherheit etwas erleben, und manchmal kann es sehr lebhaft und realistisch sein. Wäre es demnach möglich, daß Träume ein Beispiel für die Aktivität einer winzigen Neuronenanordnung sind? Und da wir ja von einem Kontinuum sprechen: Stellen Träume – die ja nur eine sehr schwache Schubkraft haben, weil es keinen starken äußeren Reiz gibt, der eine große Neuronengruppe anregen könnte – vielleicht das untere Ende des Bewußtseinskontinuums dar?

Das ist eine reizvolle Idee, und sei es auch nur, weil bis heute trotz aller Spekulationen noch niemand eine wirklich zufriedenstellende Vorstellung darüber geäußert hat, was Träume eigentlich sind. Nach dem Modell, das ich hier vorschlage, gibt es während der Träume so etwas wie ein Hin und Her über die Gehirnoberfläche: Da keine starke äußere Triebkraft vorhanden ist, tauchen dort schwache, vergängliche kleine Bewußtseinsfragmente auf. Damit wäre erklärt, wie man im Traum einmal an einem Strand und dann plötzlich in einem Haus sein kann; plötzlich ist die Mutter da, und im nächsten Augenblick ist sie irgendwo anders. Gleichzeitig erscheint das alles sehr real, aber es ist nicht das gleiche wie das Bewußtsein der Wirklichkeit im Wachzustand, wenn der ernüchternde Input der Daten von den Sinnesorganen, der aus der Außenwelt hereinströmt, die Kontinuität herstellt.

Soweit der Fall, daß eine Neuronenanordnung klein ist, weil nur eine geringfügige Rekrutierung stattfindet. Wie aber sieht es aus, wenn sie wegen eines nur bescheidenen Ausmaßes der Verbindungen klein wäre? Wie wir bereits erfahren haben, enthält das Gehirn eines Neugeborenen solche Verbindungen nur in geringem Umfang. Demnach wäre die Kindheit ein gutes Beispiel für die Situation mit kleinen Neuronenanordnungen. Für ein sehr kleines Kind wird ein Spielzeug, das man ihm vorsetzt, zum Zentrum der Aufmerksamkeit, dem Epizentrum. Aber sobald man das Spielzeug versteckt, ist es für das Kind nicht mehr »vorhanden«; ein nur geringfügig älteres Kind mit einem weiter entwickelten oder reiferen Gehirn dagegen ist bereits in der Lage, das Spielzeug zu internalisieren, ihm einen Namen zu geben und weiterhin daran zu denken. Ein verärgertes Kind kann man relativ leicht ablenken, indem man es auf einen Vogel hinweist oder ihm ein Stück Schokolade anbietet. Einen Erwachsenen von seiner schlechten Laune abzubringen, indem man »sieh mal, ein Vogel« oder »möchten Sie ein Stück Schokolade?« sagt, ist wesentlich schwieriger. Nach meiner Vorstellung verfügt ein weniger ausgereiftes Gehirn über viel geringere Möglichkeiten, große Neuronenanordnungen herzustellen, und deshalb wird es viel stärker von jedem beliebigen Epizentrum beherrscht, das durch äußere Einflüsse ausgelöst wird.

Da eine kleine Neuronenanordnung immer die gleiche physiologische Grundlage hat, liegt die Vermutung nahe, daß Träume und Kindheit bei allen Unterschieden auch manche Ähnlichkeiten haben, weil die Verbindungen im einen Fall nur ein geringes Ausmaß haben und im anderen nur gering aktiviert sind. Interessant ist in diesem Zusammenhang, daß der Fetus ungefähr in der 26. Schwangerschaftswoche fast ununterbrochen träumt; in der ersten Zeit nach der Geburt läßt dann diese großzügige Zeiteinteilung allmählich nach. Solche Beobachtungen legen die Vermutung nahe, daß das unausgereifte Gehirn im ersten Lebensjahr – und bis zu einem gewissen Grade auch noch in den folgenden neun Jahren – ganz anders ist als das Gehirn eines wachen Erwachsenen.

Könnte es noch weitere Ursachen für anormal kleine Neuronenanordnungen geben? Die Folgen eines schwachen Epizentrums oder spärlicher Verbindungen haben wir bereits kennengelernt. Ein anderer Faktor aber wurde bisher nicht erwähnt: die Zahl der modulierenden Neurotransmitter, die zu einem bestimmten Zeitpunkt ausgeschüttet werden. Wie man sehr genau weiß, haben diese Substanzen mit dem Erregungsniveau zu tun: Wenn jemand also stark erregt ist und/oder sich ständig hin- und herbewegt, sind unter Umständen so viele potentielle Epizentren vorhanden, daß keine Zeit zum Aufbau einer umfangreichen Neuronenanordnung bleibt. Jede entstehende Anordnung stünde in Konkurrenz zu anderen Anordnungen und würde von ihnen beiseite geschoben. Obwohl also Verbindungen und starke Reize vorhanden sind, haben sie keine Zeit, sich zu formieren. Man kann sich ausmalen, was für Situationen in diese Kategorie gehören könnten: beispielsweise Abfahrtsskilauf oder Bungee-Springen. Bei solchen Tätigkeiten wird das Gehirn in schneller Folge mit sehr starken Eindrücken bombardiert, und es hat kaum Zeit, über irgend etwas anderes zu reflektieren. Ein solches Szenario ist vielleicht ein extremes Beispiel für kleine Neuronenanordnungen, die auf sehr schnell wechselnde Eindrücke zurückzuführen sind.

Nun könnte man darangehen, ein Profil für anormal kleine Neuronenanordnungen zu entwerfen. Vorherrschen würde dabei nach meiner Vermutung das Bewußtsein für die unmittelbaren Phänomene – das heißt, eine Wahrnehmung der Außenwelt, die uns völlig ausfüllt. Diese Außenwelt dringt demnach stark auf uns ein, und wir sind ihr in erheblichem Umfang ausgeliefert. Große »innere Ressourcen« von Reflexion, Erinnerung und Gedanken stünden uns nicht zur Verfügung; wir könnten nur gerade eben auf das reagieren, was uns über den Weg läuft, und wären passive Opfer unserer Sinne. Genau das ist in einem gewissen Sinn die Situation in Träumen, wo wir im wesentlichen nur die Empfänger von Erlebnissen sind, zum Beispiel wenn wir in einem Alptraum verfolgt werden. Dinge geschehen, wir beobachten alle möglichen Vorgänge, aber wir können sie eigentlich nicht steuern. Wer in einem solchen Zustand ist, kann nicht reflektieren, denken oder mit der Vernunft gegen die Angst ankämpfen.

Ein solches Profil läßt sich interessanterweise auch auf eine Krankheit anwenden: auf die Schizophrenie. Diese Krankheit ist häufig durch abrupte logische Sprünge charakterisiert, wobei die Betroffenen sich selbst vielfach für überlegen halten, weil die Außenwelt ihnen als etwas Leuchtendes, ganz Besonderes erscheint. Menschen, die an Schizophrenie leiden, werden von äußeren Vorgängen und Bildern beherrscht. Oft fühlen sie sich äußeren Mächten ausgeliefert, als seien sie völlig machtlos und bloße Opfer. Auch hier könnte es sich bei der Grundlage des Bewußtseins um anormal kleine Neuronenanordnungen handeln. Man hat sogar vermutet, bei der Schizophrenie könnten manche Neurotransmitter, beispielsweise das Dopamin, anormal wirken; diesen Schluß zog man aus der Beobachtung, daß Medikamente, die mit dem Dopamin in Wechselwirkung treten, die Symptome der Schizophrenie beeinflussen.

Demnach muß man folgern, daß anormal große Neuronenanordnungen die umgekehrte Wirkung haben. Hier würde die Außenwelt stärker in den Hintergrund treten, so daß sie im Extremfall grau und weit entfernt erscheint, als das genaue Gegenteil der leuchtenden Farben in der Sicht des Kindes und sogar auch des schizophrenen Menschen. Es gäbe eine starke Kontinuität, eine bestimmte Logik in allen Vorgängen oder eine Beständigkeit in dem, was man darüber denkt, und schließlich würde sich die Beweglichkeit vermindern, weil es weniger Konkurrenz vieler Epizentren gäbe. Vielleicht verbringen wir unser Leben zum größten Teil mit einer Mischung kleiner und großer Neuronenanordnungen. Wir gehen von der Arbeit nach Hause, schwören jemandem Rache, der uns beleidigt hat, hören plötzlich in der Nähe Bremsen quietschen, was uns wieder in die unmittelbare Umwelt zurückholt, und so weiter. Aber denken wir einmal an die Zerrbilder: Können wir uns eine Situation vorstellen, in der übermäßig große Neuronenanordnungen vorherrschen? Ein gutes Beispiel ist vielleicht die klinische Depression: Hier sagen die Patienten tatsächlich in vielen Fällen, die Welt erscheine ihnen grau und entfernt, und andere Menschen seien sehr weit weg.

In der Regel dürfte kein einzelner Faktor über die Größe der Neuronenanordnungen und damit auch über den Umfang des Bewußtseins bestimmen. Das Bewußtsein verändert sich vielmehr ständig, denn es wird in jedem einzelnen Augenblick von einer Kombination aus dem Ausmaß der verfügbaren Neuronenverbindungen, der Stärke des Epizentrums, der Zahl der untereinander verdrahteten Neuronen, der Stärke ihrer Stimulation und dem Erregungsniveau bestimmt; entscheidend ist also, wie schnell diese Neuronenanordnungen sich verändern und welche Größe sie in der verfügbaren Zeit erreichen können.

Das Bewußtsein des Schmerzes

Soweit die Physiologie. Aber wenn das Modell stichhaltig ist, sollten wir es auch in der anderen Richtung anwenden können. Können wir irgendein allgemein bekanntes Bewußtseinserlebnis herausgreifen und unter dem Gesichtspunkt einer Neuronenanordnung plausibel erklären? Ein solches Erlebnis ist der Schmerz. Ein höchst interessanter Aspekt des Schmerzes zeigt sich in einem Experiment, bei dem Versuchspersonen zu verschiedenen Tageszeiten an den Zähnen ein Kältereiz oder ein elektrischer Schlag verabreicht wurde. Die Reize waren entweder unterschiedlich lang oder – im Fall des elektrischen Impulses – von unterschiedlicher Stärke, bis die Versuchsperson angab, Schmerz zu empfinden: Diesen Punkt bezeichnet man als »Schmerzschwelle«. Hier war neben der Tatsache, daß manche Menschen sich tatsächlich freiwillig für einen derart unangenehmen Versuch zur Verfügung stellen, vor allem eines interessant: Die Schmerzschwelle ist höchst unterschiedlich. Früh am Morgen oder mitten in der Nacht war für die Versuchspersonen ganz etwas anderes schmerzhaft als um die Mittagszeit. Die entsprechenden Nervenfasern verändern sich nicht – sie leiten die Schmerzsignale immer auf die gleiche Weise zum Gehirn. Was sich jedoch wandelt, ist das Bewußtsein gegenüber diesem scheinbar einfachen Reiz, und die Ursache sind möglicherweise wechselnde Biorhythmen und Neuromodulatoren. Vielleicht hat die veränderliche Schmerzschwelle etwas mit der unterschiedlichen Neuronenrekrutierung zu den einzelnen Tageszeiten zu tun.

Das Schmerzerlebnis hat eine ganze Reihe bedeutsamer Aspekte. Erstens ist es, wie wir gerade gesehen haben, veränderlich. Zweitens sprechen wir vom Schmerz häufig in Metaphern. Wir bezeichnen ihn als »brennend«, »stechend« oder »klopfend«, also immer mit dem Namen für etwas anderes. Interessant ist auch, daß es in Träumen in der Regel keinen Schmerz gibt. Man kann sehen, wie Dinge geschehen, man kann sich vor Schmerzen *fürchten*, aber niemals spürt man sie wirklich. Ein weiterer interessanter Aspekt sind die Wirkungen des Schmerzmittels Morphin: Patienten, die es bekommen, behaupten meist nicht, daß der Schmerz verschwinde; sie sind sich seiner noch bewußt, aber er hat für sie keine Bedeutung mehr. Und schließlich gibt es die allgemein bekannten Phantomschmerzen, die Patienten nach einer Amputation in dem nicht mehr vorhandenen Arm oder Bein spüren. Bis zu einem gewissen Grade passen alle diese Phänomene zu der Vorstellung, daß das Ausmaß des Schmerzes im Zusammenhang mit dem Umfang der verfügbaren Neuronenanordnungen steht. Wäre es zum Beispiel denkbar, daß Morphin sich darauf auswirkt, wie leicht Neuronen im Gehirn rekrutiert werden können, so daß sich subjektiv die Empfindung einer verminderten Bedeutung einstellt? Und im Fall der Träume kann man fragen: Reicht hier eine kleine Neuronenanordnung möglicherweise nicht aus, um einen Zusammenhang mit Schmerzen herzustellen?

Schlußfolgerungen

Zusammenfassend lautet meine Vermutung: Es gibt im Gehirn keinen magischen Bestandteil, der für das Bewußtsein verantwortlich ist. Ein entscheidender Faktor könnte die Zahl der Neuronen sein, die zu jedem einzelnen Zeitpunkt rekrutiert werden, und der Umfang dieser Anordnungen bestimmt über das Bewußtsein. Am nützlichsten wären Untersuchungen mit bildgebenden Verfahren am Gehirn wacher, freiwilliger Versuchspersonen; diese müßten sich bestimmten Tests unterziehen, durch die sich die Neuronenanordnungen voraussichtlich in bestimmter Weise verändern werden. Derzeit reicht aber das zeitliche und räumliche Auflösungsvermögen der bildgebenden Verfahren trotz aller bewundernswerten Fortschritte in den letzten zehn Jahren immer noch nicht aus. Bisher kann man nur mit spannungsabhängigen Farbstoffen die Bereiche sichtbar machen, die als Reaktion auf ein Epizentrum aktiv werden – und das ist nur bei Versuchstieren möglich. Dieses Verfahren hat im Bereich des Schläfenlappens ein hohes Auflösungsvermögen, und deshalb kann man beispielsweise nachweisen, daß sich keine zweite Anordnung bildet, weil die Konkurrenz der ersten vorhanden ist. Diese Genauigkeit, diesen zeitlichen Ablauf brauchen wir, wenn wir den Zusammenhang zwischen Neuronenanordnungen und Bewußtsein charakterisieren wollen. Notwendig ist auch eine sehr viel feinere räumliche Auflösung für genau umgrenzte Zellgruppen; erst dann können wir das Bewußtsein und seine Steuerung bei Menschen wirklich untersuchen. Es gibt aber keinen prinzipiellen Grund, warum sich das zeitliche und räumliche Auflösungsvermögen der bildgebenden Verfahren für das Gehirn in den nächsten Jahren nicht verbessern sollte. Mit Modellen wie dem, das ich hier vorgeschlagen habe, könnten wir dann einen Ansatzpunkt für eine wahre Wissenschaft des Bewußtseins finden.

Weiterführende Literatur

Greenfield, S. A.: *Journey to the Centers of the Mind.* W. H. Freeman 1995.

Grinvald, A., Lieke, E. E., Frostig, R. D. und Hildesheim, R.: *Cortical point spread function and long range lateral interactions revealed by real time optical imaging of macaque monkey primary visual cortex.* In: Journal of Neuroscience 14, 2545-2568, 1994.

Hobson, A.: *The Chemistry of Conscious States: How the Brain Changes Its Mind.* Little, Brown 1994.

Kolb, B.: *Brain Plasticity and Behavior.* Addison-Wesley 1993.

Strange, P.: *Brain Biochemistry and Brain Disorders.* Oxford University Press 1992.

Woolf, N. J.: *Global and serial neurons form a hierarchically arranged interface proposed to underlie memory and cognition.* In: Neuroscience 74, 623-651.

13

BEWUSSTSEIN AUS NEUROBIOLOGISCHER SICHT

Wolf Singer

Obwohl sich die Literatur über das Bewußtsein rasch vermehrt, ist das Phänomen nach wie vor schlecht definiert. Ich möchte hier nicht versuchen, eine weitere Definition vorzunehmen, die diesem höchst komplexen Thema wahrscheinlich ebenfalls nicht gerecht würde. Statt dessen stelle ich mich auf den Standpunkt, daß der Begriff »Bewußtsein« mehrere unterschiedliche Inhalte hat, von denen einige einer Beschreibung im System der Neurobiologie zugänglich sind, andere dagegen nicht.

Zunächst möchte ich beispielhaft einige Aspekte des Bewußtseins anführen, um so die Einigung auf eine Terminologie zu erleichtern. Letztlich machen diese Beispiele deutlich, daß die meisten Facetten des Bewußtseins eng mit der Wahrnehmung verknüpft sind oder – allgemeiner gesprochen – mit Kognitionsvorgängen wie Wahrnehmung, Aufmerksamkeit, deklarativem Gedächtnis und Entscheidungen. Anhand des Musterbeispiels der visuellen Wahrnehmung möchte ich zeigen, was für eine Art von Erklärungen die Neurobiologie bieten kann, und ich werde gleichzeitig auf einige ungelöste Probleme in der neurobiologischen Kognitionsforschung hinweisen. Insbesondere werde ich mich mit der Frage befassen, wie das Gehirn aus den spärlichen, vielgestaltigen Signalen seiner Sensoren zusammenhängende Modelle seiner Umwelt konstruiert. Anschließend werde ich die Möglichkeit erörtern, daß eine Wiederholung genau der gleichen Kognitionsvorgänge, die diesmal auf die Prozesse im Gehirn selbst angewandt werden, einen wichtigen Aspekt des Bewußtseins erklären könnten: die Fähigkeit, sich der eigenen kognitiven Funktionen bewußt zu werden. Und schließlich werde ich den Standpunkt vertreten, daß diejenigen Aspekte des Bewußtseins, aus denen die sogenannten schwierigen Probleme der Bewußtseinsphilosophie erwachsen, nämlich das Erlebnis der Selbstwahrnehmung und die Vorstellung vom privaten Charakter der eigenen subjektiven Empfindungen, über den Bereich der reduktionistischen neurobiologischen Erklärungen hinausgehen, weil es sich bei diesen Aspekten um soziale Phänomene und um Produkte der kulturellen Evolution handelt.

Wahrnehmung und Bewußtsein

Wenn wir sagen, wir seien uns unserer selbst bewußt, meinen wir damit meistens: Wir nehmen wahr und erinnern uns, und zwar so, daß wir über den Inhalt unserer Wahrnehmungen und Erinnerungen berichten können oder daß dieser Inhalt zum Gegenstand unserer inneren Überlegungen werden kann. Dieser Aspekt des Bewußtseins ist eng mit der Wahrnehmung verknüpft; er erlaubt uns die Unterscheidung zwischen Sinnesvorgängen, die bewußte Erlebnisse entstehen lassen, und solchen, bei denen das nicht der Fall ist. Wenn wir uns eines Ereignisses bewußt werden, kann sich diese Bewußtwerdung auf unterschiedlichen Abstraktionsebenen abspielen. Wir können uns bewußt werden, daß in der Außenwelt bestimmte Gegenstände vorhanden sind, daß es um uns herum andere Lebewesen gibt oder daß wir in der Lage sind, uns selbständig zu bewegen und mit der Welt, zu der wir gehören, in Wechselwirkung zu treten; auf diese Weise nehmen wir uns selbst als eigenständiges, unabhängiges Gebilde wahr. Ebenso können wir uns vieler Signale bewußt werden, die in unserem eigenen Körper entstehen, zum Beispiel wenn wir Schmerzen oder Durst empfinden. Wir besitzen Rezeptorsysteme für Schmerzen, für die Stellung von Gelenken und Muskeln, für die osmotischen Verhältnisse im Blut und für den Zustand der meisten Organe. Diese Signale werden im wesentlichen genauso weiterverarbeitet wie solche aus der Außenwelt. Manchen Signalen ist der Zugang zur Ebene des Bewußtseins prinzipiell verwehrt; für andere ist er manchmal möglich, und dann lassen sie Empfindungen auf ganz ähnliche Weise entstehen wie Signale aus der Umgebung. Der einzige Unterschied besteht darin, daß man Ansichten über diese im Inneren entstandenen Empfindungen schwieriger austauschen kann, weil die physikalischen oder chemischen Reize, die solche Empfindungen entstehen lassen, für andere nicht wahrnehmbar sind.

Damit ein Gehirn sich einer Sache bewußt werden kann, muß es sich in einem bestimmten, gut definierten Zustand befinden. Das Gehirn muß angeregt sein, damit es die für die bewußte Wahrnehmung notwendigen kognitiven Funktionen ausführen kann, und man kann mit Hilfe genau definierter elektrophysiologischer Zusammenhänge von außen her feststellen, ob das Gehirn sich in einem Zustand befindet, in dem es zur bewußten Wahrnehmung in der Lage ist. Eine solche Anregung ist zwar eine notwendige, aber keine hinreichende Bedingung für die bewußte Wahrnehmung. Die Kognitionsvorgänge leiten ihre Inhalte unter Umständen auch dann nicht auf die Ebene des bewußten Erlebens weiter, wenn diese in einem ganz und gar angeregten Gehirn ablaufen. In vielen Fällen verarbeitet unser Gehirn Sinnessignale und setzt sie in anpassungsorientiertes Verhalten um, ohne daß wir uns dessen bewußt werden. Wenn wir mit dem Auto einen altbekannten Weg fahren, können wir uns dabei unterhalten, und wir merken gar nicht, daß wir eine lange Folge höchst komplexer kognitiver Handlungen ausführen, um den Wagen sicher nach Hause zu bringen. Versuchen wir anschließend, uns daran zu erinnern, können wir häufig über keinerlei Einzelheiten der Fahrt berichten. Psychologische Experimente weisen sogar darauf hin, daß Sinnessignale nur dann die Ebene des Bewußtseins erreichen, wenn sie zum Ziel selektiver Aufmerksamkeit werden. Und das geschieht nur mit einem kleinen Bruchteil der Fülle von Reizen, die ständig auf unsere Sinnesorgane einströmen, vom Gehirn verarbeitet werden und zur Steuerung anpassungsorientierten Verhaltens dienen. Die Verarbeitung von Sinnessignalen ist also nicht notwendigerweise damit verbunden, daß wir uns der Ergebnisse der jeweiligen Berechnungen bewußt werden. In unser Bewußtsein dringen nur jene Ereignisse, denen wir unsere Aufmerksamkeit schenken, und nur sie finden den Weg ins deklarative Gedächtnis, das Erinnerungen an frühere Ereignisse und Erlebnisse speichert.

Bewußte Wahrnehmung bei Tieren

Die Ergebnisse von Tierversuchen weisen darauf hin, daß zumindest die Säugetiere mit ihrem großen Gehirn ganz ähnliche Aufmerksamkeitsmechanismen besitzen wie Primaten und Menschen. Man kann also vermuten, daß Tiere die Sinnesinformationen ebenfalls auf unterschiedlichen Ebenen verarbeiten, wobei die eine unabhängig von der Aufmerksamkeit ist, während die andere eine Auswahl von Inhalten durch Aufmerksamkeit erfordert. Zumindest für den außenstehenden Beobachter sieht es so aus, als seien sich solche Tiere der Sinnesvorgänge, denen sie ihre Aufmerksamkeit geschenkt haben, in irgendeiner Form bewußt, und anscheinend erinnern sie sich an diese Vorgänger auch anders als an solche, auf die sie vielleicht reagiert haben, ohne aber ihre Aufmerksamkeit darauf zu richten.

Über die neuronalen Mechanismen der selektiven Aufmerksamkeit weiß man bereits eine ganze Menge, und in nicht allzu ferner Zukunft werden wir über eine detaillierte Beschreibung der neuronalen Bedingungen verfügen, die erfüllt sein müssen, damit bewußte Wahrnehmung sich ausprägen kann. Aber damit wüßten wir immer noch wenig über das eigentliche Wesen der bewußten Wahrnehmung oder des Bewußtseins. Wir hätten lediglich die neuronalen Voraussetzungen definiert, die erfüllt sein müssen, damit ein Gehirn sich seiner selbst bewußt sein kann. Zusätzlich brauchen wir aber umfassende Kenntnisse darüber, wie die Wahrnehmungsvorgänge organisiert sind, wie also das Gehirn die Repräsentationen sinnlich wahrgenommener Gegenstände auf verschiedenen Abstraktionsebenen hervorbringt.

Vergleichende Untersuchungen der Organisation von Struktur und Funktionen im Gehirn verschiedener biologischer Arten weisen darauf hin, daß die unteren Ebenen der Kognitionsfunktionen, die für die Wahrnehmung von Signalen aus der Außenwelt und aus dem Inneren des Organismus sorgen, bei verschiedenen Arten, so auch bei Primaten und Menschen, ähnlich sind. Außerdem sind diese primären Kognitionsfunktionen offenbar der neurobiologischen Erklärung ohne weiteres zugänglich. Im Prinzip müßte es möglich sein, in neurobiologischen Begriffen eine umfassende Beschreibung der Vorgänge zu geben, mit deren Hilfe ein Lebewesen Sinnessignale einordnet und interpretiert, seine Aufmerksamkeit auf ausgewählte Objekte richtet, diese Objekte in seinem Gedächtnis speichert und angemessene Reaktionen in Gang setzt.

Aber wie steht es mit den höheren Kognitionsfunktionen? Wie wir durch Introspektion und die Beobachtung anderer Menschen wissen, können wir uns der Tatsache, daß wir wahrnehmen, bewußt sein; ebenso sind wir uns unserer eigenen kognitiven Fähigkeiten bewußt, und wir besitzen eine Art Meta-Bewußtsein für unsere primären Kognitionsfunktionen. Wir können uns bewußt sein, daß wir uns bewußt sind, und wir können uns sogar anderer Menschen bewußt sein, die sich ihrer eigenen Erlebnisse bewußt sind oder die sich bewußt sind, daß wir uns bewußt sind. Auf diese subjektive, aber allen Menschen gemeinsame Erfahrung bezieht sich die Metapher des inneren Auges. Nach meiner Vermutung ergibt sich ein solches Meta-Bewußtsein aus einer Wiederholung genau der gleichen Vorgänge, die auch den primären Kognitionsfunktionen zugrunde liegen, nur daß sie dieses Mal nicht auf die Signale von den Sinnesorganen angewandt werden, sondern auf die Weiterverarbeitungsergebnisse der primären kognitiven Tätigkeit. Dieser Vorstellung zufolge gibt es Vorgänge zweiter Ordnung, die den Output von Vorgängen erster Ordnung genauso behandeln, wie diese mit den Sinnessignalen umgehen. Die Ergebnisse der sekundären Kognitionsvorgänge erster Ordnung haben demnach ebenso Zugang zu den Effektorsystemen wie die primären Vorgänge und tragen wie diese zur Verhaltenssteuerung bei. Da die Ergebnisse der Vorgänge zweiter Ordnung nicht nur Beschreibungen der Außenwelt und des inneren Zustandes des Organismus enthalten, sondern zusätzlich auch Beschreibungen der primären Kognitionsvorgänge im Gehirn selbst, können Lebewesen mit einem Gehirn, das solche sekundären Kognitionsstrukturen besitzt, auch anderen mitteilen, was sie wahrnehmen und wie ihre Empfindungen aussehen.

Primaten, beispielsweise Schimpansen, scheinen in begrenztem Umfang ein solches inneres Auge zu besitzen. Da die Ergebnisse der primären Kognitionsvorgänge bereits in der Sprache der Neuronen verschlüsselt sind, ist kein besonderes Sinnesorgan erforderlich, das die Ergebnisse der Berechnungen erster Ordnung »liest«. Damit die Funktionen des inneren Auges ausgeführt werden können, sind nur zusätzliche Verarbeitungszentren notwendig, die mit den Ergebnissen der Vorgänge erster Ordnung genauso umgehen wie diese mit den

Signalen von den Sinnesorganen. Was also die Hardware der Neuronen angeht, waren offenbar keine qualitativen Veränderungen notwendig, damit sich in der Evolution dieser wichtige Schritt vollziehen konnte – von dem einfachen Gehirn, das lediglich die aus der Außenwelt und aus dem Inneren des Organismus' eintreffenden Signale verarbeiten konnte, zu dem komplexen Organ, das auch seine eigenen Funktionen wahrnimmt.

Da die Berechnungen, die den primären Kognitionsfunktionen zugrunde liegen, im Neokortex ausgeführt werden, muß man den Schluß ziehen, daß auch die zum Meta-Bewußtsein, das heißt zum Bewußtsein für die Wahrnehmung führenden Vorgänge auf der Tätigkeit der Hirnrinde beruhen. Damit die Kognitionsfunktionen höherer Ordnung ablaufen können, sind also nur neue Bereiche der Hirnrinde erforderlich. Diese neuen Bereiche müßten ihren Input vorwiegend aus den Rindenfeldern niedrigerer Ordnung erhalten, welche die von außerhalb des Gehirns eintreffenden Signale verarbeiten. Diese Forderung steht im Einklang mit dem Befund, daß die Evolution höherer Kognitionsfunktionen einschließlich des Meta-Bewußtseins der Schimpansen und der Menschen mit der Entstehung neuer Bereiche in der Hirnrinde einherging, die keinen unmittelbaren Input von Sinnesorganen mehr erhalten, sondern vor allem den Output anderer Rindenfelder weiterverarbeiten.

Bis hierher sieht es also so aus, als sollte es zumindest prinzipiell möglich sein, die neuronale Entsprechung der Berechnungstätigkeiten zu finden, die den höheren kognitiven Funktionen zugrunde liegen und zum Bewußtsein des Bewußtseins führen, oder die, anders ausgedrückt, das Bewußtsein für den eigenen geistigen Zustand erzeugen. Wenn wir verstehen, wie das Gehirn die Signale verarbeitet und interpretiert, die aus der Außenwelt und aus dem Körperinneren eintreffen, dann, so scheint es, müßten wir durch Extrapolation auch verstehen, wie ein komplexes Gehirn seine eigenen Funktionen überwacht. Die Begründung: Diese Meta-Kognition entsteht anscheinend durch die Wiederholung des gleichen grundlegenden Verarbeitungsalgorithmus, der auch für die primäre Wahrnehmung sorgt.

Das Sehsystem als Modell für die bewußte Wahrnehmung

Im nächsten Abschnitt dieses Kapitels möchte ich kurz skizzieren, was wir über die Signalverarbeitung im Neokortex, wo das Gehirn Gegenstände visuell wahrnimmt, zu wissen glauben; dabei möchte ich insbesondere auch auf ungelöste Probleme hinweisen und für einige davon Lösungen vorschlagen. Bevor wir aber die neurophysiologischen Tatsachen erörtern, möchte ich etwas Wichtiges unterstreichen: Selbst wenn wir im Hinblick auf die Neuronen erklärt hätten, wie das Gehirn die Außenwelt und seinen eigenen Organismus wahrnimmt, hätten wir damit nur eine Erklärung für einige, aber nicht für alle Inhalte des Begriffs »Bewußtsein«. Das schwierige Problem der Bewußtseinsphilosophie, das sich aus unserer Wahrnehmung der Empfindungen als subjektive, immaterielle Phänomene ergibt, bliebe nach wie vor ungelöst. Immer noch gäbe es keine Antwort auf die Frage, wie es kommt, daß wir uns selbst als willentlich handelndes Ich erleben, das selbst entscheiden kann, was es mit seinen Empfindungen anfängt und wie es darauf reagiert. Es bliebe unerklärt, warum wir dieses Ich als immateriell und irgendwie als Gegensatz zu den Vorgängen der Gehirnneuronen erleben, warum wir das Gefühl haben, daß dieses scheinbar immaterielle Ich darüber bestimmt, was im Gehirn geschieht. Ich werde nach dem nun folgenden kurzen Ausflug in die mechanistische Welt der Neuronen auf diese Frage zurückkommen.

Grundsätzlich ist an die Verarbeitung von Sinneseindrücken die Anforderung zu stellen, daß zwischen den eintreffenden Signalen widerspruchsfreie Beziehungen gefunden werden und daß die Reaktionen der Neuronen diese Beziehungen repräsentieren. Durch die Wiederholung dieses Vorganges gelangt man wohl letztlich zu einer Beschreibung der widerspruchsfreien Konstellation grundlegender Merkmale, die für einzelne wahrgenommene Objekte charakteristisch sind. Da es aber eine astronomische Zahl möglicher Merkmalskonstellationen gibt, die überprüft und letztlich repräsentiert werden müssen, ist es unabdingbar, daß der entsprechende Verarbeitungsalgorithmus mit Problemen der Kombinatorik umgehen kann.

Die Neuronen der Sehrinde

Ich gehe davon aus, daß die genannten Funktionen im wesentlichen im Neokortex ablaufen und daß der Neokortex sich zweier einander ergänzender Strategien bedient, um mit den Problemen der Kombinatorik fertig zu werden. Erstens werden mit fest verdrahteten Neuronen besonders häufige und wichtige Beziehungen erkannt und repräsentiert. Und zweitens schaffen dynamische Mechanismen der Gruppenbildung, die vielseitige neue Kombinationen und Reaktionen der fest verdrahteten Neuronen erlauben, die Möglichkeit, daß ganz andere Beziehungen höherer Ordnung analysiert und anschließend mit derselben Hardware repräsentiert werden.

Jeder Versuch, graphisch oder mit Worten eine kurze Beschreibung der Schaltkreise im Kortex zu liefern, ist wegen der gewaltigen Komplexität dieser Struktur von vornherein zum Scheitern verurteilt. Ein Abschnitt der Hirnrinde ist im wesentlichen ein flaches Gebilde aus sechs Schichten dicht gepackter Neuronen. Der Input aus Sinnesorganen oder Rindenabschnitten niedrigerer Ordnung kommt normalerweise in den mittleren Schichten an. Von dort werden die Signale zu den Oberflächenschichten weitergeleitet, und dann gelangen sie an den mittleren Schichten vorbei in die tieferen Bereiche. Diese verteilen die Output-Aktivität auf eine ganze Reihe unterschiedlicher Bestimmungsorte: zurück zur Quelle des Inputs, weiter an Rindenabschnitte höherer Ordnung oder unmittelbar zu den Erfolgsorganen. Rückkopplungssignale aus Rindenbereichen höherer Ordnung werden vorwiegend in die Oberflächenschichten geleitet, und diese Schichten sind auch der wichtigste Endpunkt für die wechselseitigen Verbindungen, die Rindenbereiche des gleichen Niveaus in der Verarbeitungshierarchie verknüpfen. Zeichnet man die Impulse der Neuronen entlang der Leitungsbahnen auf, die im rechten Winkel zu der Schichtstruktur von der Oberfläche in die tieferen Bereiche verlaufen, so findet man bei ihren Reaktionen ähnliche Eigenschaften; untersucht man dagegen die Neuronen an den Leitungsbahnen tangential zu den Schichten, so beobachtet man, daß diese Eigenschaften sich allmählich ändern. Ein bestimmtes Merkmal ist also in einer Säule aus Neuronen repräsentiert, die sich senkrecht durch die flache Rinde erstreckt; unterschiedliche, aber ähnliche Merkmale werden in der Regel in benachbarten Säulen repräsentiert, die Säulen für ganz andere Merkmale dagegen sind weiter entfernt. Nach einer häufig geäußerten Ansicht wird die Selektivität der Neuronen in einer bestimmten Säule durch selektiv zusammenfließende, unterschiedliche Input-Verbindungen der einzelnen Zielzellen in den mittleren Schichten verursacht. Kommt bei einer solchen Zelle ein selektiver Input von einer linearen Anordnung aus Ganglienzellen der Netzhaut an, gibt sie ihre Reaktion am besten an die länglichen Umrisse weiter, die gleichzeitig eine möglichst große Zahl von Ganglienzellen in dieser Anordnung aktivieren. Das ist der Fall, wenn die Orientierung des Umrisses mit der Orientierung der Anordnung der Ganglienzellen in der Netzhaut übereinstimmt. Die zugehörigen Zellen in der

Hirnrinde reagieren also am besten auf eine ganz bestimmte Orientierung, oder mit anderen Worten: Ihre Reaktion signalisiert, daß ein ganz bestimmtes Merkmal vorhanden ist, in diesem Fall eine bestimmte Orientierung. Wie man leicht erkennt, können auch kompliziertere Merkmalskonstellationen repräsentiert werden, wenn sich dieser Vorgang der selektiven Neukombination zusammenfließender Inputs von einem Stadium der Verarbeitung in der Hirnrinde zum nächsten wiederholt. Aber eine solche Strategie läßt sich nicht anwenden, wenn die praktisch unendliche Zahl möglicher Merkmalskonstellationen repräsentiert werden soll, die für wahrgenommene Gegenstände charakteristisch ist, denn das würde eine ebenso große Zahl fest verdrahteter Repräsentationseinheiten erfordern.

Aus diesen Gründen gibt es in den Neuronennetzen der Hirnrinde ein zusätzliches Organisationsprinzip, das eine ergänzende Strategie der Repräsentation möglich macht. Die Säulen, die verschiedene grundlegende Merkmale repräsentieren, sind untereinander in großem Umfang durch weitreichende Assoziationsverbindungen verknüpft, die tangential zu den Schichten des Kortex' verlaufen. Diese Verbindungen ermöglichen dynamische Wechselwirkungen, und das wiederum führt dazu, daß Neuronen, die unterschiedliche Merkmale repräsentieren, sich vorübergehend zu Anordnungen mit einheitlicher Funktion verbinden. So wird die Repräsentation einer bestimmten Merkmalskonstellation durch die gemeinsame Aktivität zahlreicher, vorübergehend zu einer Anordnung verknüpfter Zellen möglich. Die Merkmalskonstellation, die den Buchstaben T repräsentiert, kann also von Zellen repräsentiert werden, die sich dynamisch assoziieren und an den geeigneten Stellen für die Repräsentation eines horizontalen und eines vertikalen Umrisses sorgen. Ein solcher dynamischer Repräsentationsmechanismus hat den großen Vorteil, daß Untergruppen derselben Zellen mehrmals in unterschiedlichen Kombinationen genutzt werden können und dann unterschiedliche Wahrnehmungsobjekte repräsentieren. Auf diese Weise ist eine wesentlich geringere Zahl von Neuronen erforderlich. Zur Repräsentation des Buchstabens L zum Beispiel reicht die Bildung einer neuen Anordnung aus, in der dieselbe Zellgruppe für den vertikalen Umriß und eine weitere für einen horizontalen Umriß an einem anderen Ort vorkommen.

Zu den Merkmalen, die durch die Neukombination des Input in der primären Sehrinde abgeleitet werden, gehören die Lage, Orientierung und Polarität von Helligkeitsgradienten, ihre Bewegungsrichtung, ihre Zusammensetzung aus den Spektralfarben und ihre unterschiedliche Wahrnehmung durch die beiden Augen, in der sich ihre Entfernung widerspiegelt. Die Strategie, Beziehungen durch selektive Kombinationen von Input-Verbindungen zu beurteilen und zu repräsentieren, wiederholt sich auf dem Weg von der primären Sehrinde zu höheren Bereichen mehrere Male. Da es in der Projektion jenseits der primären Sehrinde beträchtliche Unterschiede gibt und da die Neuronen in dem Bereich vor dem Streifenhügel spezialisierte Funktionen erfüllen, liegt die Vermutung nahe, daß viele derartige Vorgänge parallel ablaufen, wobei jeder Bereich bestimmte Untergruppen der Beziehungen höherer Ordnung im Merkmalsraum beurteilt.

Wie es der Vorstellung von der gemeinsamen Codierung entspricht, dient diese Strategie – Neukombination von Inputs und Schaffung von Zellen mit selektiven Reaktionseigenschaften – nicht zur Erstellung umfassender Beschreibungen, weder für die grundlegenden Merkmale, die in der primären Sehrinde repräsentiert sind, noch für die weitaus komplexeren Merkmalskonstellationen natürlicher Gegenstände. Die Neuronen sind in allen Stadien der Verarbeitung ansprechbar für schwankende Reizparameter entlang unterschiedlicher Merkmalsdimensionen (wie es in dem Kapitel von Greenfield im Zusammenhang mit mutmaßlichen Großmutterzellen beschrieben wurde). Die Reaktionen einzelner Zellen sind zweideutig, und eine umfassende Beschreibung einer bestimmten Merkmalskonstellation läßt sich nur dadurch erreichen, daß die Reaktionen einer ganzen Neuronenpopulation gemeinsam ausgewertet werden.

Eine solche Codierung durch Anordnungen wirft allerdings ein schwerwiegendes Problem auf. Natürliche, visuell wahrgenommene Szenen enthalten in der Regel viele Bildbestandteile, wenn die im cartesianischen Raum und im Merkmalsraum benachbart sind oder einander überlappen, so daß sie gleichzeitig Reaktionen in überlappenden, merkmalssensitiven Zellen auslösen. Um den Vorteil der Codierung durch Anordnung auszunutzen, müssen Reaktionen, die zu einem bestimmten Objekt gehören, identifiziert und so gekennzeichnet werden, daß ihre gemeinsame Auswertung in den nachfolgenden Stadien der Verarbeitung gewährleistet ist, während falsche Verbindungen mit Reaktionen, in die von anderen Gegenständen ausgelöst wurden, verhindert werden.

Dynamische Selektionsprozesse

Es wird also ein dynamischer Selektionsprozeß gebraucht, der es ermöglicht, die dezentralen Reaktionen der Neuronen in ständig veränderlichen Konstellationen zu Gruppen zusammenzufassen. Bei einer solchen dynamischen Gruppenbildung können Signale anschließend auf einer Ebene ausgewählt und dann flexibel je nach dem jeweiligen Zusammenhang auf der nächsten Ebene wieder zusammengefügt werden, und zwar mit Hilfe von Verbindungen, die das Signal vorwärts weiterleiten. Auf diese Weise können die Signale in einer festgelegten Hardware-Konfiguration dynamisch immer neue Wege einschlagen, und man umgeht die explosionsartige Zunahme der Zahl von Repräsentationseinheiten, die sich durch die Kombinatorik ergeben würde, wenn alle denkbaren Merkmale oder Merkmalskonstellationen die Analyse durch selektive Neukombination oder vorwärts gerichtete Verbindungen erfordern würden und durch genau auf sie eingestellte Neuronen repräsentiert wären. Die dynamische Gruppenbildung kann sich deshalb in den aufeinanderfolgenden Verarbeitungsstadien wiederholen, so daß immer komplexere Beziehungen analysiert und repräsentiert werden – bis hinauf zu der Ebene, auf der die repräsentierten Beziehungen ganze Wahrnehmungsobjekte beschreiben. Dabei stellt sich allerdings ein Problem: Die Reaktionen der Neuronen, die vorübergehend in einer Anordnung verbunden sind, müssen für die nächsten Verarbeitungsstadien als zusammengehörig gekennzeichnet werden, so daß sie zuverlässig vor Verwechslungen mit den Reaktionen anderer Zellen geschützt werden, die zu anderen, zur gleichen Zeit aktiven Anordnungen gehören.

Eine solche dynamische Auswahl und Assoziation von Reaktionen zum Zwecke der weiteren gemeinsamen Verarbeitung erreicht man am besten dadurch, daß man die Reaktionen auffälliger macht. Zur Steigerung der Auffälligkeit dezentraler Reaktionen gibt es im Prinzip zwei Wege. Man kann dafür sorgen, daß die ausgewählten Neuronen heftige Entladungen abgeben, oder daß sie sich zeitlich genau synchronisiert entladen. Beide Mechanismen verstärken die Auswirkungen der ausgewählten Reaktionen, wobei der erste die zeitliche, der zweite die räumliche Summierung der Synapsenpotentiale in den Zielzellen ausnutzt. Die Gruppenbildung durch Synchronisierung hat zusätzlich den Vorteil, daß sie schneller wirksam wird, weil keine zeitliche Zusammenfassung notwendig ist und weil die Auswahl auf der Ebene einzelner Aktionspotentiale erfolgen kann. Auf diese Weise kann die Gruppenbildung in vielfacher Form ablaufen, und das dürfte nützlich sein, wenn in einem Bereich der Hirnrinde gleichzeitig mehrere Gruppen eingerichtet werden müssen.

Den derzeit verfügbaren Befunden zufolge werden beide Strategien angewandt. Wie man nachweisen konnte, entladen sich Zellen in der Sehrinde, die auf die Merkmale einer wahrgenommenen Form reagieren, heftiger, als wenn sie auf ähnliche Merkmale ansprechen, die aber nicht zu einer Form, sondern zu dem Hintergrund um die Form herum gehören. Das spricht für die Vorstellung, daß die Auswahl der Reaktionen durch Veränderungen der Entladungsrate erfolgen kann. Experimente zur Auswahl von Reaktionen durch Aufmerksamkeitsmechanismen weisen ebenfalls darauf hin, daß die Reaktionen durch eine Verstärkung ihrer Amplitude ausgewählt werden.

Synchronisierung

Wie man mittlerweile eindeutig nachgewiesen hat, können die Zellen der Hirnrinde ihre Entladungen mit einer Genauigkeit von wenigen Millisekunden synchronisieren. Das tun sie vor allem dann, wenn sie von den Umrissen desselben Objekts aktiviert werden; ändert sich die Zusammensetzung des Reizes, können sie sehr schnell die Partner wechseln, mit denen sie sich synchronisieren. Es gibt auch Befunde, wonach die Wahrscheinlichkeit der Synchronisierung im Zusammenhang mit dem Verhalten steht. Bei schielenden Katzen zum Beispiel findet zwischen den Neuronen, die von den beiden Augen angeregt werden, keine Synchronisierung der Reaktionen mehr statt. Es dürfte sich hier um das gleiche Phänomen handeln wie bei schielenden Menschen, die nicht in der Lage sind, die Signale der Augen gemeinsam zu verarbeiten und die beiden Bilder zur Deckung zu bringen. Führt das Schielen zusätzlich zur Amblyopie – einer Entwicklungsstörung, durch die das Sehvermögen des falsch stehenden Auges dauerhaft beeinträchtigt wird –, sind die Wahrnehmungsstörungen mit Störungen in den Synchronisierungsmustern der Rindenneuronen gekoppelt, nicht aber mit anormalen Reaktionen einzelner Zellen. Bei Tieren, die auf sensorisch-motorische Aufgaben trainiert wurden, beobachtete man eine Zunahme der Synchronisierung, und zwar sowohl innerhalb der einzelnen Gehirnbereiche, die für die Lösung des Problems zuständig waren, als auch zwischen ihnen. Solche Episoden der genau synchronisierten Aktivität waren auf jene Phasen des Verhaltens beschränkt, in denen die Tiere ihre Aufmerksamkeit konzentrieren mußten, und besonders ausgeprägt waren sie in Bereichen der Hirnrinde, die zur Bewältigung der Aufgabe zusammenarbeiten mußten. Sobald die Lösung erreicht war und die Belohnung in Form von Futter zur Verfügung stand, löste sich das hochorganisierte, synchrone Muster auf und machte einer niederfrequenten, wechselnden Aktivität Platz, bei der sehr unterschiedliche, unsystematische Phasenbeziehungen zu beobachten waren.

Präsentiert man den beiden Augen unterschiedliche visuelle Muster, die sich nicht zu einer einzigen Wahrnehmung verschmelzen lassen, so nimmt man nicht die überlagerten Bilder der beiden Muster wahr, sondern entweder das vom linken oder das vom rechten Auge aufgenommene. Diese beiden Wahrnehmungen wechseln trotz gleichbleibender Reizbedingungen ab, weil zwischen den von den beiden Augen ankommenden Inputs eine innere Auswahl erfolgt. Diese Gesetzmäßigkeit des sogenannten binokularen Wettstreits ist also hervorragend geeignet, wenn man untersuchen will, wie sich wahrgenommene und nicht wahrgenommene Neuronenaktivität unterscheiden. Bei der Analyse gleichzeitig aufgezeichneter Reaktionen von Neuronen in der Sehrinde der Katze stellte sich heraus, daß die Reaktionen auf die wahrgenommenen und nicht wahrgenommenen Muster in diesem frühen Verarbeitungsstadium den gleichen Umfang hatten. Die Auswahl zwischen den Inputs der beiden Augen wird also offenbar nicht dadurch erreicht, daß die Reaktion auf das in der Konkurrenz unterlegene und deshalb nicht wahrgenommene Muster unterdrückt wird, und die Auswahl ist auch nicht mit einer verstärkten Reaktion auf das wahrgenommene Muster verbunden. Wie man vielmehr aus den experimentellen Befunden ablesen kann, liegen die Unterschiede in den Reaktionen auf die beiden Augen im Ausmaß der Synchronisierung. Die Reaktionen der Neuronen, welche die von dem wahrgenommenen Muster erzeugten Signale weiterleiten, sind genau synchronisiert; übertragen die Zellen dagegen Signale, die dem unterdrückten Muster entsprechen, zeigen ihre Reaktionen keine oder nur eine schwache Synchronisierung. Das spricht stark und ziemlich unmittelbar für die Hypothese, daß die Auswahl der Neuronenreaktionen und ihre Vereinigung zu Gruppen für die weitere gemeinsame Verarbeitung nicht nur durch die selektive Verstärkung oder Hemmung einzelner Untergruppen von Reaktionen erfolgen kann, sondern auch durch die Synchronisierung oder Entsynchronisierung der entsprechenden Neuronengruppen. Besonders interessant wird das Ganze, weil man hier aufgrund des Ausmaßes der Synchronisierung sehr zuverlässig voraussagen kann, ob die Aktivität ein bewußtes Erleben erzeugen wird oder nicht.

Höchstwahrscheinlich wirken derartige Auswahlmechanismen auch auf anderen Ebenen der Verarbeitung, denn die verschiedenen Bereiche des Neokortex' sind in Struktur und Funktion auffallend ähnlich organisiert. Wenn das stimmt, müßte man folgern, daß nur diejenigen Aktivierungsmuster letztlich die Schwelle des bewußten Erlebens überschreiten können, denen es gelingt, ausreichend kohärent zu werden. Oder mit anderen Worten: Nur zusammenhängende Aktivität sollte für das »innere Auge« als Repräsentation eines Wahrnehmungsobjekts erkennbar sein, das sich in klaren Begriffen beschreiben läßt und im deklarativen Gedächtnis gespeichert werden kann. Diese Vermutung ist noch aus einem anderen Grund reizvoll. Wie mittlerweile gut belegt wurde, bildet synchronisierter Input der Neuronen eine besonders günstige Voraussetzung für langfristige Abwandlungen der Synapseneffizienz, die ihrerseits als mutmaßlicher Mechanismus für das Einprägen von Gedächtnisspuren gilt (siehe Kapitel 4 und 5). Es gibt einige – allerdings bisher nur indirekte – Indizien für die Hypothese, daß Signale ausreichend zusammenhängen müssen, damit sie wahrgenommen werden und eine Grundlage bewußten Erlebens bilden. In dieselbe Richtung weist auch ein Befund aus jüngerer Zeit, wonach die Synchronisierung der Neuronen mit der Erregung zunimmt. Wenn nur zusammenhängende Aktivitäten die Schwelle des Bewußtseins überschreiten können, wäre erklärt, warum Erregung und Aufmerksamkeit für bewußtes Erleben notwendig sind.

Neurobiologie und Selbstwahrnehmung

Ich hoffe, ich habe mit diesem kurzen Ausflug in die Physiologie des Neokortex' deutlich gemacht, daß es irgendwann im Prinzip möglich sein sollte, den neuronalen Nährboden der Wahrnehmung zu verstehen. Durch Extrapolation sollten wir dann auch etwas darüber sagen können, wie ein Gehirn die Ergebnisse seiner kognitiven Berechnungen zur Kenntnis nimmt und anderen Lebewesen mitteilt. Demnach müßten wir durch eine umfassende Analyse der Aktivierungsmuster einer großen Zahl von Neuronen letztlich sehr zuverlässig voraussagen können, welche Muster mit bewußtem Erleben verbunden sind und welche nicht. Aber weiter können wir vermutlich nicht kommen. Es bleibt die Frage, ob wir bereit sind, das als neurobiologische Erklärung des Bewußtseins anzuerkennen. Nach unserer derzeitigen Auffassung gehören ein bestimmter Zustand der Neuronen und das subjektive Erleben des Bewußtseins zu unterschiedlichen ontologischen Kategorien. Der erste ist die Voraussetzung für das zweite, aber die beiden Phänomene werden in unterschiedlichen Beschreibungssystemen definiert.

Wie sollen wir demnach mit den subjektiven Inhalten des Bewußtseinsbegriffs umgehen, die mit der Selbstwahrnehmung oder dem Ichbewußtsein verknüpft sind? Solche Inhalte erwachsen aus der Tatsache, daß wir uns selbst als Individuen mit ureigenen Gefühlen, Empfindungen und Gedanken erleben, daß wir in unserem Ich einen Agenten sehen, der Funktionen wie die Lenkung von Aufmerksamkeit, Entscheidungen, Wertzuordnungen oder motorischen Handlungen steuert und dafür sorgt, daß wir ein Gefühl zulassen oder unterdrücken. Dieses wahrnehmende und handelnde Ich scheint uns ontologisch etwas anderes zu sein als die Funktionen, die es zu steuern scheint und die nach unserer Auffassung einer neurobiologischen Erklärung zugänglich sind. Derartige Inhalte des Bewußtseinsbegriffs erleben wir als immaterielle, geistige Gebilde, und unsere Intuition besagt, daß man sie mit materiellen Vorgängen, mit chemischen und elektrischen Wechselwirkungen im Gehirn, nicht befriedigend erklären kann. Diese Erfahrung ist die Grundlage des schwierigen Problems in den Diskussionen über das Bewußtsein, und sie bildet den Anreiz für dualistische Standpunkte.

Die soziale Natur des Bewußtseins

Nach meiner Überzeugung lassen sich diese besonderen Aspekte des Bewußtseins tatsächlich nicht auf die gleiche Weise als emergente Eigenschaften eines einzelnen Gehirns verstehen wie beispielsweise die primären sensorischen oder motorischen Vorgänge. Und dennoch, so meine Behauptung, braucht man keinen dualistischen Standpunkt einzunehmen, um die scheinbar immateriellen Eigenschaften des Ich zu erklären. Daß diese Eigenschaften über den Bereich des reinen neurobiologischen Reduktionismus hinausgehen, glaube ich aus folgendem Grund: Sie werden erst durch die Kommunikation zwischen verschiedenen Gehirnen geschaffen. Damit diese Eigenschaften als wahrnehmbare Gebilde entstehen können, als etwas, das man als real fühlen und erleben kann, müssen zwei Voraussetzungen erfüllt sein: Erstens müssen die Gehirne untereinander durch einen wechselseitigen Dialog in Kontakt treten, und zweitens müssen diese in einer Wechselbeziehung stehenden Gehirne über kognitive Fähigkeiten verfügen, die es ihnen erlauben, eine Theorie des Geistes zu schaffen; jedes Gehirn, das an der Kommunikation teilnimmt, muß in der Lage sein, Modelle für den vermutlichen Zustand der anderen kommunizierenden Gehirne zu schaffen. Es muß seine eigenen inneren Zustände überwachen – oder wahrnehmen – und das Ergebnis dieser Überwachung anderen Gehirnen mit Hilfe eines Signalsystems mitteilen, das so differenziert ist, daß andere Gehirne den Bericht über den Gehirnzustand des Absenders entschlüsseln und interpretieren können – und die ganze Kommunikation muß in beiden Richtungen ablaufen. Kurz gesagt, müssen die Gehirne ausreichend stark differenziert sein, um in einen Dialog des Typs »Ich weiß, daß du weißt, daß ich weiß« oder »Ich weiß, daß du weißt, wie ich mich fühle« eintreten zu können. Nach meiner Überzeugung kann ein Gehirn erst dann, wenn es zu einem solchen Dialog in der Lage ist, jene Erfahrungen machen, die wir mit dem Bewußtsein für das eigene Ich und die eigenen Gefühle in Verbindung bringen, und nur dann kann sich die Erfahrung der Ichwahrnehmung und der Subjektivität entwickeln. Ohne einen solchen Dialog gäbe es diese Phänomene einfach nicht, und deshalb wären sie auch nicht wahrnehmbar.

So betrachtet, muß das Phänomen der Selbstwahrnehmung – das Erleben der eigenen Individualität, die Fähigkeit, sich selbst als selbständiges Individuum mit subjektiven Gefühlen zu erfahren – als Ergebnis sozialer Wechselbeziehungen und damit als Produkt der kulturellen Evolution gelten. Nur weil die Kommunikation mit anderen uns in die Lage versetzt, von unserer eigenen, nicht artikulierten Wahrnehmung geistiger Zustände auf andere zu schließen, und weil wir umgekehrt ihre entsprechenden Gedanken mitgeteilt bekommen, können diese subjektiven Aspekte des Bewußtseins überhaupt entstehen. Sie sind eine Folge der Kommunikation, und genau wie eine Information nur dann definierbar ist, wenn sie einen Absender und einen Empfänger hat, würden auch die subjektiven Attribute des Bewußtseins ohne solche wechselseitigen Reflexionen nicht existieren. Nach meiner Überzeugung haben also die subjektiven Inhalte des Bewußtseinsbegriffs, aus denen die schwierigen Probleme der Geistesphilosophie erwachsen, ontologisch die Stellung gesellschaftlicher Wirklichkeiten, die erst aus der Kommunikation zwischen mehreren Gehirnen erwachsen. In diesem Sinne gehen sie über die Funktionen hinaus, die ein einzelnes, isoliertes Gehirn realisieren kann, und das ist der Grund, warum rein neurobiologische Erklärungen hier versagen. Die Neurobiologie befaßt sich bisher ausschließlich mit den Vorgängen in einem einzelnen Gehirn und kann deshalb mit ihrem Beschreibungssystem keine Phänomene erfassen, die sich aus den gemeinsamen Wechselbeziehungen vieler Gehirne ergeben, selbst wenn diese Phänomene letztlich von den kognitiven Fähigkeiten der einzelnen Gehirne abhängen. Natürlich entstehen auch andere Phänomene – beispielsweise Wertsysteme oder Weltanschauungen – ausschließlich durch gesellschaftliche Wechselbeziehungen, ohne daß sie so geheimnisvoll wirken wie die subjektiven Aspekte des Bewußtseins. Die Schwierigkeiten, die wir im Zusammenhang des Bewußtseins mit der Zuordnung geistiger Vorgänge haben, erwachsen nach meiner Überzeugung zu einem großen Teil aus der Tatsache, daß der entscheidende Dialog zwischen den Gehirnen, durch den die bewußte Wahrnehmung des Ich entsteht, sich in einer frühen Entwicklungsphase nach der Geburt abspielt, so daß wir daran keine expliziten Erinnerungen haben. Während unser Gehirn sich entwickelt, zwingen unsere Betreuer uns zu einem intensiven Dialog, und in seinem Verlauf erwerben wir – unser Gehirn – die Wahrnehmung für uns selbst; wir erkennen, daß wir uns von anderen unterscheiden, aber wir können uns an diesen Lernprozeß nicht erinnern. Dann erscheint es ganz natürlich, daß wir die Inhalte, die durch diese frühe Prägung »installiert« wurden, anders wahrnehmen als den Inhalt der unmittelbaren Wahrnehmung. Das innere Auge – an dem, wie ich zuvor deutlich gemacht habe, nichts Mystisches ist – sieht keine Ursache, keine Geschichte dieser frühzeitig erworbenen Wahrnehmungen und Empfindungen, und deshalb wird die bewußte Wahrnehmung des Ich so erlebt, als sei sie von allen Ursachen losgelöst. Zusammenfassend gehe ich also für den rätselhaften Aspekt des Phänomens der Ichwahrnehmung von zwei Ursachen aus: Erstens ist sie sozialen Ursprungs, und zweitens haben wir an ihren Erwerb keine Erinnerung.

Die Entwicklung des Bewußtseins

Ein Baby ist bei der Geburt noch nicht ausgereift; seine kognitiven Fähigkeiten entwickeln sich nur langsam im Laufe mehrerer Jahre. Während dieser Zeit ist das Kind nicht nur der Welt der Gegenstände ausgesetzt, sondern auch seinen Versorgern, deren kognitive Fähigkeiten sehr gut darauf abgestimmt sind, mit dem allmählich reifenden Gehirn des Babys in einen intensiven Dialog einzutreten. Wenn dieses Gehirn so weit entwickelt ist, daß es durch Aufbau episodischer Gedächtnisinhalte und die Erinnerung daran seine eigenen Erfahrungen verfolgen kann, ist das Erlebnis der Individualität und des Ich wahrscheinlich bereits tief in seiner Struktur verwurzelt. Aber über diesen Vorgang der »Installation« gibt es keine Aufzeichnungen, und im Gegensatz zu den üblichen Sinneserfahrungen sind solche frühen Prägungsvorgänge nicht wiederholbar, weil sie die Entwicklung und Ausprägung der Verarbeitungsstrukturen unmittelbar beeinflussen. Deshalb ist es durchaus nicht verwunderlich, daß die kognitiven Kategorien, die durch die ersten sozialen Interaktionen erworben werden, eine andere Qualität haben als alle sonstigen Gehirnvorgänge und daß sie sich einer neurobiologischen Beschreibung zu entziehen scheinen.

Ein anderer, aber eng mit diesem verwandter Grund für die Sonderstellung der Ichwahrnehmung ist die Tatsache, daß die Inhalte, die im Frühstadium der Entwicklung installiert werden, eine historische Dimension haben. Das erste Erleben des eigenen Ich wird durch Wechselwirkungen mit Gehirnen vermittelt, die sich ihrerseits ebenfalls durch Erziehung entwickelt haben. In dem Inhalt, der durch diesen frühen Lernprozeß weitergegeben wird, spiegeln sich deshalb Vorstellungen wider, die durch kulturelle Evolution erworben wurden. Deshalb sind die spezifisch menschlichen Inhalte des Bewußtseins wahrscheinlich die Produkte kultureller Evolution. Und daraus wiederum folgt, daß sie nicht unveränderlich sind, sondern sich vermutlich im Laufe der Jahrhunderte gewandelt haben. Ich gehe davon aus, daß diese Inhalte eine Evolution durchgemacht haben, seit die Menschen zum ersten Mal Signale über ihre inneren Zustände, Gefühle, Empfindungen, Absichten und Gedanken austauschten, seit sie Bilder auf die Wände von Höhlen malten und untereinander mit Gebärden und einfachen Sprachen kommunizierten. Die genetisch festgelegte Architektur unseres Gehirns kann sich nicht allzusehr von der unserer Vorfahren unterscheiden, und doch erleben wir uns selbst höchstwahrscheinlich nicht so, als wenn wir in einer Gemeinschaft von Höhlenbewohnern oder wie Rudyard Kiplings Mowgli in einer Gemeinschaft von Tieren aufgewachsen wären. Wenn diese Hypothese stimmt, wenn also die rätselhafte Aspekte des Bewußtseins, seine subjektiven geistigen Attribute, tatsächlich das Ergebnis eines sozialen Lernprozesses sind, bei dem das Gehirn mit geistigen Phänomenen in Berührung kommt, die erst durch gegenseitiges Reflektieren erstehen, dann müßte man das allmähliche Auftauchen dieser Aspekte des Bewußtseins während der Ontogenese eigentlich beobachten können. Hier ist nicht der Ort, um solche Voraussagen weiter zu verfolgen, aber es könnte sich lohnen, derartige Aspekte der Entwicklung in Diskussionen über das Wesen des Bewußtseins zu berücksichtigen.

Bewußtsein und Geschichte

Es besteht allgemeine Einigkeit darüber, daß die Art, wie wir die Außenwelt wahrnehmen, stark von einem *a-priori*-Wissen abhängt. Dieses Wissen ist in der gezielt für die Weiterverarbeitung konstruierten Architektur unseres Gehirns angesiedelt und wurde dort sowohl durch genetische Anweisungen als auch durch das früh in der Entwicklung einsetzende Lernen eingerichtet. Die gleiche Abhängigkeit des Wahrnehmbaren vom Bekannten gilt aller Wahrscheinlichkeit nach auch für die innere Überwachung der Vorgänge im Gehirn, also für das innere Auge. Vielleicht ist deshalb die Vermutung nicht allzu weit hergeholt, daß erworbenes Wissen über das Wesen geistiger Zustände durch Erziehung an die nächste Generation weitergegeben werden kann und beträchtlichen Einfluß darauf hat, wie Menschen sich ihrer selbst bewußt werden und ihre inneren Zustände wahrnehmen. Während also die bewußte Wahrnehmung natürlich auf Vorgängen in den Neuronen des eigenen Gehirns beruht, geht der Bezugsrahmen, innerhalb dessen sich diese Wahrnehmung abspielt, über die Grenzen des einzelnen Gehirns hinaus, so daß er eine soziale und damit auch eine historische Dimension annimmt.

Dennoch behaupte ich: Selbstwahrnehmung und die subjektiven Bedeutungen der Qualia kann man als emergente Eigenschaften des Gehirns verstehen, ohne daß man einen dualistischen Standpunkt einnehmen müßte. Sie gehören zu unserer Welt, aber da sie sozialen oder kulturellen Ursprungs sind und deshalb sowohl eine historische als auch eine zwischenmenschliche Dimension haben, sind sie nicht einfach als emergente Eigenschaft eines isolierten Gehirns zu verstehen, und aus diesem Grund gehen sie über den Bereich der herkömmlichen neurobiologischen Denkansätze hinaus.

Weiterführende Literatur

Engel, A. K., Roelfsema, P. R., Fries, P., Brecht, M. und Singer, W.: *Role of the temporal domain for response selection and perceptual binding.* In: Cerebral Kortex 7, 571-582, 1997.

Fries, P., Roelfsema, P. R., Engel, A. K., König, P. K. und Singer, W.: *Sychronization of oscillatory responses in visual cortex correlates with perception in interocular rivalry.* In: Proceedings of the National Academy of Sciences of the USA 94, 12699-12704, 1997.

Roelfsema, P. R., Engel, A. K., König, P. und Singer, W.: *The role of neuronal synchronization in response selection: a biologically plausible theory of structured representations in the visual cortex.* In: Journal of Cognitive Neuroscience 8, 603-625, 1997.

Roelfsema, P. R., Engel, A. K., König, P. und Singer, W.: *Visuomotor integration is associated with zero time-lag synchronization among cortical areas.* In: Nature 385, 157-161, 1997.

Singer, W.: *Putative functions of temporal correlations in neocortical processing.* In: Large-Scale Neuronal Theories of tbe Brain (Hrsg. C. Koch und J. L. Davis), S. 201-237, MIT Press 1994.

Singer, W.: *Development and plasticity of cortical processing architectures.* Science 270, 758-764, MIT Press 1995.

Singer, W. und Gray, C. M.: *Visual feature integration and the temporal correlation hypothesis.* In: Annual Review of Neuroscience 18, 555-586, 1995.

Singer, W., Engel, A. K., Kreiter, A. K., Munk, M. H. J., Neuenschwander, S. und Roelfsema, P. R.: *Neuronal assemblies: necessity, signature, detectability.* In: Trends in Cognitive Science 1, 252-261, 1997.

14

EINE WELT, ABER EINE GROSSE[1]

Mary Midgley

Die Bedeutung gesellschaftlicher Tatsachen

Ist Materie irgendwie realer als Geist? Ist eine physikalische Erklärung immer etwas Grundsätzlicheres als andere Erklärungen? Diese seltsamen Fragen lauern mit Sicherheit im Hintergrund der derzeitigen Diskussionen über das Bewußtsein. Aber kann Realität zu den Dingen gehören, bei denen es Abstufungen gibt? Oder noch einmal: Ist es sinnvoll, eine Untersuchungsmethode für grundlegender zu halten als eine andere, solange man nicht die Frage »grundlegend wofür?« beantwortet hat?

Wenn ich mich mit diesen umfassenden Fragestellungen beschäftige, möchte ich zunächst die bewundernswert klare Erörterung betrachten, mit der John Searle sein Buch »Die Konstruktion der gesellschaftlichen Wirklichkeit« eröffnet. Das Manifest, das er dort darlegt, rückt genau die Schwierigkeiten in den Brennpunkt, die bei diesem Thema in jüngster Zeit zu Verwirrung geführt haben. Er schreibt: »Wir leben genau in einer Welt, nicht in zwei oder drei oder siebzehn.« Das stimmt sicher. Aber dann kommt die Schwierigkeit. Searle fährt fort:

---

1 Eine frühere Version dieses Kapitels erschien im »Journal of Consciousness Studies« 3 (5/6).

Soweit wir gegenwärtig wissen, sind die *grundlegenden* Eigenschaften dieser Welt so, wie sie von Physik, Chemie und den anderen Naturwissenschaften beschrieben werden. Aber die Existenz von Phänomenen, die allem Anschein nach nicht physikalisch oder chemisch sind, gibt Anlaß zu Verwunderung ... Wie paßt eine geistige Wirklichkeit, eine Welt des Bewußtseins, der Intentionalität und anderer geistiger Phänomene in eine Welt, *die vollkommen aus physikalischen Teilchen in Kraftfeldern besteht?* (Hervorhebung von mir.)

Bis hierher klingt das für jeden vertraut, der die Kontroverse verfolgt hat. Neu ist, daß Searle einen Schritt weitergeht: Er weist nachdrücklich darauf hin, daß es sich hier nicht um eine isolierte Frage handelt, bei der es nur um verborgene, private Erlebnisse geht – um Schmerzen und Bilder und Qualia. Sie eröffnet vielmehr Themen in einer ganz anderen Größenordnung, nämlich das ganze weite Feld der gesellschaftlichen Phänomene. Weiter müssen wir fragen:

Wie kann es eine objektive Welt des Geldes, des Eigentums und der Ehe, von Regierungen, Wahlen, Footballspielen, Cocktailpartys und Gerichtshöfen geben in einer Welt, die gänzlich aus physischen Teilchen in Kraftfeldern besteht und in der einige dieser Teilchen zu Systemen organisiert sind, die bewußte biologische Lebewesen sind wie wir selbst? (Searle, S. 7).

Um uns mit diesen Themen zu befassen – das weist er nach –, müssen wir mit dem ganzen Spektrum des Subjektiven objektiv umgehen – das heißt fair, ehrlich und methodisch. Wir müssen uns ernsthaft nicht nur mit ein paar losgelösten Aspekten unseres Bewußtseins befassen, sondern mit der ganzen Palette der Fälle, in denen das subjektive Erleben objektive Tatsachen beeinflußt, Tatsachen, die ein realer Teil unserer einzigen Welt sind. Da ein großer Teil unseres subjektiven Lebens unbewußt abläuft, wird dadurch das zu behandelnde Terrain stark erweitert, aber der bewußte Teil, der hell erleuchtete Brennpunkt, gehört nach wie vor als entscheidender Aspekt dazu.

Institutionen wie Geldwesen, Staat oder Fußball, die in den Diskussionen über dieses Thema bisher so gut wie keine Rolle gespielt haben, sind Formen praktischen Handelns, die von bewußten, aktiven Akteuren gestaltet und getragen werden, und zwar durch Handlungen, die sie im Interesse ihrer Ziele und Absichten vollziehen. Man kann sie deshalb nur unter Gesichtspunkten verstehen, die dazu dienen, die Ansichten dieser Akteure auszudrücken. Die physikalische Analyse der beteiligten materiellen Gegenstände ist dabei unter Umständen völlig bedeutungslos.

Ein bekannter Fall ist das Geld, das man nicht als bestimmte materielle Sache oder als einen Stoff definieren kann. Es besteht aus vielfältigen Materialien oder sogar – wie es derzeit offenbar geschieht – nur aus Kredit. Geld ist alles, was nach allgemeiner Übereinkunft der Menschen als Medium zum Tausch von Waren dienen kann. Das hat tiefgreifende Auswirkungen, wenn man vorhat, es zu erklären. Wenn jemand fragt, was Geld ist, oder wenn jemand seine Funktionsweise besser verstehen möchte, muß er etwas über die Wünsche und Absichten der Menschen wissen, die Güter austauschen wollen. Nur so kann man Geld erklären. Diese Erklärung muß weder eine physikalische Analyse von Münzen und Banknoten umfassen noch eine Untersuchung der Neuronen von Menschen, die Geld benutzen.

Unterschiedliche Erklärungen

Eine Erklärung ist also nicht immer das gleiche. Sie kann aus allen Informationen und Überlegungen bestehen, sofern sie das besondere Problem lösen, das zu dem jeweiligen Zeitpunkt

Schwierigkeiten macht. Das ist von zentraler Bedeutung für das Vorhaben, »das Bewußtsein zu erklären«, denn vielfach wird in Diskussionen darüber einfach unterstellt, die Frage nach einer Erklärung sei gleichbedeutend mit der Frage nach seiner Ursache – nach einem physikalischen Zustand, der Bewußtsein hervorbringt. Deshalb sucht man – gewöhnlich entweder in der Evolution oder in der Neurologie – nach diesen Voraussetzungen, und dann fragt man verblüfft, warum jemand überhaupt irgendwo anders suchen sollte.

Die Methode, immer nach der Ursache zu suchen, ist natürlich häufig die richtige. Sie eignet sich z.B., um ein Phänomen wie die globale Erwärmung »erklären« zu wollen: Hier sind wir bereits sicher, daß wir einen Effekt richtig begriffen haben, und dann ist die Ursache das nächste, was wir finden wollen. Aber das Vorhaben, *Geld* zu erklären, oder *Wahlen*, oder die *Zeit*, oder *Ehe*, oder *Fußball*, oder *Grammatik*, oder *Kunst*, oder *Gelächter*, oder *Glücksspiel*, oder die *Mafia*, oder den *Poststrukturalismus* oder die *Differentialrechnung*, ist etwas ganz anderes. Hier müssen wir mehr über die Sache selbst wissen.

Ganz ähnlich verhält es sich auch mit der DNA: Oft sagt man, sie »erkläre das Leben«, weil sie in der Kette der Ursachen für die Fortpflanzung eine wichtige Lücke füllt. Dieses Lückenfüllen ist tatsächlich höchst willkommen. Es ist notwendig, denn es beseitigt die vitalistischen Spekulationen über eine besondere, gewissermaßen physikalische Kraft oder eine Lebenssubstanz, die diese besondere Aufgabe erfüllt. Aber die Entdeckung der DNA liefert keine Aufschlüsse über das Besondere des Lebens als solches, wie es tatsächlich abläuft. Und gerade dieses Besondere stellt uns oft vor ein Rätsel.

Interessanterweise haben die Biologen derzeit vor allen Versuchen, den Begriff *Leben* zu analysieren, ebensoviel Angst wie bis vor kurzem die Psychologen, wenn sich eine ähnliche Aufmerksamkeit auf den Begriff des Bewußtseins richtete. In den üblichen biologischen Wörterbüchern kommt dieses Stichwort einfach nicht vor. Autoren, die es gelegentlich erwähnen, bezeichnen es in der Regel entweder als nicht definierbar, oder sie zählen kurz ein paar formale Eigenschaften wie Homöostase, Replikation und Komplexität auf. Aber was für eine Komplexität? Und wie könnten wir weiterkommen, wenn wir unser Verständnis für Geld auf eine ähnliche Gruppe formaler Eigenschaften beschränkten?

Die Frage der Kategorien

Daß Wörter wie Leben und Bewußtsein so unhandlich sind, hat einen besonderen Grund: Sie befinden sich auf der seltsamen Ebene des Allgemeinen, auf der wir an den Grenzen einer Kategorie umschalten müssen. Sie kennzeichnen die Grenze eines ganzen logischen Typus. Die gleichen Schwierigkeiten ergeben sich auch mit Begriffen wie *Zeit*, *Notwendigkeit*, *Zufall*, *Materie*, *Raum* und *Realität*. Bei diesen umfassenden Begriffen drehen sich die Wörterbücher in einem berüchtigten Kreis aus Beinahe-Synonymen, und um die philosophischen Probleme drücken sie sich. Selbst das Wort *Spiel* ist viel schwieriger zu definieren als *Fußball*, denn die Idee des *Spielens* ist selbst eine andere, ein wenig rätselhafte Denkkategorie.

»Bewußtsein« ist nicht einer von mehreren Parallelfällen, wie Fußball eines von mehreren Spielen ist. Der Begriff bezeichnet vielmehr den Mittelpunkt eines subjektiven Aspekts unseres Lebens. Ein solches Wort zu verstehen bedeutet, daß man diesen Aspekt in vollem Umfang mit den anderen Aspekten in Beziehung setzt. Und dieses Herstellen von Bezügen ist – wie die Medizin – zwangsläufig eher eine Kunst als eine Wissenschaft, auch wenn die Wissenschaften natürlich manchmal ein sehr wichtiger Teil davon sind.

Muß man in einem bestimmten Wissenschaftsgebiet diese unhandlichen, Kategorien abgrenzenden Wörter verwenden, kann man sie natürlich mit einer scharfen, eingeschränkten Definition versehen, die sich für den unmittelbaren Zweck eignet. In einer Wissenschaft, in der man nur kausal die physikalischen Voraussetzungen des Bewußtseins aufklären will, kann man zu diesem Zweck völlig zu Recht eine unbestimmte Minimaldefinition des Bewußtseins verwenden und damit das untersuchen, was David Chalmers als »die einfachen Probleme« bezeichnet hat. Aber die Ergebnisse solcher Untersuchungen sind unter Umständen nur von geringer Bedeutung für die größere Schwierigkeit, die unterschiedlichen Aspekte unserer Welt zusammenzufügen. Hier stellt sich das gewaltige Problem, das wir alle haben, wenn wir unsere eigenen, individuellen Erfahrungen sinnvoll mit denen anderer Menschen und mit den offiziellen Ansichten unserer Gesellschaft in Verbindung bringen wollen. Dieses Problem ist ein zentrales Thema der ernsthaften Literatur und auch der Philosophie. Oft wurde behauptet, die Wissenschaft der Physik sei davon nicht betroffen. Die Pioniere der modernen Naturwissenschaft zogen sich im siebzehnten Jahrhundert absichtlich davon zurück und beschränkten sich auf physikalische Fragen; daß die Naturwissenschaft in der Folgezeit so erfolgreich war, ist nach allgemeiner Ansicht zu einem großen Teil auf diese Spielregel zurückzuführen.

Sobald man aber einräumt, daß Bewußtsein etwas Reales ist, stellen die nüchternen kausalen Gesetzmäßigkeiten, die man unter begrenzten Gesichtspunkten studiert, nicht mehr alle wissenschaftlichen Fragesteller zufrieden. Der Forschergeist sucht auch nach einer verständlichen Verbindung, nach einem Grund, warum die Wirkung zur Ursache paßt. Wenn man sie im Fall des Bewußtseins überhaupt finden kann – was bis heute nicht geklärt ist –, muß man sich bei der Suche danach mit Sicherheit auf einen viel größeren Zusammenhang beziehen, in dem man beide Aspekte ernsthaft als Ganzes betrachtet. Diesen größeren Rahmen zu sehen, ist für heutige Naturwissenschaftler wegen ihrer Spezialisierung äußerst schwierig. Zunächst einmal muß er nämlich mit Sicherheit den von Searle erwähnten gesellschaftlichen Zusammenhang und darüber hinaus auch den Zusammenhang des ganzen Lebens einschließen.

Was das Leben angeht, so werden die Biologen sich nach meiner Vermutung in zwanzig Jahren mit »der Frage des Lebens« ebenso nachdrücklich befassen, wie wir anderen es heute mit dem Bewußtsein und seinen Problemen tun. Lynn Margulis und Dorion Sagan haben es erst kürzlich betont: Es zahlt sich wirklich nicht aus, die eigenen zentralen Begriffe zu mißachten. In beiden Fällen geht den Forschern häufig die Frage im Kopf herum, welche *Wichtigkeit* oder *Bedeutung* diese Dinge haben, was ihnen also einen so hohen Stellenwert verleiht. Das Gewicht, das wir bei anderen und bei uns selbst dem Unterschied zwischen Lebendigsein und Totsein, zwischen Bewußtem und Unbewußtem beimessen, ist nicht nur ein zufälliges Produkt unserer individuellen Launen, sondern ein Teil des ganzen Gedankengebäudes.

Wichtigkeit beeinflußt unsere Auswahl, und deshalb kann Wissenschaft nicht »wertfrei« in dem Sinn sein, daß die Wichtigkeit mißachtet wird. Die Annahme, Bewußtsein sei unwichtig, führte die behavioristischen Psychologen zu ihren bizarren, unhaltbaren Schlußfolgerungen. Wenn wir uns heute entschließen, das Thema ernst zu nehmen, müssen wir andere Methoden anwenden. Wir müssen uns nach meiner Überzeugung auf viel größere philosophische Fragen wie den freien Willen und die persönliche Identität einlassen – Themen, die zutiefst unsere Ansichten darüber berühren, was für Geschöpfe wir eigentlich sind. Hier geht es in erster Linie um den besten Weg zum Nachdenken und nicht um die Fragen nach Tatsachen als solchen. Obwohl diese Themen die Naturwissenschaftler betreffen und viele naturwissenschaftliche Fragen aufwerfen, handelt es sich offenbar in dem heutigen engen Sinn nicht um rein naturwissenschaftliche Probleme. Ich bin mir nicht sicher, ob die derzeitige Vorstellung von einer »Wissenschaft des Bewußtseins« ein Gebiet abstecken will, das eine Parallele beispielsweise zu einer »Wissenschaft der Verdauung« darstellt, aber wenn es so ist, habe ich meine Zweifel, ob der Begriff funktioniert.

Den Hintergrund zeichnen

Was für eine Erklärung ist hier demnach notwendig? Im Fall der genannten gesellschaftlichen Begriffe wie Geld und Fußball gehört dazu, daß man die Struktur des jeweiligen Phänomens nachzeichnet und zeigt, wie es über diese Struktur mit den umgebenden begrifflichen Bereichen des Lebens als Ganzem verbunden ist. Zu diesen Bereichen gehören als entscheidender Kern die Ziele und Absichten der Beteiligten. Immer müssen wir fragen: »Was wollen diese Menschen tun und warum?« Auf diese Weise erhalten wir keinen Kausalzusammenhang in dem Sinn, wie man ihn heute in den Naturwissenschaften erwartet, sondern einen historischen Zusammenhang. B. F. Skinner tat »diese Ansammlungen persönlicher Erfahrungen, die man Geschichte nennt«, als laienhaft und unzureichend ab, weil sie sich nicht der Methoden der harten Naturwissenschaft bedienten. Tatsächlich arbeitet die Geschichtswissenschaft mit der disziplinierten Anwendung vielfacher Analogien und der sorgfältigen Untersuchung von Indizien. Diese Methoden sind keineswegs antiwissenschaftlich. Sie sind so streng, so notwendig, so wichtig und so respektabel wie die Vorgehensweisen der Naturwissenschaft. Sie werden sogar in vielen wichtigen Bereichen der Naturwissenschaften selbst gebraucht und angewandt, so zum Beispiel in der Kosmologie und der Evolutionsforschung, weil diese Disziplinen sich mit einmaligen, nicht wiederholbaren historischen Vorgängen befassen, genau wie die Wissenschaft vom Leben der Menschen in früheren Zeiten.

Die Notwendigkeit, neue Begriffe auszuloten

Mit Sicherheit müssen wir also anerkennen, daß wir je nach Wesen und Zustand unseres Themas unterschiedlich geartete Erklärungen brauchen. Denn Begriffe unterschiedlichen Typs müssen auf unterschiedlichen Wegen erklärt werden, und diese Wege unterscheiden sich je nach den derzeitigen Lücken in unserer Fähigkeit, mit dem jeweiligen Gegenstand umzugehen. Wie Entdecker in einem Gebiet, wo bisher nur wenige Orte bekannt sind, versuchen wir Verbindungen zwischen unseren bestehenden Kenntnissen zu finden. Und wie diese Entdecker haben wir oft allen Grund, den bisher verwendeten Landkarten zu mißtrauen.

Unterschiedliche Aspekte des Lebens zueinander in Beziehung zu setzen, ist aber komplizierter als die Aufgabe, Verbindungen zwischen Seen und Gebirgen herzustellen, denn diesmal können ihre Beziehungen mehr verschiedene Formen annehmen. Manchmal ist nur sehr schwer zu klären, was wir richtig begriffen haben und was wir eigentlich noch nicht verstehen. Genau solche Schwierigkeiten haben wir zur Zeit mit dem Bewußtsein. Wir brauchen wirklich neue Begriffe, die wieder den ganzen Menschen in den Brennpunkt rücken. Wir müssen die unrealistische Teilung aufgeben, die lange Zeit unsere Gedanken verzerrt hat und sich heute ständig erweitert, wenn man den Geist als Computerprogramm betrachtet und damit den scharfen, einfachen Dualismus von Software und Hardware vertritt.

Dieser Mangel an neuen Begriffen ist immer schwer zu begreifen, solange er uns im Griff hat. Einfach zu verstehen ist er dagegen im nachhinein, wenn man endlich die neuen, notwendigen Begriffe erfunden hat, wie es mit dem modernen Begriff der Toleranz geschehen ist. Gegen Ende des siebzehnten Jahrhunderts suchten Menschen in ganz Europa nach einer neuen Denkweise, mit deren Hilfe sie die Gewohnheit, Religionskriege auszufechten, fallenlassen konnten, ohne deshalb die Beschäftigung mit den wichtigen Themen aufzugeben, die diesen Konflikten zugrunde lagen. Diesen Weg zu finden, bereitete ihnen mehr Schwierigkeiten, als wir es uns heute ausmalen können. Aber als es soweit war, prägten John Locke und andere eine Denkweise über die Toleranz, mit deren Hilfe man stetig in der gewünschten Richtung vorankommen konnte. Natürlich lösten sie das Problem nicht in vollem Umfang. Wir haben noch heute Probleme mit der Frage, was wir tolerieren sollen und in welchem Geist wir es tolerieren sollen. Aber sie steuerten ein sehr nützliches begriffliches Hilfsmittel bei – ein Hilfsmittel, das uns heute völlig selbstverständlich ist –, und mit seiner Hilfe konnte man eine ganze Reihe katastrophaler (und zuvor beliebter) Antworten auf solche Fragen vermeiden.

Die Wurzeln des Dualismus

Meine Behauptung über die Vielfalt, meine Aussage, es gebe unterschiedliche Erklärungen und man müsse auch neue finden, ist kein schockierendes Manifest des Irrationalismus. Es bedeutet nicht, daß alles als Erklärung zählen kann, sondern es heißt nur, daß die eine Welt, in der wir alle leben, kompliziert ist und daß unsere Denkfähigkeit sich im Umgang mit ihr glücklicherweise als flexibler und vielseitiger erweist, als manche Philosophen angenommen haben. Die vielen Denkweisen, die wir besitzen und ständig weiterentwickeln, sind keine konkurrierenden Alternativen. Sie bilden eine potentiell einheitliche Ausstattung mit Hilfsmitteln; bis zu einem gewissen Grade lernen wir (wie Zimmerleute) ständig, sie im Einklang miteinander zu benutzen, und durch sorgfältiges Üben verstehen wir immer besser, welche Möglichkeiten in ihnen stecken.

Seit der Zeit Descartes' – der einen so großen Fehler beging, als er den Geist vom Körper abtrennte und sich sicher war, die

Welt sei grundsätzlich einfach – gab es jedoch in der abendländischen Philosophie immer einen entsetzlich großen Ehrgeiz, das Denken auf eine große zugrundeliegende Form zu reduzieren und damit zu vereinfachen. Seine Überzeugung, die Welt sei nach einem einzigen, grundsätzlich einfachen Muster aufgebaut, wird erst seit recht kurzer Zeit in Frage gestellt.

Descartes' Dilemma verdient nach wie vor noch unsere Aufmerksamkeit, denn es ist im wesentlichen das gleiche, das auch heute wieder aufgetaucht ist – und zwar deshalb, weil wir mit den Schwachpunkten von Descartes' einfacher Lösung mittlerweile nicht mehr leben können. Er war der erste große Denker, dem die Eigentümlichkeiten des inneren Erlebens auffielen, jene umfassende, merkwürdige Besonderheit des subjektiven Blickwinkels. Er war so ehrlich und scharfsinnig, daß er diese Besonderheit nicht unter den Teppich kehren konnte – dazu hätte er nur sagen müssen, das Erleben sei irgendwie unwirklich oder nicht wichtig genug, als daß wir es in unserem Verständnis der Welt ernst nehmen müßten. Er erkannte, daß dieses persönliche Erleben in gewisser Weise der Mittelpunkt aller Wichtigkeit war. Deshalb machte er es zum Ausgangspunkt seiner Untersuchungen und bemerkte: *Je pense, donc je suis* – ich denke, also bin ich.

Aber was ist dieses Ich eigentlich? (Hier beginnen die echten Schwierigkeiten.) Descartes war (wieder einmal) zu ehrlich und scharfsinnig; er konnte nicht glauben, es sei irgendwo in den Themen der reinen Naturwissenschaft versteckt – was heute offenbar viele Menschen annehmen möchten. Descartes war seiner Zeit voraus und erkannte voll und ganz, welche Naturwissenschaft mit Menschen wie Galilei und Harvey heraufdämmerte. Er war eifrig darauf bedacht, ihre Bedeutung herauszustellen. Gleichzeitig verstand er aber auch, daß diese moderne Wissenschaft ihre Erfolge der strengen Abgrenzung ihrer Themen verdankte, während Begriffe wie »Absicht«, die einen bestimmten Blickwinkel voraussetzen, ausgeschlossen blieben – Begriffe, die (wie er erkannte) frühere theoretisch-naturwissenschaftliche Überlegungen blockiert und in die Irre geführt hatten.

Das ist der Grund, warum Descartes den Geist ganz radikal und ontologisch vom Körper trennte – dazu erklärte er, es handele sich um ganz unterschiedliche Arten von Materie, die nur durch den äußeren Einfluß Gottes in einem ewigen Wunder verknüpft seien. Auf diese Weise konnte er die Vernunft, die über beides nachdenkt, nach wie vor als einheitliche Fähigkeit betrachten, obwohl sie sich für die beiden Zwecke unterschiedlicher Methoden bediente; der Unterschied der Begriffe hatte seine Ursache demnach in dem Unterschied zwischen den beiden Themen. Das eröffnete die Aussicht, daß die Vernunft auf beiden Seiten der Kluft schon bald wunderschön einfache Erklärungen liefern würde.

Diese drastische, chirurgische Aufteilung der Welt funktionierte natürlich eine Zeitlang gut. Sie ermöglichte die Entdeckung verschiedener realer, wichtiger einfacher Zusammenhänge, insbesondere in der Physik. Indem Descartes sich des extremen Mittels der Ontologie bediente, konnte er für die moderne Naturwissenschaft eine sichere Einfriedung schaffen, die sie gegen Störungen durch andere Formen des Denkens abgrenzte. Damit wurde seine Vorstellung von einer tiefen Spaltung der Realität zu dem Hintergrund, den man in der Frühzeit dieser Wissenschaft als selbstverständlich voraussetzte.

Das Versagen der Vereinheitlichung durch Vereinnahmung

Viele Menschen hegten jedoch schon immer den Verdacht, die Idee von einer solchen radikalen Trennung könne nicht funktionieren, und zwar genau aus den Gründen, die heute das »Problem des Bewußtseins« aufwerfen. Man erkannte, daß es in Wirklichkeit nicht möglich ist, eine durch kein Argument zu erschütternde Schranke zwischen Subjekt und Objekt aufzustellen, zwischen Innen und Außen, zwischen Gedanken und Dingen. Man kann diese beiden Elemente der Welt nicht so betrachten, als gäbe es zwischen ihnen keinen Zusammenhang, denn wir müssen ständig über solche Zusammenhänge nachdenken, Zusammenhänge, die selbst unentbehrliche Mittel unseres Denkens sind. Erklärungen funktionieren nicht, ohne daß man die angebliche Kluft ständig überquert. Oder, wie Searle richtig feststellt: Wir leben nur in einer Welt.

Wie läßt sich demnach die Lücke schließen? Die Streitlust der Menschen führte dazu, daß den meisten Denkern als erste Methode die Vereinnahmung einfiel, und wieder versuchte man das durch die extremen Vorgehensweisen der Ontologie – mit einer ehrgeizigen, durchgreifenden metaphysischen Kolonisierung der Materie durch den Geist oder des Geistes durch die Materie. Vom siebzehnten bis zum neunzehnten Jahrhundert kämpften die Philosophen um den Nachweis, daß entweder Materie oder Geist die einzige grundlegende Substanz sei, so daß die zugehörige Form der Erklärungen ebenso grundlegend für alles Denken sein mußte – ein Vorhaben, das immer komplizierter wurde, bis es schließlich platzte und seine endgültige Form annahm, die stalinistische Version der marxistischen Dialektik.

Pest in beiden Häusern

Was behaupteten diese Kämpfer? Um es ganz grob zusammenzufassen: Auf der Seite der Idealisten glaubte man nachweisen zu müssen, daß Materie ganz einfach eine Form des Geistes ist, nur ein logisches Konstrukt aus Sinneseindrücken (Leibniz, Berkeley, Hume, Hegel, Ayer). In dem Lager der Materialisten dagegen schien es ebenso klar, daß Geist nur eine

Form der Materie ist, daß »das Gehirn Gedanken ausscheidet, wie die Leber Galle ausscheidet« (Hobbes, Laplace, La Mettrie, Marx, Skinner). T. H. Huxley schaffte es, beide Formen der Reduktion einzubeziehen, aber das war eine ganz ungewöhnliche Leistung.

Leider war dieser ontologische Krieg trotz einiger ernsthafter Bemühungen um Verfeinerung auf beiden Seiten in der Praxis immer viel zu grob, als daß man damit die Schwierigkeiten hätte ausräumen können. Man kann keine der beiden Möglichkeiten wirklich zum Funktionieren bringen. Aber beide haben auch ihre Stärken, und für beide gab es erfolgreiche Phasen. Wer die Überzeugungskraft des idealistischen Standpunktes noch nicht gespürt hat, braucht nur Hume oder Berkeley zu lesen; dabei entdeckt man, daß Materie sich ebenso leicht auflösen läßt, wie man in den Geist verwerfen kann. Aber schon nach den ersten Schachzügen stießen beide Seiten auf ernsthafte Schwierigkeiten. In jüngerer Zeit hat der Materialismus sicher an Boden gewonnen. Heute halten ihn viele Menschen immer noch für eine sinnvolle, vernünftige Lehre. Ich möchte aber im Gegenteil schlicht und einfach behaupten: Er ist nicht besser als sein Gegenüber, ja vermutlich ist er sogar schlechter – denn eine Welt ohne Subjekte ist ebenso wenig vorstellbar wie eine Welt ohne Objekte. Und wenn man eine Alternative beseitigt, muß man die andere ebenso loswerden. Der ganze ontologische Kleinkrieg ist ein Fehler.

Daß der Materialismus heute so glaubwürdig wirkt, ist durchaus verständlich, denn ganz abgesehen von dem Reiz des traditionellen Krieges gegen Gott läßt ihn auch die Art, wie man in letzter Zeit über die ganze Diskussion nachdenkt, unausweichlich erscheinen. Eine Zeitlang sah es so aus, als spiele sich die Debatte innerhalb der Naturwissenschaften selbst ab. Die Streithähne blieben meist nahe an Descartes' Idee, wonach es sich bei den beiden konkurrierenden Elementen um unterschiedliche Substanzen handelte. Solange man nicht die gleiche große logische Sorgfalt anwendet wie Aristoteles, klingt das einfach nach zwei verschiedenartigen physikalischen Stoffen. Die Diskussionsteilnehmer – insbesondere auf der materialistischen Seite – hatten deshalb den Eindruck, sie stellten eine ganz ähnliche Frage wie die Vorsokratiker: »Aus welchem physikalischen Stoff besteht die Welt?«

Aus diesem Blickwinkel betrachtet, löst der Geist sich ganz von selbst auf, denn er sieht aus wie eine Art Gas, und zwar ein Gas, das die moderne Chemie oder Physik mit Sicherheit nicht kennt. Und die Sache wird nicht besser, wenn man im Geist nicht eine Substanz, sondern eine Kraft sieht, die den physikalischen Kräften vergleichbar wäre. Auch für eine solche zusätzliche Kraft ist im Bereich der Physik oder irgendwo in ihrem Umfeld keinerlei Platz. Es ist genau der gleiche Fehler, den auch die Vitalisten im neunzehnten Jahrhundert begingen, als sie eine gleichsam physikalische Kraft oder ein Gebilde namens »Leben« auf derselben Stufe mit den Faktoren ins Spiel bringen wollten, die in Physik und Biologie bereits untersucht waren, statt darauf hinzuweisen, daß die gewaltige Komplexität der Lebewesen ganz andere Formen der Erklärung verlangte.

Bewußtsein als körperliches Gebilde ehrenhalber

Der derzeitige Wunsch, das Bewußtsein ernstzunehmen, verleitet vielfach zu der Hoffnung, man könne es rechtfertigen, indem man für das Bewußtsein einen Platz am Rand der Naturwissenschaft findet, statt dabei den vitalistischen Fehler zu wiederholen und ein solches Gebilde in ihrer Mitte anzusiedeln. So äußert beispielsweise Gregg Rosenberg die Vermutung: »Aus dem nicht reduzierbaren Charakter von Erfahrungen ergibt sich die Folgerung, daß sie von grundlegenden

Naturgesetzen bestimmt werden, die mit den Gesetzen für Eigenschaften wie Masse, Bewegung und Schwerkraft auf einer Stufe stehen.« Das ist eine Abwandlung der Idee von David Chalmers, wonach wir den Reduktionismus vermeiden sollten, indem wir »das Erleben selbst als grundlegendes Merkmal der Welt neben Masse, Ladung und Raum-Zeit betrachten«. Wenn diese Ansicht stimmt, so bemerkt Chalmers zufrieden,

dann hat eine Theorie des Bewußtseins in mancherlei Hinsicht mehr mit einer physikalischen Theorie gemeinsam als mit einer Theorie in der Biologie. Biologische Theorien schließen keine Prinzipien ein, die in diesem Sinne grundsätzlicher Natur sind, und deshalb haben biologische Theorien etwas Kompliziertes und Unordentliches; in der Physik dagegen streben Theorien, soweit sie sich mit grundlegenden Prinzipien befassen, nach Einfachheit und Eleganz. Die fundamentalen Naturgesetze gehören zur grundlegenden Einrichtung der Welt, und die physikalischen Theorien sagen uns, daß diese grundlegende Einrichtung bemerkenswert einfach ist. Wenn eine Theorie des Bewußtseins ebenfalls grundlegende Prinzipien umfaßt, erwarten wir für sie das gleiche.

Rührender läßt sich der Physikneid kaum ausdrücken. Die Schwierigkeiten, die ein solcher Vorschlag aufwirft, sind äußerst interessant. Rosenberg möchte neue Gesetze einführen, die »auf einer Stufe« mit den Gesetzen der Physik stehen. Das liegt offensichtlich daran, daß die Physik nach seiner Vorstellung das Erdgeschoß ist, die Grundlinie, der Platz für die letztgültigen, wichtigsten Klassifikationsbegriffe, der einzige Ort für Kategorien. Das gleiche versucht Chalmers. Und beide sind zu Recht der Ansicht, das »Erleben« habe eine solche Bedeutung, weil es sich um einen Kategorienbegriff handelt, der zu umfassend ist, als daß man ihn in einem Anhang an den Grenzen der Neurowissenschaften unterbringen könnte. Deshalb wollen sie ihn als physikalische Kategorie den größten und fundamentalsten Begriffen zur Seite stellen, die sie sich ausmalen können.

Aber dieser *Ort ist als Anhang zur Physik ebensowenig zu finden wie als Anhang zur Neurobiologie.* Die Physik ist eine höchst spezialisierte Wissenschaft. Ihre Grundbegriffe wurden sehr sorgfältig abstrahiert und so gestaltet, daß sie fein säuberlich zusammenpassen und eine höchst seltsame begriffliche Aufgabe erfüllen. Ein völlig anders geartetes Ehrenmitglied können sie unter sich nicht aufnehmen. Die Bedeutung von Begriffen wie »Masse« in der Physik hat mit ihrem alltäglichen Gebrauch nur sehr wenig zu tun. Der Versuch, dieser Familie einen umfassenden, nicht neu aufgebauten Alltagsbegriff wie »Bewußtsein« hinzuzugesellen, gleicht der Absicht, in einem Schachspiel eine Spielkarte unterzubringen – oder vielleicht eher der Idee, eine wirkliche Dame oder einen lebenden König auf ein Schachbrett zu setzen. Diese neuen Elemente gehören zu einem anderen logischen Typus und brauchen einen anderen Zusammenhang. Sie sind überhaupt nicht Teil des gleichen Spiels. Sie können sich nicht »auf der gleichen Stufe« befinden. Dazu ist der Unterschied zwischen den Kategorien zu groß.

Wer glaubt, man könne auf einem solchen Anhang bequem eine Physik aufbauen, sollte bedenken: Wenn das stimmen würde, könnten viele andere Begriffe sie mit dem gleichen Recht mit Beschlag belegen wie das Bewußtsein. Wie steht es zum Beispiel mit *Substanz, Notwendigkeit, Wahrheit, Wissen, Objektivität, Sinn, Kommunikation, Wirklichkeit* und *Schein, Vernunft* und *Gefühl, aktiv* und *passiv, richtig* und *falsch, gut* und *böse*? Und wie steht es überhaupt mit dem Leben, das nur deshalb ausgeschlossen wurde, weil die Leute sich heute nicht damit befassen wollen? Das alles sind grundlegende Kategorien unseres Denkens. Würde man die Physik so ausweiten, daß sie das alles aufnehmen kann, würde sie bruchlos in die Wissenschaftsphilosophie und dadurch in zentrale Bereiche der Metaphysik übergehen. Tatsächlich wurde die Physik von einigen ihrer großartigsten Vertreter so behandelt, von Galilei bis Einstein. Vielleicht braucht sie wirklich eine solche Verbindung nach außen. Aber eine derartige Veränderung würde Karl Poppers Beschränkung des naturwissenschaftlichen Bereiches zuwiderlaufen, die heute offenbar von den meisten Naturwissenschaftlern anerkannt wird.

Demnach ist also die physikalische »Ebene« nicht das Erdgeschoß allen Denkens, und sie ist keine Gruppe, zu der alle wichtigen Begriffe gehören müssen. Man braucht nicht mit der Erkenntnis zu rechnen, daß auch andere entscheidende Bereiche des Denkens von allgemeingültigen »Naturgesetzen« bestimmt werden, die mit den in der Physik gebräuchlichen vergleichbar wären oder unmittelbar zu ihnen in Beziehung gesetzt werden könnten. Die Suche nach solchen quasi-physikalischen Gesetzen in Geschichts- und Sozialwissenschaft, die vor allem von Theoretikern wie Herbert Spencer, Toynbee, Spengler und Engels eifrig vorangetrieben wurde, erwies sich als katastrophaler Irrweg – und zwar vor allem deshalb, weil man sich dabei von einer blinden Nachahmung der Physik leiten ließ, statt die Aufmerksamkeit auf die Anforderungen des jeweiligen Themas zu richten.

Aber der Ausdruck »grundlegende Naturgesetze« ist im heutigen Sprachgebrauch fest mit den Gesetzen der Physik verbunden. Hier zeigt sich eine Konvention, wonach Natur mit »dem Gegenstand der Physik« gleichzusetzen ist. Rosenberg möchte den Ausdruck ein wenig davon lösen und seinen Geltungsbereich erweitern, indem er die Vorstellung von der Natur so abwandelt, daß sie auch das Bewußtsein umfaßt.

Diese Erweiterung ist sicher soweit richtig. Sie muß sich aber in einem weitaus kühneren, umfassenderen Maßstab vollziehen. Die Erklärung der Natur als Ganzes ist kein eindimensionaler Vorgang, der sich nur nach unten in Richtung einer einzelnen Gruppe erklärender Begriffe bewegt. Denken ist kein ordentlicher Stapel aus Backsteinen, die jeweils von dem darunterliegenden Stein getragen werden. Von einer solchen Schwerkraft ist das Denken nicht beherrscht; seine Verbindungen verlaufen in alle Richtungen. Die heute auch als »Foundationalism« bezeichnete Gewohnheit, nach Art der Gravitation zu erklären, führt, wie in jüngster Zeit deutlich gemacht wurde, häufig in die Irre.

Das entschwindende Subjekt

Die Vorschläge von Chalmers und Rosenberg sind also anscheinend weitere Beispiele für den Fehler, der seit Mitte des 19. Jahrhunderts, als der metaphysische Materialismus die vorherrschende Mode wurde, alle Versuche vereitelt hat, irgendwo auf dem steinigen Acker der Materie einen Platz für den Geist zu finden. In Sachen Materialismus waren die Menschen leichtgläubig, weil sie in ihrem tiefsten Inneren immer noch annahmen, wir müßten – und sei es auch in einem noch so intellektuellen Sinn – nach einer einzigen Grundsubstanz suchen, einem Nährboden, der eine allumfassende Form von Erklärungen liefern würde. Trotz aller Fortschritte der Physik, die dieses Denkmuster eigentlich unglaubwürdig machten, blieb das Bild von der Materie als *Urstoff* bestehen, als das Holz, aus dem alle Dinge geschnitzt sind, und eine Erklärung in solchen Begriffen führte zwangsläufig dazu, daß der Geist nach einer Art Illusion aussah. Wenn nämlich das Gehirn mit der Ausscheidung von Gedanken fertig ist, hat das Produkt keinerlei Gewicht, und das Gehirn selbst ist offenbar nicht im geringsten leichter geworden. Und noch einmal: Zwischen den physikalischen Kräften, die auf das Gehirn einwirken, gibt es keine Lücke, die Platz für eine zusätzliche Geisteskraft lassen würde. War also das Bewußtsein vielleicht, wie J. B. Watson es manchmal formulierte, einfach nur ein Mythos?

Auf diesen provozierenden Begriff steuerten die behavioristischen Psychologen Anfang des zwanzigsten Jahrhunderts triumphierend zu. Aber dann erwies das Leben sich als so seltsam und rätselhaft, daß praktisch alle, die auf den Zug aufgesprungen waren (darunter auch Watson selbst), sich schnell wieder zurückzogen und nun in den benachbarten Bahnhöfen an den Abzweigungen des Gleises nach Kompromißlösungen suchten. Damit sind sie noch heute beschäftigt.

Zwei Standpunkte, nicht zwei Substanzen

In Wirklichkeit müssen wir es aber vermeiden, überhaupt erst auf ein solches Gleis zu geraten. *Diese beiden Aspekte des Lebens sind nicht zwei verschiedene Stoffe oder Kräfte. Sie sind zwei Standpunkte – Innen und Außen, Subjektives und Objektives, die Sicht des Patienten für seine Zahnschmerzen und die des Zahnarztes, der sie untersucht.* Beim Denken muß man oft zwischen den beiden Blickwinkeln unterscheiden. Aber beide sind unentbehrliche, untrennbare Aspekte unseres normalen Erlebens, genau wie Form und Größe untrennbare Aspekte eines Gegenstandes sind. Der Zahnarzt ist sich der Schmerzen des Patienten als einer wichtigen Tatsache in der von ihm untersuchten Situation bewußt, und auch der Patient kann bis zu einem gewissen Grade objektiv darüber nachdenken. Ein Patient kann sogar selbst auch Zahnarzt sein. Das einzige, was in der Welt vorhanden sein muß, damit die beiden Standpunkte vereint werden, ist *der ganze Mensch*, der Mensch, der beide Aspekte besitzt. Die Ontologie muß diesen Menschen als ein einziges, bruchlos vorhandenes Etwas anerkennen.

Unser Denken nimmt praktisch immer Material aus beiden Blickwinkeln auf. Wie Thomas Nagel in einer ausgezeichneten Erörterung der beiden Standpunkte deutlich macht, nehmen wir normalerweise nie ausschließlich eine Position ein. Wir bewegen uns vielmehr ständig zwischen beiden hin und her und kombinieren das entsprechende Material:

Um zu einem objektiveren Verständnis eines Aspektes des Lebens oder der Welt zu gelangen, treten wir von unserer ursprünglichen Sichtweite dieses Aspektes zurück und bilden uns eine neuartige Auffassung, welche die ältere Auffassung und ihre Weltbeziehung zum Gegenstand hat ... Wird dieses Verfahren jeweils wiederholt, kommt es zu weiteren, immer objektiveren Weltauffassungen ...
[Es handelt sich] bei der Polarität von subjektiveren und objektiveren Auffassungen im Grunde um einen graduellen Unterschied, der sich über weite Dimensionen erstreckt ... So ist etwa der Standpunkt der Moral objektiver als der des Privatlebens, doch weniger objektiv als der der Physik.

Wir kombinieren also aus beiden Blickwinkeln abgeleitete Elemente auf unterschiedliche Weise, so daß sie zu den verschiedenen Themen unserer Diskussionen passen, und diese Art der Kombination ist sehr verschiedenartig, je nachdem, welchen Zweck wir jeweils mit unseren Gedanken verfolgen – vielleicht ganz ähnlich, wie wir auch Seh- und Tasteindrücke in unserer Sinneswahrnehmung kombinieren.

Wie Nagel deutlich macht, ist Objektivität nicht immer eine Tugend, und sie ist für Erklärungen auch nicht immer nützlich. Sie ist nur eines von vielen Idealen, die wir beim Denken anstreben müssen. In vielen Situationen kann eine stärkere innere Loslösung sowohl kognitiv als auch moralisch zur Katastrophe werden. Am offenkundigsten ist das natürlich im Privatleben, das (darauf sollte man ausdrücklich hinweisen) durchaus kein trivialer, untergeordneter Aspekt des Lebens als ganzes ist. Wenn wir nicht zu verstehen versuchen, was unsere Freunde unglücklich macht, werden wir sie mit einer distanzierten Herangehensweise irgendwann nicht nur quälen, sondern wir werden damit auch unsere Bemühungen, dem Übel auf den Grund zu gehen, völlig zunichte machen. Und jeder Versuch, ein tiefgründiges Theaterstück oder einen Roman zu verstehen, wird völlig scheitern, wenn wir unser Mitgefühl außen vor lassen.

Umfassender betrachtet, gilt das gleiche auch für ein breites Spektrum von Problemen, die damit zu tun haben, daß wir über die Motive anderer Menschen Bescheid wissen müssen, ja bis zu einem gewissen Grade sogar für alle unsere Versuche, die zuvor erwähnten gesellschaftlichen Phänomene zu begreifen. Ein gewisses Maß von Mitgefühl oder Sympathie für die beteiligten Menschen ist ein unbedingt notwendiges kognitives Hilfsmittel, wenn man auch nur einen einzigen von ihnen verstehen will. Wir müssen uns in ihre Ziele und Absichten hineinversetzen. Das ist der Grund, warum die »Objektivität«, die B. F. Skinner in der Psychologie anstrebte – die Methode, von der menschlichen Subjektivität völlig zu abstrahieren und andere Menschen wie einfache physikalische Objekte zu behandeln – in die kognitive Sackgasse führt.

Die merkwürdige Stellung der Physik

Die Physik dagegen steht zusammen mit Mathematik und Logik ganz am anderen Ende des Spektrums. Sie ist nicht nur eine ungeheuer abstrakte Wissenschaft, sondern ihre Abstraktion zielt auch gerade darauf ab, die Besonderheiten der persönlichen Erfahrung auszuschließen. Das ist der Grund, warum sie vom normalen Denken so weit entfernt ist. Ihre Spezialisierung ist völlig durch den Erfolg gerechtfertigt, den sie mit ihren eigenen, besonderen Arbeiten hat. Aber die Idee, sie sei der richtige Ort, um die Situation des Bewußtseins zu erklären, das genau am anderen Ende des Spektrums steht, ist sicher ein wenig abenteuerlich.

Damit ist nicht gesagt, daß die derzeitigen Versuche zur Abwandlung physikalischer Begriffe, die dann möglicherweise auch die Existenz des Bewußtseins weniger paradox erscheinen lassen, nicht nützlich sein könnten. Ich habe zwar keine Ahnung, wie solche Versuche funktionieren können, aber ich erkenne, daß es unter Umständen möglich ist, einfach indem man die grobe, mechanistische Vorstellung von den Lebewesen beseitigt, die derzeit nach Ansicht vieler Menschen keinen Platz für das Bewußtsein läßt. Aber das wäre eine indirekte Erleichterung. Es würde klappen, wenn man biologische Begriffe so verändert, daß sie sich leicht mit solchen aus der Psychologie verflechten können. Das ist ein ganz anderes Unternehmen als der Versuch, Physik und subjektives Erleben unmittelbar zusammenzufügen und dabei alle zwischen ihnen liegenden Aspekte des Lebens außen vor zu lassen. Eine Mußehe mit der Physik kann nicht der richtige Weg sein, um das hohe Ansehen des Bewußtseins zu retten.

Subjektivität ist kein Skandal

Die Mußehe – diese bisher letzte Lösung für das »Problem des Bewußtseins« – ist also meines Erachtens weder funktionsfähig noch notwendig. Sie funktioniert nicht, weil die Partner wegen der großen Unterschiede der Kategorien nicht zusammenpassen. Und sie ist nicht notwendig, weil das Bewußtsein bereits einen geeigneteren Partner hat. Er existiert in einer funktionsfähigen Symbiose mit seinem Gegenüber, das ein wenig umfassender ist als die Physik – nämlich mit der gesamten objektiven Sichtweise, zu der die Physik nur als spezialisierte Abteilung dazugehört. Diese beiden Teile sind auf völlig vertraute Art und Weise über das ganze Spektrum unserer Erfahrungen hinweg kombiniert, und ganz allgemein zeigt uns dieses Spektrum in der Regel, wie wir sie noch besser verbinden können.

Tatsächlich fällt es uns oft schwer, diese Verbindung in ihren Einzelheiten richtig abzustimmen, und manchmal können solche Schwierigkeiten sehr schwerwiegend sein. Insbesondere die bewertenden Fragen nach der relativen Bedeutung verschiedener Elemente im Leben, die ich zuvor bereits erwähnt habe, sind sehr groß und lassen uns oft im Zweifel darüber, wie wir die gesamte Struktur unseres Denkens ausbalancieren sollen. Das ist der Grund, warum ernste Literatur und Philosophie eine Menge Arbeit haben. *Aber wir leiden im Zusammenhang mit diesen Problemen nicht an einer allgemeinen Lähmung, an einer tiefen gegenseitigen Unkenntnis, wie man es erwarten würde, wenn die derzeitigen materialistischen Lehren richtig wären.* »Bewußtsein« ist kein isoliertes, sonderbares Phänomen an den Rändern der Welt, kein irrationales Gebilde, das von den rationalen Denkweisen, mit denen wir die Dinge verständlich machen, losgelöst wäre. Willis Harman formulierte es so:

Wenn die bewußte Wahrnehmung des Wissenschaftlers durch Training so konditioniert ist, daß sie nur nach außen blickt, mag die derzeitige Form der Naturwissenschaft eine scheinbar vernünftige Weltanschauung bieten. Sobald sich aber das Bewußtsein auf sich selbst und die Aufmerksamkeit sich nach innen richtet, kommt zu dem Bild nicht nur ein anderer Erfahrungsbereich hinzu, sondern man erkennt auch in der äußeren Realität eine neue Ordnung. Während des Vorganges verändert sich der Beobachter; nie wieder kann man Gewißheit in die Formulierung absoluter Gesetze setzen, die diesen Faktor des Bewußtseins unbeachtet lassen.

Ein Beispiel wurde bereits erwähnt: Zahnarzt und Patient müssen zusammenwirken, und gewöhnlich sind sie dazu auf einer gemeinsamen Grundlage fähig: Sie haben einen gewissen Begriff von den Standpunkten des anderen und verstehen den sozialen Zusammenhang, in dem sie beide handeln. Wir alle wissen, daß jede Erklärung von Themen, die mit Schmerz zu tun haben, innere und äußere Aspekte gleichermaßen ernst nehmen muß. Im medizinischen Zusammenhang ist uns deshalb die Notwendigkeit, gegenüber dem subjektiven Erleben objektiv zu sein, völlig vertraut. Aber sobald wir uns von einer Wissenschaft (beispielsweise der Medizin) mit einer anerkannten physikalischen Grundlage entfernen, kommen Entsetzen und Verlegenheit über uns. Es mag seltsam erscheinen: Viele gebildete Menschen können heute nur schwer einräumen, daß der subjektive Standpunkt einen wichtigen Einfluß auf die Welt ausübt. Diese Verlegenheit ist der Ausgangspunkt für Searles Argumentation. Er selbst teilt sie offensichtlich. In seiner Formulierung liest sich das so:

> ... ein Problem, das mir lange Zeit zu schaffen gemacht hat: Es gibt Teile der wirklichen Welt, objektive Tatsachen in der Welt, die Tatsachen nur kraft menschlicher Übereinkunft sind. In einem gewissen Sinn gibt es Dinge, die nur existieren, weil wir glauben, daß sie existieren.

Aber wie kann einem diese Tatsache zu schaffen machen? Diese beunruhigenden Dinge sind kein Gegenstand von Halluzinationen oder Wahnvorstellungen, und es wäre wirklich seltsam zu behaupten, sie existierten nur, weil wir glauben, daß sie existieren. Sie sind die umfangreichen, allgemein anerkannten gesellschaftlichen Institutionen, die ich oben aufgeführt habe, beispielsweise Gesetze und Geld – Dinge, wie Anthropologen und Historiker sie regelmäßig beobachten und studieren. Es sind tatsächlich Einrichtungen, die durch Übereinkunft der Menschen *erzeugt* wurden, aber sie sind keineswegs von privaten Phantasien abhängig. Es handelt sich vielmehr um festgefügte gesellschaftliche Tatsachen, an denen wir uns (wenn wir nicht aufpassen) im Alltag den Kopf blutig schlagen. Daß sie real sind, wird uns klar, weil wir bemerken, daß wir uns daran verletzen können. Wie Städte existieren sie, weil Menschen sie gemacht haben und nach wie vor »an sie glauben« in dem harmlosen Sinn, daß man es für lohnend hält, an ihnen festzuhalten. Das ist etwas ganz anderes als die Behauptung, sie existierten nur, weil wir glauben, daß sie existieren.

Daß Menschen Schwierigkeiten damit haben, solche Dinge zu den objektiven Tatsachen der Welt zu zählen, ist sicher merkwürdig. Ist nicht mit dem derzeitigen Begriff von Existenz oder Realität irgend etwas ernsthaft danebengegangen, wenn solche Zweifel überhaupt auftauchen können? Aber natürlich hat Searle recht mit seiner Vermutung, daß sie tatsächlich auftauchen. Eine bestimmte Art des naiven, dogmatischen Materialismus läßt es zweifelhaft erscheinen, ob man solche Dinge zu Recht als ganz und gar real und »objektiv« einstufen kann. Er läßt sie – und die gesamte Tatsache des Bewußtseins – wie etwas aussehen, das in einem ganz bestimmten Sinn »erklärt« werden muß, nämlich so, daß Erklärung auch Rechtfertigung bedeutet wie in dem Satz: »Erklär' mir dein Verhalten!«

Die Menschen streben also nach einer Erklärung, die ihnen zeigt, daß diese Dinge – trotz verdächtiger Umstände – keinen Skandal darstellen. Der Erklärende muß ihnen einen Freibrief ausstellen, um nachzuweisen, daß es sich um respektierliche, angesehene Teile der Welt handelt. Vielleicht sind manche Menschen genau darüber heute am meisten beunruhigt, wenn sie nach einer Erklärung des Bewußtseins fragen. Neben den beiden zuvor genannten Bestrebungen – dem Wunsch nach einer kausalen Begründung und der Frage nach der Richtigkeit – könnte es durchaus zu den Hoffnungen gehören, mit denen die Menschen »das Problem des Bewußtseins« betrachten. Sie nehmen die Stellung dieses ideologischen Freibriefprüfers als selbstverständlich hin und fragen nach überzeugenden Argumenten dafür, daß ihre alltäglichen Erlebnisse tatsächlich respektierlich und real sind.

Den Schein wahren

Diese Aufgabe kann man erfüllen. Searle erkennt den Bedarf an und liefert höchst überzeugende Freibriefe. Er holt die gesellschaftlichen Tatsachen wieder hervor, die durch die Risse in der Theorie gerutscht sind. Er zeigt, wie sich diese Institutionen bruchlos aus der zunehmenden Komplexität der anerkannten physikalischen Tatsachen in der einzigen Welt entwickelt haben. Er zeigt, daß kein Vitalismus beteiligt ist. Verpönte quasiphysikalische Gesetze sind nicht notwendig. Wie er ausdrücklich betont, ist die Neigung, zu sprechen und anerkannte Sitten in rituellen Reden kristallisieren zu lassen, ein biologisch festgelegtes Merkmal unserer Spezies, eine emergente Eigenschaft, die sich bei uns durch den natürlichen Evolutionsprozeß entwickelt hat. Menschen müssen wegen ihres komplexen Soziallebens eine Landkarte ihrer Welt zeichnen, indem sie ihr gemeinsam auf diese Weise einen Sinn beilegen. Diese Methode zur Feinabstimmung des eigenen Daseins ist ein weiteres Stadium in der Entwicklung, die bei anderen gesellschaftsbildenden Tieren beginnt: Auch sie benutzen Rituale, um ihre eigenen Gewohnheiten zu festigen, aber diese Rituale sind viel einfacher, weniger offensichtlich, weniger wandelbar und weniger different.

Gesellschaftliche Tatsachen fügen sich also bruchlos an biologische Tatsachen an. Das zeigt, wie irreführend die Metapher der »gesellschaftlichen Konstruktion« ist, wenn man sie in dem engen Sinn begreift, daß wir in der Erfindung gesellschaftlicher Praktiken allmächtig sind. Sitten sind nicht einfach ein willkürliches Produkt unserer Launen. Searle zielt tatsächlich vor allem auf das Gefühl der Künstlichkeit und der übertriebenen Macht, das der übermäßige Konstruktivismus nahelegt – auf den Eindruck, die Entscheidungen der Menschen spielten sich im luftleeren Raum ab und schrieben dem übrigen Kosmos willkürlich die Begriffe vor. Er weist darauf hin, daß die Menschen kein eigenständiges Etwas sind, das von der Natur losgelöst wäre. Deshalb sollten sich die verschiedenen Wissenschaftsgebiete nicht so benehmen, als besäße jedes sein eigenes, privates Universum. Physik, Literaturkritik, Politologie, Geologie und Ethik sollten erkennen, daß sie sich alle dieselbe Welt teilen. »Meiner Ansicht nach führt der traditionelle Gegensatz, den wir zwischen Biologie und Kultur machen, ebenso in die Irre wie die traditionelle Opposition zwischen Körper und Geist ... Kultur ist die Form, welche die Biologie annimmt«.

Diese Aussage, die das zentrale Thema von Searles Buch bildet, ist sicher völlig richtig und von großer Bedeutung. Die cartesianische Spaltung ist auch heute noch im Schwange. In den vielfach abstrakten, weit hergeholten theoretischen Überlegungen der Geistes- und Gesellschaftswissenschaften spiegelt sich eine reduzierende Enge wider, und die Ursache dieser Enge ist der pseudowissenschaftliche Materialismus von Menschen, die dem Banner der Naturwissenschaft zu folgen glauben. Sie verleitete die Forscher vieler Fachgebiete dazu, zunächst einmal Fahrkarten für den behavioristischen Zug zu kaufen, und dieser befördert sie noch heute zu einem nutzlosen Bestimmungsort des voll ausgeprägten metaphysischen Behaviorismus. Theoretisch wurde dieser Bestimmungsort zwar geleugnet, aber er zieht nach wie vor diejenigen an, die das Unbefriedigende an den auf halbem Wege liegenden Lösungen erkennen und sich noch nicht dazu durchringen können, das Gleis ganz und gar zu verlassen.

»Grundlegend«?

Insgesamt schießt Searle mit tödlich sicherer Hand auf beide Ziele. Und doch läßt er sich von der materialistischen Lehre überraschend stark beeindrucken. Er bedient sich nach wie vor eines entscheidenden Teils ihrer Sprache, jenes Teils, der die Erklärung durch Materie gegenüber der Erklärung durch Geist bevorzugt. Deshalb, um noch einmal sein Eröffnungscredo zu wiederholen, sagt er zunächst, wir lebten in genau einer Welt, fährt dann aber fort:

Soweit wir gegenwärtig wissen, sind die *grundlegenden Eigenschaften dieser Welt* so, wie sie von Physik, Chemie und den anderen Naturwissenschaften beschrieben werden.

Und kurz darauf fragt er: »Wie paßt eine geistige Wirklichkeit … in eine Welt, die *vollkommen aus physikalischen Teilchen in Kraftfeldern besteht?*« (Hervorhebung von mir). Aber in welchem Sinn ist diese besondere Art, die Welt zu beschreiben und zu analysieren, endgültig oder maßgeblich? Wieso sind die Eigenschaften der Welt, die von der Physik beschrieben werden, grundlegender als ihre anderen Eigenschaften? Grundlegend für was?

Wenn man von vornherein physikalische Fragen stellt, ist es natürlich angemessen, solche Begriffe zu verwenden. Die moderne Physik ist die Wissenschaft, zu der die Untersuchungen der Vorsokratiker über den Grundstoff der Welt letztlich führen, wenn man sie – was die Vorsokratiker selbst nicht taten – in rein physikalischem Sinn auffaßt. Wenn die Frage lautet: »Was sind die kleineren physikalischen Elemente, aus denen dieses oder jenes besteht, und welchen Kräften unterliegen sie?«, betreibt man am Ende völlig zu Recht Physik, die natürlich eine notwendige, edle und zu Recht einflußreiche Wissenschaft ist. Sie ist sozusagen der Nordpol am Ende aller dieser Wegweiser mit der Aufschrift »Nach Norden« – der Endpunkt, falls man diesen Weg beschreitet. Aber wenn man den Pol erreicht hat, befindet man sich auf einer entlegenen Ebene der Abstraktion von der Welt, in der wir normalerweise leben, und man hat sich in einer Richtung bewegt, die stark von vielen anderen, ebenso wichtigen Richtungen der Untersuchung abweicht – beispielsweise von der Untersuchung der Geschichte oder der Beweggründe der Menschen. Der größte Teil des Lebens verlangt von uns, daß wir andere Fragen als diese stellen und beantworten. Was ist an der atomistischen Forschung so Besonderes?

Eine Alternative: das Modell der vielen Landkarten

Wenn wir einen Atlas aufschlagen, finden wir eine ganze Reihe verschiedener Weltkarten. Sie analysieren die Welt auf unterschiedliche Weise und beantworten unterschiedliche Fragen über sie. Diese Karten brauchen nicht untereinander darum zu wetteifern, welche von ihnen die grundlegende ist. Die Aussage, die Welt »bestehe aus« Landflächen und Meeren, oder aus Klimazonen, ist genauso richtig wie die Behauptung, sie bestehe aus den Gebieten verschiedener Staaten, und so weiter. *Wenn man irgend etwas davon sagt, ist es genau so wahr wie die Aussage, sie bestehe aus physikalischen Teilchen in Kraftfeldern.*

Es gibt keine unterste Ebene. Welche Begriffe wir wählen, hängt davon ab, zu welchem Zweck wir die Welt gerade jetzt analysieren wollen. Tatsächlich enthalten die einfachsten Atlanten manchmal nur zwei Landkarten mit den Bezeichnungen »physisch« und »politisch«. Was würde die Behauptung bedeuten, eine dieser beiden Karten sei in irgendeinem absoluten Sinn weniger grundlegend und müsse auf die Begriffe der anderen reduziert werden? Die Tatsache, daß die eine Städte und Landesgrenzen zeigt, während auf der anderen nur Gebirge verzeichnet sind, spricht nicht gegen die Realität eines der beiden Phänomene.

Das Zugeständnis an den dogmatischen Materialismus, das Searle mit der Wortwahl in diesem Abschnitt macht (und das er in seinem Buch ständig wiederholt), erscheint mir irreführend, und es paßt meines Erachtens nicht zu seiner stichhaltigen zentralen Aussage über die umfassende Realität gesellschaftlicher Phänomene. Dieses Zugeständnis schadet seiner These ganz ähnlich wie ein anderes, das den traurigen Titel eines Buches von Wolfgang Köhler bildet: »The Place of Value in a World of Facts«.[2] Ebensogut könnte man nach dem Platz des Kreises in einer Welt der Quadrate fragen. Wenn man immer Millimeterpapier benutzt und seine Quadraten als die grundlegenden Gestaltungseinheiten betrachtet, bereiten Kreise natürlich Schwierigkeiten ...[3]

Revierprobleme

Wir sind also wirklich in einer komplizierten Lage. Aber diese Kompliziertheit muß nicht zu einem akademischen Krieg um die Frage führen, wer das Problem des Bewußtseins für sich gepachtet hat. Ein solcher Krieg ist nutzlos, weil das Problem wie die Luft uns alle einschließt und uns alle betrifft. Es ist nicht das einzige Thema, das so komplex ist, daß es das Zusammenwirken verschiedener Denkweisen erfordert, und eine solche Kooperation läßt sich immer organisieren.

Mehrfach wurde allerdings ausposaunt, man solle diese besondere Frage als innere Angelegenheit der Naturwissenschaft betrachten. Deshalb definierte Jeffrey Gray die Frage so: Es gehe darum, »wie wir den bewußten Teil unseres Daseins, der auch der wichtigste Teil unseres Daseins ist, in den Rahmen

---

2 »Der Platz des Wertes in einer Welt der Tatsachen«; auf deutsch erschien das Buch unter dem Titel »Werte und Tatsachen« (Anm. d. Übers.).

3 In der englischen Originalausgabe folgt hier eine Erörterung der Doppelbedeutung des Begriffes »physical«; das Deutsche unterscheidet zwischen »physisch« und »physikalisch«, so daß die beschriebenen Mißverständnisse nicht auftreten können (Anm. d. Übers.).

der Naturwissenschaft einfügen können«. Er beharrte darauf, es müsse unbedingt »ein Problem sein, das Naturwissenschaftler lösen können«, und es sei sicher keine Frage für Philosophen.

Daß die Naturwissenschaftler dieses spannende Thema gern für sich behalten würden, ist ganz natürlich. Aber selbst wenn es ihnen gelänge, Außenstehende fernzuhalten, würden sie leider feststellen, daß sie bei der Behandlung dieser Frage nicht darum herumkommen, Philosophie zu betreiben. Um überhaupt Fortschritte zu erzielen, wären sie ständig gezwungen, Begriffe zu analysieren und das Denksystem im Hintergrund, das sie verbindet, umzubauen – ein System, das notgedrungen ein breites Spektrum von Fachgebieten umfaßt.

Es gibt keinen Grund, warum Naturwissenschaftler nicht Philosophie betreiben sollten, und das ganz ausgezeichnet. Von Galilei und Darwin bis zu Einstein und Heisenberg haben viele von ihnen genau das getan. Aber man kann keine gute Philosophie betreiben, wenn man es isoliert versucht. Protektionisten, die Grays Vorschrift befolgen, sind sogar fast dazu verdammt, es schlecht zu machen: Sie sind weit davon entfernt, die Philosophie außen vor zu lassen, und werden fast zwangsläufig zu Gefangenen älterer philosophischer Ansichten wie der von Descartes, die sie unbewußt einfach als gegeben voraussetzen.

Die ganze Revierkonkurrenz im Zusammenhang mit diesem Thema ist also ein nutzloses Unterfangen. Die Welt, in der wir leben, ist tatsächlich eine einzige Welt, und zwar eine gemischte, nicht rekonstruierte, volkstümliche Welt, die nicht gereinigt oder unter Quarantäne gestellt wurde, um einer spezialisierten »Wissenschaft des Bewußtseins« zu dienen. Wenn wir über das Bewußtsein nachdenken, erheben sich große Fragen. Sie betreffen die gesamte Art, wie wir uns unsere Welt vorstellen. Man muß sie gemeinsam angehen, denn sie werfen Probleme auf, die alle möglichen Erklärungen erfordern.

Weiterführende Literatur

Chalmers, D.: *Facing up to the problem of consciousness.* In: Journal of Consciousness Studies 2, 210, 1995.

Gray, J.: *Consciousness – what is the problem and how should it be addressed?* In: Journal of Consciousness Studies 2, 5-9, 1995.

Harman, W.: *The scientific explanation of consciousness: towards an adequate epistemology. In:* Journal of Consciousness Studies 1, 140-148, 1994.

Harré, R. und Madden, E. H.: *Causal Powers: A Theory of Natural Necessity.* Blackwell 1975.

Harré, R., Clarke, D. und de Carlo, N.: *Motives and Mechanisms: An Introduction to the Psychology of Action.* Methuen 1985.

Margulis, L. und Sagan, D.: *Leben – Vom Ursprung zur Vielfalt.* Spektrum Akademischer Verlag 1997.

Midgley, M.: *Heart and Mind.* Methuen 1981; S. 133-151.

Midgley, M.: *The Ethical Primate.* Routledge 1994; S. 13, 66.

Nagel, T.: *Der Blick von nirgendwo.* Suhrkamp 1992.

Rosenberg, G.: *Rethinking nature: a hard problem within the hard problem.* In: Journal of Consciousness Studies 3, 76, 210-211, 1996.

Searle, J. R.: *Die Konstruktion der gesellschaftlichen Wirklichkeit.* Rowohlt 1997.

Skinner, B. F.: *Jenseits von Freiheit und Würde.* Rowohlt 1973.

QUELLENNACHWEIS

DIE AUTOREN

Igor Aleksander ist Professor für Elektrotechnik und die Technik neuronaler Systeme am Imperial College in London; seit den sechziger Jahren erforscht er Kognitionsmodelle mit Hilfe neuronaler Netze. Er konstruierte in den siebziger Jahren eines der ersten Geräte (WISARD genannt) zur Gesichtserkennung, und in jüngster Zeit entwickelte er das System MAGNUS, das visuelle und sprachliche Erfahrungen sammeln kann. Derzeit arbeitet er an Modellen für die neurobiologischen Befunde zur visuellen Wahrnehmung der Primaten. Sein neuestes Buch trägt den Titel »Impossible Minds: My Neurons, My Consciousnesss«.

Richard Bentall ist Professor und Leiter der Abteilung für Klinische Psychologie an der Universität Liverpool. In seiner Doktorarbeit, die er am University College of North Wales in Bangor schrieb, verglich er die Lernmechanismen bei Kindern und Tieren. Danach arbeitete er zwei Jahre lang beim staatlichen britischen Gesundheitsdienst, um dann an die Universität - diesmal nach Liverpool - zurückzukehren. Seine Forschungsschwerpunkte sind die Klassifikation psychiatrischer Störungen, psychologische Untersuchungen an Patienten mit verschiedenen psychiatrischen Symptomen (insbesondere Halluzinationen, Wahnideen, Manie und chronische Müdigkeit) und die Entwicklung neuer psychologischer Therapieverfahren für Menschen mit schweren geistigen Störungen. Seine wichtigste Freizeitbeschäftigung besteht darin, nach Feierabend ein Koma zu simulieren, aber seit einiger Zeit geht er auch segeln – in der Hoffnung, daß die Angst vor dem Ertrinken ihn von seiner Arbeit ablenken wird.

Tim Bliss ist Leiter der Arbeitsgruppe für Neurowissenschaften am National Institute for Medical Research in Mill Hill. Dort ist er tätig, seit er 1967 an der McGill University in Montreal promovierte. Mit dem Fachartikel über die Synapsenplastizität im Hippokampus, den er 1973 zusammen mit dem norwegischen Physiologen Terje Lømo im »Journal of Physiology« veröffentlichte, wies er im Säugergehirn die Hebbs-Synapsen nach, und damit stand ein brauchbares experimentelles Modell für die Untersuchung der neurophysiologischen Grundlagen des Gedächtnisses zur Verfügung.

Tim Crow ist Psychiater. Er interessiert sich besonders für Gehirnmechanismen und Psychosen, insbesondere unter evolutionsbiologischen Gesichtspunkten. Unter anderem beschäftigte er sich mit Gehirnmechanismen und Belohnungen, chemischen und strukturellen Veränderungen des Gehirns bei Schizophrenie sowie den Wirkungsmechanismen von Psychopharmaka. In letzter Zeit gilt sein Interesse der Sprache und der Entwicklung des *Homo sapiens.* Derzeit ist er Direktor des Prince of Wales Centre für die Erforschung von Schizophrenie und Depression am Warneford Hospital in Oxford.

Susan Greenfield ist Professorin für Pharmakologie an der Universität Oxford und Professorin für Medizin an Gresham College in London. Ihr Forschungsschwerpunkt sind unbekannte Mechanismen der Nervendegeneration, aber sie interessiert sich auch zunehmend für das Problem des Bewußtseins.

Außerdem bemüht sie sich um die Vermittlung wissenschaftlicher Erkenntnisse in der Öffentlichkeit, unter anderem mit einer zweiwöchentlichen Kolumne in der Zeitung »Independent on Sunday« und mit regelmäßigen Fernsehauftritten. Ihr neuestes Buch mit dem Titel »The Human Brain: A Guided Tour« ist eine Einführung in die Gehirnforschung für Laien (Weidenfeld & Nicholson, 1997).

Richard Gregory war nach dem Zweiten Weltkrieg Dozent in Cambridge; 1967 zog er nach Edinburgh, um zusammen mit Donald Michie und Christopher Longuet-Higgins das erste Institut für Künstliche Intelligenz in Europa zu gründen. Von 1970 bis 1988 leitete er das Labor für Gehirn- und Wahrnehmungsforschung der Universität Bristol, und 1978 gründete er das Bristol Exploratory Hands-on-Science Centre, das im Rahmen des Bristol 2000 Millenium Project erweitert und in neuen Räumen untergebracht werden soll. Er ist Autor und Herausgeber von über einem Dutzend Bücher über visuelle Wahrnehmung und ähnliche »Gehirnthemen«. Er gehört der Royal Society an und ist Träger des britischen Ordens CBE.

Mary Midgley, 1919 in London geboren, war seit 1961 Dozentin für Philosophie an der Universität Newcastle on Tyne, bevor sie 1980 in den Ruhestand ging. Seit 1978 veröffentlichte sie eine ganze Reihe von Büchern, darunter »Beast and Man«, »Science as Salvation«, »Wickedness«, »The Ethical Primate« und »Utopias, Dolphins and Computers«.

John Parnavelas ist seit 1993 Professor für Neuroanatomie am University College in London. Sein erstes Examen machte er in Physik an der University of California in Los Angeles, und in Anatomie promovierte er an der University of Rochester in New York. In seinen Forschungsarbeiten befaßt er sich mit der

Bedeutung genetischer und umweltbedingter Faktoren für die Entstehung der Nerven- und Gliazellanordnungen in der Hirnrinde.

Roger Penrose ist Rouse Ball Professor für Mathematik an der Universität Oxford. Sein erstes Examen machte er am University College in London, und den Doktor in algebraischer Geometrie erwarb er in Cambridge. Sein Interesse richtet sich vor allem auf die Geometrie: auf Einsteins allgemeine Relativitätstheorie, nichtperiodische Kachelungen und Twistortheorie. Außerdem hat er ausgeprägte Meinungen über Physik und Philosophie des Geistes. Er verfaßte die Bücher »Computerdenken«, »Schatten des Geistes« und »Das Große, das Kleine und der menschliche Geist«. Er ist Mitglied der Royal Society.

Trevor Robbins promovierte in Cambridge und arbeitete dann in Dänemark sowie in Boston und San Diego in den USA. Seine Forschungsgebiete sind Psychopharmakologie und Neuropsychologie. Er ist Professor für Kognitive Neurowissenschaft an der Universität Cambridge, leitet derzeit das Gremium für Neurowissenschaften des Medical Research Council und ist Präsident der Britischen Gesellschaft für Psychopharmakologie.

Steven Rose war seit 1969 Professor für Biologie und Leiter der Arbeitsgruppe für Gehirn- und Verhaltensforschung der Open University. Er erforscht die zell- und molekularbiologischen Mechanismen von Lernen und Gedächtnis. Seine neuesten Bücher sind »The Making of Memory« (Bantam, 1992), das 1993 mit Rhône-Poulenc-Preis für Wissenschaftsbücher ausgezeichnet wurde, und »Lifelines« (Allen Lane, 1997).

Wolf Singer studierte Medizin in München und Paris. Später konzentrierte er sich auf grundlegende neurophysiologische

Untersuchungen zur Entwicklung und funktionellen Organisation der Gehirnrinde bei Säugetieren. Er ist Direktor am Max-Planck-Institut für Hirnforschung in Frankfurt a. M. und gehört der Päpstlichen Akademie der Wissenschaften an.

David Smith studierte in Oxford Biochemie und Pharmakologie; 1984 wurde er dort Professor für Pharmakologie, und ein Jahr später ernannte man ihn zum Direktor ehrenhalber am Institut für Anatomische Neuropharmakologie des Medical Research Council. Er erhielt den Gaddum Memorial Prize der britischen Gesellschaft für Pharmakologie und ist Mitglied der norwegischen Akademie der Wissenschaften. 1988 begründete er das Oxford Project to Investigate Memory and Ageing (OPTIMA); sein Forschungsschwerpunkt ist nach wie vor die Alzheimer-Krankheit.

Larry Squire ist leitender Wissenschaftler am Veterans Affairs Medical Center in San Diego (Kalifornien) sowie Professor für Psychiatrie und Neurowissenschaften an der University of California in San Diego. Er gehört der Akademie der Wissenschaften der USA an und war früher Präsident der amerikanischen Gesellschaft für Neurowissenschaften. Mit seiner Forschung leistete er Pionierarbeit auf dem Gebiet der Anatomie und Struktur des menschlichen Gedächtnisses und seiner Schädigung durch Verletzungen und Krankheiten.

REGISTER

Die *kursiven* Seitenzahlen verweisen auf die Abbildungen.

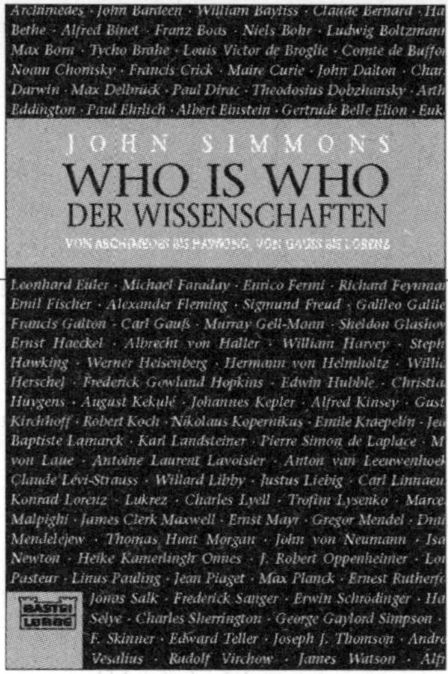

Von Archimedes bis Hawking und von Gauß bis Lorenz – das WHO IS WHO der 100 einflußreichsten Wissenschaftler aller Zeiten ist ein einzigartiges Nachschlagewerk und Lesevergnügen. John Simmons stellt in diesem Buch die Wissenschaftler vor, deren Einfluß auf unsere Welt, wie wir sie heute kennen, überall zu spüren und nicht mehr wegzudenken ist. Sie formulierten die Bewegungsgesetze, entdeckten das Prinzip der Elektrizität und die Relativitätstheorien. Sie zerlegten chemische Substanzen in ihre Elemente und fanden sie in der Sonne, im Mond und im Mittelpunkt der Erde wieder. Sie entwickelten die Evolutionstheorie und erhellten das Wesen der emotionalen und kulturellen Entwicklung des Menschen u.v.m.

Die Kurzmonographien geben Einblick in das Leben und die wichtigsten Ideen und Erkenntnisse von 100 wissenschaftlichen Genies, die ihre Zeit prägten.

ISBN 3-404-60467-9

BASTEI LÜBBE

Kurt Langbein / Rike Fochler

Einfach Genial

Die 7 Arten der Intelligenz

Der IQ als Meßlatte für Intelligenz und Erfolg hat unser Jahrhundert geprägt. Doch die moderne Wissenschaft weiß längst, daß menschliche Intelligenz weit mehr ist – ein schillerndes Phänomen mit vielen Facetten: Neben der kognitiven gibt es auch eine sprachliche, musikalische, körperliche, räumliche, soziale und emotionale Intelligenz. Die Begabungen könnten allerdings wesentlich besser entfaltet werden, wenn unser Bildungssystem es zuließe. Die Autoren begleiten »Wunderkinder« durch den Alltag und gehen auf die Suche nach den Wurzeln der Intelligenz: Sind es die Gene, ist es die Umwelt oder der Aufbau des Gehirns, was spielt sich bei intelligenten Höchstleistungen im Gehirn ab? Wie sollen Eltern und Lehrer mit dem Phänomen Hochbegabung umgehen?
Psychologen, Neurologen und Hormonforscher geben Einblick in den aktuellen Forschungsstand und zeichnen ein faszinierendes Bild vom Wesen der Intelligenz.
Fazit des Buches: In jedem von uns steckt ein großes geniales Potential – es kommt nur darauf an, wie es geweckt und in die Tat umgesetzt wird.

»Genie ist machbar. Wissenschaftler enträtseln die Super-Intelligenz.«

Die Woche

ISBN 3-404-60469-5

BASTEI LÜBBE

DAS GEHIRN

JACQUES-MICHEL ROBERT

Die Struktur des Gehirns und seine Funktionen sind heute zu einem großen Teil erforscht. Dennoch können manche Mechanismen des Denkens noch nicht vollständig erklärt werden. Jacques-Michel Robert, Genetiker und Neurologe, entführt den Leser auf eine spannende Reise – vom Aufbau und den Funktionen des Gehirns hin zu Reflexionen über außergewöhnliche Leistungen und lebensbedrohende Schädigungen der menschlichen Denkfabrik.

ISBN 3-404-93001-0

Mensch & Wissen

BLT

DAS GEDÄCHTNIS

ALAIN LIEURY

Das Gedächtnis: Im Mittelalter eine Quelle göttlicher Erkenntnis für Zauberlehrlinge; für Neurologen und Psychologen im ausgehenden 20. Jahrhundert jedoch ein komplexes und vielschichtiges Phänomen. Um uns mit den Funktionsweisen des Gedächtnisses vertraut zu machen, erläutert Alain Lieury, Professor für Psychologie, die verschiedenen Forschungsergebnisse, zu denen die Wissenschaftler gekommen sind. Dann fragt er nach der Rolle des Gedächtnisses in der schulischen Erziehung. Denn obwohl sich die Schwächen des Gedächtnisses am Ende des Lebens manchmal als grausam erweisen, werden bereits zu Beginn des Lebens bei seinem Aufbau in der Schule wesentliche Prinzipien arg vernachlässigt.

ISBN 3-404-93020-7

Mensch & Wissen

BLT